高等教育"双一流"工程图学类课

化 工 制 图

Huagong Zhitu

（第 3 版）

主编 林大钧 于传浩 杨 静
副主编 徐青山 崔维娜

高等教育出版社·北京

内容提要

本书是根据教育部高等学校工程图学课程教学指导分委员会 2019 年制订的《高等学校工程图学课程教学基本要求》以及最新《技术制图》《机械制图》国家标准和化工行业相关标准修订而成的。

本书分为工程制图基础、化工工艺图、化工设备图、计算机绘图四部分内容。工程制图基础部分主要包括组合体形成分析、典型化工设备的形体分析、投影和基本视图、尺寸标注、机件的表达方法等内容;化工工艺图部分主要包括化工工艺流程图、设备布置图、管道布置图等内容;化工设备图部分主要包括化工设备图的主要内容、表达方法、图示特点以及绘制和阅读化工设备图的方法等内容;计算机绘图部分则主要介绍如何应用 AutoCAD 软件进行二维图形绘制、三维实体造型、三维形体生成二维工程图样、在图样上进行文字注写和尺寸标注等。

为加强学生自学能力的培养,以及便于教师开展化工制图课程教学,书中配有丰富的数字化资源,可通过扫描相应二维码或登录 Abook 网站进行浏览。

与本书配套的于传浩、林大钧、杨静主编《化工制图习题集》(第 3 版)由高等教育出版社同时出版,可供选用。

本书可作为高等院校化工类各专业的教学用书,亦可供其他相近专业使用或参考,也可作为化工工艺及化工设备设计、制造和使用部门的工程技术人员的参考用书。

图书在版编目(CIP)数据

化工制图 / 林大钧,于传浩,杨静主编. --3 版
. --北京:高等教育出版社,2021.10
ISBN 978 - 7 - 04 - 056548 - 5

Ⅰ.①化⋯ Ⅱ.①林⋯ ②于⋯ ③杨⋯ Ⅲ.①化工机械-机械制图-高等学校-教材 Ⅳ.①TQ050.2

中国版本图书馆 CIP 数据核字(2021)第 145746 号

策划编辑	李文婷	责任编辑 李文婷	封面设计 于文燕		版式设计 徐艳妮
插图绘制	邓 超	责任校对 刘娟娟	责任印制 耿 轩		

出版发行	高等教育出版社		网 址	http://www.hep.edu.cn
社 址	北京市西城区德外大街 4 号			http://www.hep.com.cn
邮政编码	100120		网上订购	http://www.hepmall.com.cn
印 刷	固安县铭成印刷有限公司			http://www.hepmall.com
开 本	787mm×1092mm 1/16			http://www.hepmall.cn
印 张	21.5			
字 数	510 千字		版 次	2007 年 8 月第 1 版
插 页	6			2021 年 10 月第 3 版
购书热线	010-58581118		印 次	2021 年 10 月第 1 次印刷
咨询电话	400-810-0598		定 价	47.80 元

本书如有缺页、倒页、脱页等质量问题,请到所购图书销售部门联系调换
版权所有 侵权必究
物 料 号 56548-00

化工制图

（第3版）

主编

林大钧　于传浩　杨静

1　计算机访问http://abook.hep.com.cn/1245234，或手机扫描二维码、下载并安装 Abook 应用。

2　注册并登录，进入"我的课程"。

3　输入封底数字课程账号（20位密码，刮开涂层可见），或通过 Abook 应用扫描封底数字课程账号二维码，完成课程绑定。

4　单击"进入课程"按钮，开始本数字课程的学习。

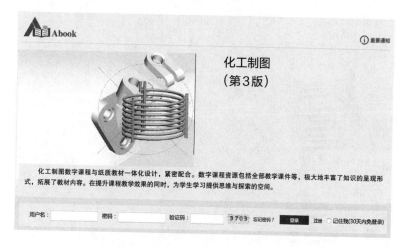

化工制图数字课程与纸质教材一体化设计，紧密配合。数字课程资源包括全部教学课件等，极大地丰富了知识的呈现形式，拓展了教材内容。在提升课程教学效果的同时，为学生学习提供思维与探索的空间。

用户名：　　　　密码：　　　　验证码：　　　　3703 您忘记密码？　登录　注册　□记住我(30天内免登录)

　　课程绑定后一年为数字课程使用有效期。受硬件限制，部分内容无法在手机端显示，请按提示通过计算机访问学习。

　　如有使用问题，请发邮件至 abook@hep.com.cn。

扫描二维码
下载 Abook 应用

第 3 版前言

本书是在前两版的基础上，根据教育部高等学校工程图学课程教学指导分委员会2019年制订的《高等学校工程图学课程教学基本要求》及最新《技术制图》《机械制图》国家标准和化工行业相关标准，吸收近几年的教学改革经验修订而成的。

同第2版相比，该版主要在以下几方面作了修订：

1. 结合新技术、新方法、新标准对化工制图的相关图例和文字进行了修订。

2. 为该版制作了精良的数字化资源，读者可扫描书中相关二维码或登录 Abook 网站进行浏览。

3. 对于计算机绘图部分的内容(第2、10章)，以 AutoCAD 2016 版重新进行编写，使该部分内容与近几年来软件版本的升级换代保持一致。

本书继承了前两版的下列特点：

实用——本书重点讲述了投影与形体生成的关系，使学生能形成较强的空间思维能力和计算机绘图能力。

适用——本书以化工图样为主进行介绍，适用于化工类专业的制图课程，既符合化工类专业学生的培养目标，又便于教师因材施教。

先进——本书所选内容体现了当今的新技术、新方法、新标准，为学生毕业后解决化工设计中的图示表达问题，进入化工领域工作打下坚实的基础。

通俗——本书语言流畅、深入浅出、通俗易懂。全书以实例说明问题，在应用实例中掌握理论，使学生轻松掌握所学知识技能，达到事半功倍的效果。

精炼——本书选材精炼，简略得当，对学生必须掌握的新技术、新方法进行了详细讲述。既为教师提供了良好的教学内容，又便于教师根据教学对象调整教学内容。

可操作——本书所有的计算机绘图或造型实例均是容易操作的，且是有实际意义的案例。通过举一反三的应用，使学生能够在更高层次上创造性地应用本书中的新思想、新技术、新方法去解决问题。

与本书配套的于传浩、林大钧、杨静主编《化工制图习题集》(第3版)由高等教育出版社同时出版，可供选用。

本书由林大钧、于传浩、杨静主编。参加本书修订工作的有华东理工大学林大钧(第1章、第2章、第10章)；北京化工大学杨静、崔维娜(第3章、第4章、第5章)；武汉工程大学于传浩、吴保群、袁梅、刘源、邹方利、徐青山(第6章、第7章、第8章、第9章、第11章、附录)。

同济大学徐祖茂教授认真、细致地审阅了本书，并提出许多宝贵的建议，在此表示衷心的感谢。

本书可作为高等院校化工类各专业的教学用书,亦可供其他相近专业使用或参考,也可作为化工工艺及化工设备设计、制造和使用部门的工程技术人员的参考用书。

鉴于时间、水平和能力的限制,书中难免有不妥之处,恳请广大读者批评指正。

编者

2021 年 2 月

第 1 版前言

本书是根据教育部高等学校工程图学课程教学指导分委员会 2005 年制定的《普通高等学校工程图学课程教学基本要求》，并参考国内外同类教材和结合近几年各校教学改革的成功经验而编写的。

图样是人类借以表达、构思、分析和交流思想的基本工具之一，在工程技术中的应用尤为广泛。任何工程项目或设备的施工制作以及检验、维修等必须以图样为依据。在化工生产与科研领域，化学工作者与化工生产技术人员也会经常接触有关的图样，因而要求其能看懂一般化工设备图并具备绘制简单的零件图及工艺流程图的能力。本书就是为了适应这一需要，按照教学基本要求编写的。在编写过程中从教学实际出发，注重图示原理和方法等内容在阐述上的优化组合，并以使用为目的介绍构形想象等内容，力求这些内容成为培养较强形象思维能力和较强绘图表达能力的有效的辅助性方法。书中突出化工设备和工艺图的通用性和典型性，并注意与机械制图基本原理的有机结合和融会贯通。基于化工设备设计中，计算机绘图已成为辅助设计的重要手段，本书相应介绍了 AutoCAD 绘图软件的使用，以及三维造型的一般方法和步骤，还介绍了由三维造型生成二维工程图样的基本方法。为便于教学，本书配有化工制图多媒体辅助教学系统光盘和化工制图习题集。本书的编写以"实用、适用、先进"为原则，并体现"通俗、精练、可操作"的编写风格，以解决多年来在教材中存在的过深、过高且偏离实际的问题。

实用——本书重点讲述了投影与形体生成的关系，使学生能形成较强的空间思维能力和计算机三维造型能力。

适用——本书是以化工图样为主的教材，所以它适用于培养化工类人才的高等学校，既符合此类学生的培养目标又便于教师因材施教。

先进——本书所选内容是当今的新技术、新方法、新标准，可使学生在掌握经典的技术和方法之后，能用教材中的新技术、新方法、新标准去解决化工设计中的图示表达问题，为学生毕业后进入化工领域打下坚实的基础。

通俗——本书语言流畅、深入浅出、容易读懂，以实例说明问题，在应用实例中掌握理论，使学生能够较好地掌握所学知识和技能，达到事半功倍的效果。

精练——本书选材精练，详细而不冗长，简略得当。对学生必须掌握的新技术、新方法详细讲，讲透、讲到位，既为教师提供良好的教学内容，又为教师根据教学对象调整教学内容留出了空间。

可操作——本书所有的计算机绘图或造型实例均是容易操作的，且是有实际意义的案例。通过举一反三的应用，可使学生能够在更高层次上创造性地应用教材中的新思想、新技术、新方法去解决问题。

　　本书可作为高等学校化工类专业的教材,亦可供其他相近专业使用或参考。

　　本书由林大钧、于传浩、杨静主编,参加编写工作的有(按章序):华东理工大学林大钧(第1、2、10章),北京化工大学杨静、崔维娜、郑娆(第3、4、5章),武汉工程大学吴保群、于传浩、袁梅、刘源、徐建民(第6、7、8、9章、附录)。

　　本书由同济大学何铭新教授审阅,他提出了许多宝贵意见和建议,在此谨表感谢!

　　鉴于时间、水平和能力的限制,书中难免有不妥之处,恳请广大读者批评指正。

编者

2007 年 3 月

目 录

第 1 章

形体三维构形与工程图表达方法

◼ 1.1 概述

　　工程中物体的形状是多种多样的。为了准确、完整、清晰、合理地表达物体，应对物体的形成规律、形状特征、相对位置特征等加以分析，从而从形体三维构形开始为设计打下基础。

◼ 1.2 简单形体的形成

1.2.1 扫描体

　　扫描体是一条线、一个面沿某一路径运动而产生的形体。扫描体包含两个要素：一个是运动的元素，称为基体，它可以是曲线、表面、立体；另一个是基体运动的路径，路径可以是扫描方向、旋转轴等。常见的扫描体有拉伸体、回转体等。

1.2.1.1 拉伸体

　　具有一定边界形状的平面沿其法线方向平移一段距离，该平面称为基面，它所扫过的空间称为拉伸体。图 1-1 所示的物体均为拉伸体。

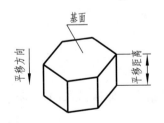

图 1-1　拉伸体的形成

1.2.1.2　回转体

常见的回转体有圆柱、圆锥、球、圆环。回转体是一个含轴的平面绕轴旋转半周或一周扫过的空间。圆柱是包含轴的矩形平面绕轴旋转半周扫过的空间,如图 1-2a 所示。圆锥是包含轴的等腰三角形平面绕轴旋转半周扫过的空间,如图 1-2b 所示。球是包含轴的圆平面绕轴旋转半周扫过的空间,如图 1-2c 所示。圆环是一圆平面绕轴(与圆平面不相交)旋转一周扫过的空间,该轴位于圆所在平面上,但与圆不相交,如图 1-2d 所示。

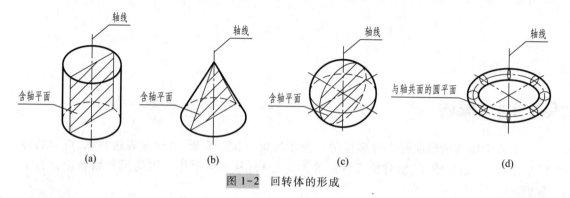

图 1-2　回转体的形成

1.2.2　非扫描体

非扫描体是一类异于扫描体的形体,它们无明显形成规律。常见的非扫描体有类拉伸体、组合拉伸体、棱锥等。

1.2.2.1　类拉伸体

有互相平行的棱线,但无基面的棱柱称为类拉伸体,如图 1-3 所示。

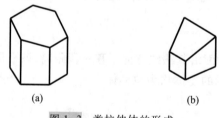

(a)   (b)

图 1-3　类拉伸体的形成

1.2.2.2　组合拉伸体

互相平行的几个基面沿它们的法线方向移动形成组合拉伸体,如图 1-4 所示。

1.2.2.3　棱锥

棱锥也是一种非扫描体,如图 1-5 所示。

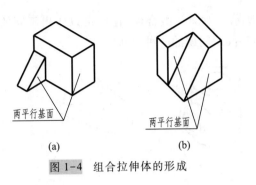

(a)　　　　　　　(b)
图 1-4　组合拉伸体的形成　　　　　　　图 1-5　棱锥

1.3　组合体的形成分析

由一些简单的几何形体如棱柱、圆柱、圆锥、球、圆环等通过叠加和切割等方式形成的物体称为组合体。图 1-6a 所示的物体可以看成是由圆柱和棱柱叠加形成的组合体。图 1-6b 所示物体可以看成是在圆柱上切割两块后形成的组合体。图 1-6c 所示物体可理解为先从长方体上切去两个棱柱,再挖去一个圆柱后形成的组合体。

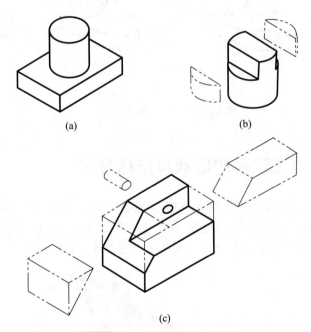

图 1-6　组合体的形成方式(一)

常见组合体的形成采用叠加和切割综合的方式。如图 1-7a 所示,组合体 A 可以分析成由 I 、II 两部分叠加而成。

把形状比较复杂的物体分解成由几个简单几何形体组合构成的方法称为形体分析法。应用形体分析法就能化繁为简,化难为易,便于对物体的仔细观察和深刻理解。为有利于画图和看图,对组合体作形体分析时应有步骤地进行。如图 1-7a 所示的组合体 A,首先把它分析成由 I 、II 两部分叠加而成。其中第 I 部分是由 a 切割掉 b 而成,如图 1-7b 所示;第 II

部分则是由 c 切割掉 d 而成,如图 1-7c 所示。对同一组合体,往往可以作出不同的形体分析,在这种情况下应采用最便于解决作图和读图问题的一种分析方法。

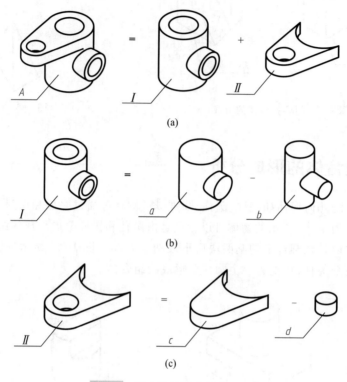

(a)

(b)

(c)

图 1-7　组合体的形成方式(二)

1.4　典型化工设备的形状与结构分析

各种化工设备虽然操作要求不同,结构形状也各有差异,但是往往都有一些作用相同的零部件,如筒体、封头、人孔、支座、补强圈、法兰等。化工设备上的通用零部件大都已经标准化,图 1-8 所示就是由上述各种零部件组成的化工设备卧式容器。

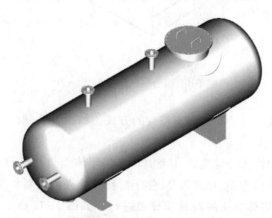

图 1-8　化工设备卧式容器

图 1-9 是化工设备常用的零部件直观图。

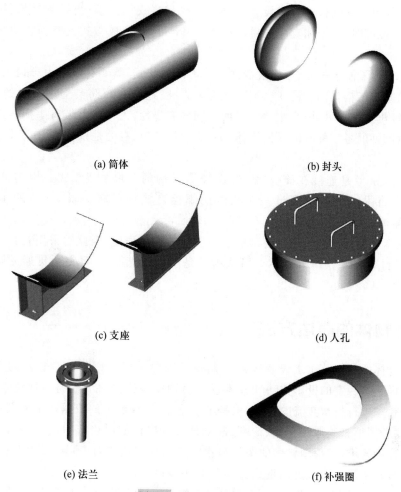

(a) 筒体　　　　　　　　　　　(b) 封头

(c) 支座　　　　　　　　　　　(d) 人孔

(e) 法兰　　　　　　　　　　　(f) 补强圈

图 1-9　化工设备零部件

其中：

1）筒体　筒体是设备的主体部分，以圆柱形筒体应用最广，其大小是由工艺条件要求确定的。圆柱形筒体的主要尺寸是直径、高度（长度）和壁厚三项数据。当直径小于 500 mm 时，可用无缝钢管作筒体。当筒体较长时，可由若干筒节焊接而成。由图 1-9a 可知，筒体是回转体。

2）封头　封头是设备的重要组成部分，它与筒体一起构成设备的壳体。常见的封头形式有椭圆形、球形、碟形、锥形及平底形等。封头和筒体可直接焊接，形成不可拆卸连接，也可以分别焊上法兰，用螺栓、螺母锁紧构成可拆卸连接。图 1-9b 所示为椭圆形封头，它的纵剖面呈半椭圆形，为回转体。

3）支座　设备的支座用来支承设备的重量并固定设备。支座分为适用于立式设备和适用于卧式设备两大类，分别按设备的结构形状、安放位置、材料和载荷情况而有多种形式。图 1-9c 所示为鞍式支座，是卧式设备中应用最广的一种。它是由一块竖板支承一块鞍形板

(与设备外形相贴合)而成,竖板焊在底板上,中间焊接若干块筋板,从而组成鞍式支座,以承受设备负荷。鞍形板实际上起着垫板的作用,可改善受力分布情况。但当设备直径较大、壁厚较小时,还需另衬加强板。卧式设备一般用两个鞍式支座支承,当设备过长、超过两个支座允许的支承范围时,应增加支座数目。由图1-9c可知,形成鞍式支座的各块板都是拉伸形体。

4) 人孔　为了便于安装、检修或清洗设备内部的装置,需要在设备上开设人孔或手孔,人孔、手孔的基本结构类同。图1-9d所示为一人孔,通常在短筒节上焊一法兰,盖上人孔盖,用螺栓、螺母连接压紧,两个法兰密封面之间放有垫片,人孔盖上带有手柄。人孔是一个部件,构成此部件的各零件有的是回转体,如法兰、短筒节,有的是拉伸体,如手柄(沿路径拉伸)。

5) 法兰　法兰是连接在筒体、封头或管子一端的一圈圆盘,盘上均匀分布若干个螺栓孔,两节筒体(或管子)通过一对法兰用螺栓连接在一起。图1-9e所示为一管法兰,它是拉伸体。

6) 补强圈　设备上开孔过大将削弱设备器壁的设计强度,因此需采用补强圈加强器壁强度,补强圈的结构如图1-9f所示。可认为其是两个轴线正交,且完全贯通的圆筒体的公共部分。

1.5　物体的表达方法

上述组合体的制作及化工设备的加工制造都需要采用工程图样对它们的形体加以表达。工程图样是按一定的投影方法和技术规定将物体表达在图纸上的一种技术文件,它是表达设计思想和进行技术交流的媒体,也是工程施工、零件加工的依据。工程图样的主要内容是图形,这种图形必须能够全面、清晰、准确地反映物体的形状结构及大小,且绘制简便。为了达到这样的要求,工程图样中的图形是用"正投影法"绘制而得到的正投影图。

投影是日常生活中最常见的现象。如图1-10所示,在光线照射下,物体(支架)在投影面(墙面)上产生一个影子,这个影子的图形在某些方面反映出该支架的特征,这种现象称为投影。在此现象中有四个要素:光源(灯)、支架、光线和墙面。现将此四个要素抽象为投射中心、物体、投射线和投影面,它们构成中心投影体系。中心投影的投射线集中于一点,投影的大小将随着物体与投射中心(或投影面)距离的变动而改变。所以,这种投影图形不能反映物体的真实形状和大小,并且不易绘制。如果假想将投射中心移到无穷远处,使投射线相互平行并垂直于投影面,得到的投影就不会随物体到投影面距离的变化而变化,如图1-11a所示。而且当物体的表面平行于投影面时,其投影能反映这些表面的真实形状和大小,这样绘制就较简单,如图1-11b所示。这种以一束相互平行并且垂直于投影面的投射线将物体向投影面进行投射的方法称为"正投影法"。用正投影法获得的投影图形称为"正投影图",它能满足工程图样的有关要求。

1.5.1　投影体系与基本视图的形成

在图1-12中,物体的表面A、B平行于投影面V,所以其投影反映表面A、B的实形。表面D垂直于投影面,其投影积聚成为一条直线段。而表面C倾斜于投影面,其投影边数不

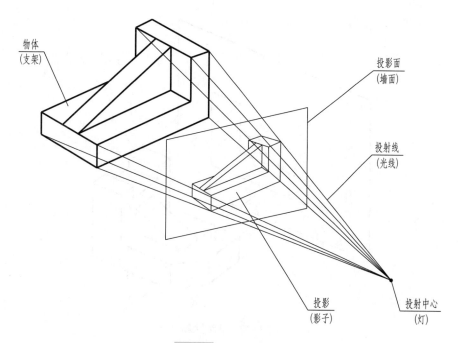

图 1-10   中心投影法

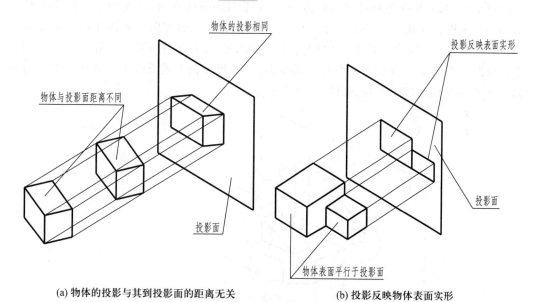

(a) 物体的投影与其到投影面的距离无关   (b) 投影反映物体表面实形

图 1-11   物体与投影的相关性

变,但面积变小了。对物体上其他表面的投影可作类似的分析。根据上述分析可知平面的正投影有如下特性:

（1）平面平行于投影面,其投影反映平面实形——真实性。

（2）平面垂直于投影面,其投影积聚为直线段——积聚性。

（3）平面倾斜于投影面,其投影边数不变但面积变小——类似性。

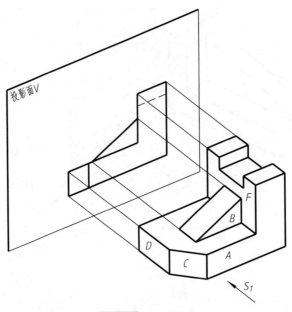

图 1-12   单面投影

由观察可知,A、B两平面之间的距离,A、C两平面之间的夹角,D、F两平面的大小等在投影图上均未得到反映。这些信息可用与投射方向S_1垂直的方向对物体作正投影加以确定,但与S_1垂直的方向有无数个,应根据表达需要及作图方便进行选择。如增设投影面H垂直于投影面V,然后从上向下对物体作正投影,在H投影面上就反映了A、B两平面之间的距离和A、C两平面之间的夹角,如图1-13所示。

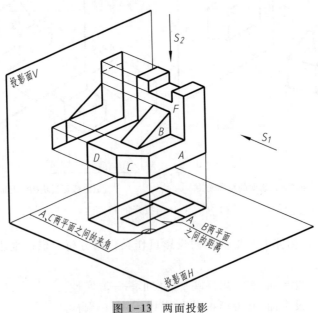

图 1-13   两面投影

同样道理,为了表达 D、F 两平面的实形,可再增设一投影面 W,使其与投影面 V、H 两两垂直,然后从左向右对物体作正投影,在投影面 W 上就反映出 D、F 两平面的真实形状与大小,如图 1-14 所示。当然,也可选用投影面 V_1、H_1、W_1 来获得物体另外三个方向的正投影,如图 1-15 所示。在投影过程中,若将投射线当作观察者的视线,则可将物体的正投影称为视图。由此可知,观察者、物体、视图三者的位置关系是观察者—物体—视图,即物体处于观察者与视图之间。由图 1-15 可知,V 与 V_1、H 与 H_1、W 与 W_1 是三对相互平行的投影面,对应的投射方向也相互平行但方向相反。按照国家制图标准规定,图样上可见轮廓线用粗实线

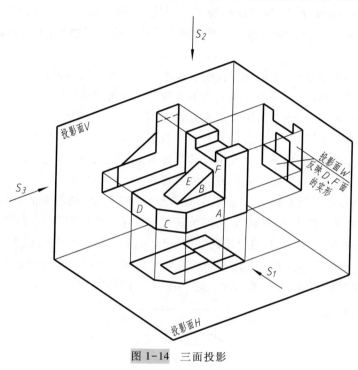

图 1-14 三面投影

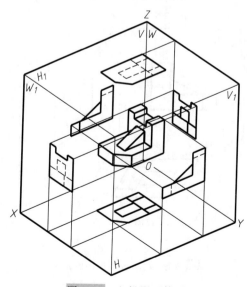

图 1-15 六投影面体系

表示,不可见轮廓线用细虚线表示,因此每一对投影面上的视图除部分图线有虚实区别外,图形完全一致,把这样两个投影面称为同形投影面。在图 1-15 中,三对同形投影面构成一个六投影面体系,这六个投影面均为基本投影面,分别取名为:

V、V_1——正立投影面(正面直立位置)。

H、H_1——水平投影面(水平位置)。

W、W_1——侧立投影面(侧立位置)。

而把两投影面 V、H 的交线称为 X 投影轴,简称 X 轴,两投影面 V、W 的交线称为 Z 投影轴,简称 Z 轴,两投影面 H、W 的交线称为 Y 投影轴,简称 Y 轴。把 X、Y、Z 三投影轴的交点称为原点 O。将置于六投影面体系中的物体向各个投影面作正投影,可得六面基本视图,它们是:

主视图(正立面图)——由前向后投射在投影面 V 上所得的视图。

左视图(左侧立面图)——由左向右投射在投影面 W 上所得的视图。

俯视图(平面图)——由上向下投射在投影面 H 上所得的视图。

右视图(右侧立面图)——由右向左投射在投影面 W_1 上所得的视图。

仰视图(底面图)——由下向上投射在投影面 H_1 上所得的视图。

后视图(背立面图)——由后向前投射在投影面 V_1 上所得的视图。

为了能在同一张图纸上画出六面视图,规定投影面 V 不动,将投影面 H 绕 X 轴向下旋转 $90°$,投影面 V_1 绕其与投影面 W 的交线向前旋转 $90°$ 再与投影面 W 一起绕 Z 轴向右旋转 $90°$,投影面 H_1 绕其与投影面 V 的交线向上旋转 $90°$,投影面 W_1 绕其与投影面 V 的交线向左旋转 $90°$,如图 1-16 所示。通过上述各项旋转即可在同一平面上获得六面基本视图。

当六面基本视图按图 1-17 所示配置时一律不标注视图名称。

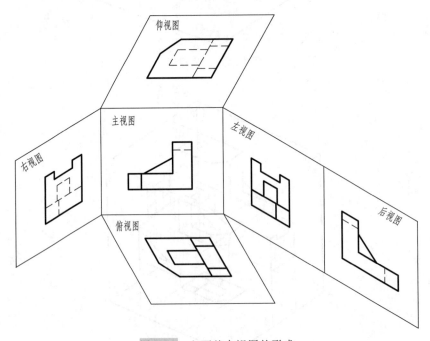

图 1-16　六面基本视图的形成

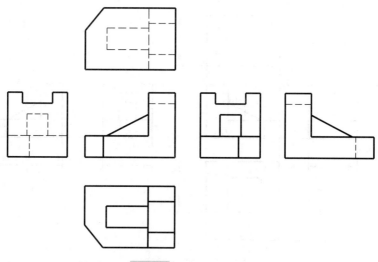

图 1-17　六面基本视图

上述过程表明,在用视图表达物体时通常有六面基本视图可供选用,但选用几个及哪几个基本视图应根据准确、完整、清晰表达物体的原则而定。在六面基本视图中,由于同形投影面上的视图图形信息重复,因此具有独立意义的投影面有三个,而由独立意义的投影面所组成的三投影面体系有

$$C_6^3 - 3 \times (6-2) = 8 \text{ 个} \tag{1-1}$$

式(1-1)中,C_6^3 是在 6 个基本投影面中每次取 3 个不同的投影面组合成三投影面体系的组合数,$3 \times (6-2)$ 是 C_6^3 组合中具有同形投影面对的数量,剩下 8 个有独立意义的三投影面体系为 VHW、VHW_1、VH_1W、VH_1W_1、V_1HW、V_1HW_1、V_1H_1W 和 $V_1H_1W_1$。在选择视图表达方案时,应以有独立意义的三投影面体系为基础,再根据物体形状表达的需要配置其他视图。由于独立投影面体系有 8 个,为简便起见,习惯上采用 VHW 三投影面体系。

1.5.2　六面基本视图间的投影关系

由六面基本视图的形成和六个投影面的展开过程可以理解六面基本视图是怎样反映物体的长、宽、高三个尺寸,从而明确六个视图间的投影关系的。

若将前述 V、H、W 三个投影面的交线 X、Y、Z 即三条投影轴的方向依次规定为长度、宽度和高度方向,当置于投影面体系中的物体的长、宽、高尺寸方向与 X、Y、Z 轴一致时,从图 1-18 可以看出,主、后视图反映了物体的长和高,俯、仰视图反映了物体的长和宽,左、右视图反映了物体的高和宽,也就是六个视图中有四个视图共同反映同一物体的一个尺度方向。结合图 1-18 可知,主、后、俯、仰视图反映物体的长度,主、后、左、右视图反映物体的高度,左、右、俯、仰视图反映物体的宽度。六个视图之间的投影关系可概括为:主、后、俯、仰视图长对准,主、后、左、右视图高平齐,左、右、俯、仰视图宽相等,这就是所谓的"三等规律"。用视图表达物体时,从局部到整体都必须遵循这一规律。

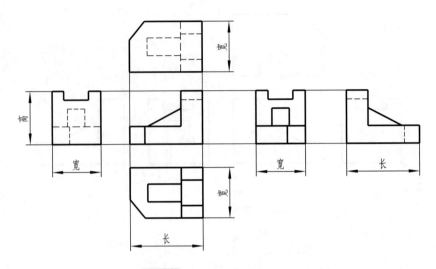

图 1-18　视图之间的投影关系

　　物体除了有长、宽、高尺度外,还有同尺度紧密相关的上、下、左、右、前、后方位。一般认为,高是物体上下之间的尺度,长为物体左右之间的尺度,宽是物体前后之间的尺度。对照上述六个视图的"三等规律",并参照图 1-19 可知,"等长"说明主、后、俯、仰视图共同反映物体的左、右方位,而后视图中远离主视图一侧是物体的左边,靠近主视图一侧是物体的右边。"等高"说明主、后、左、右视图共同反映物体的上下方位。"等宽"说明左、右、俯、仰视图共同反映物体的前后方位,并且各视图远离主视图的一侧是物体的前边,靠近主视图的一侧是物体的后边。以上就是六个视图反映物体的方位关系,它可以看成是"三等规律"的补充说明。

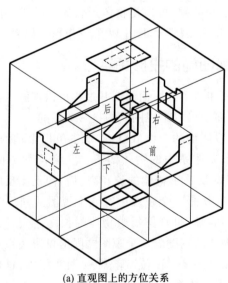

(a) 直观图上的方位关系

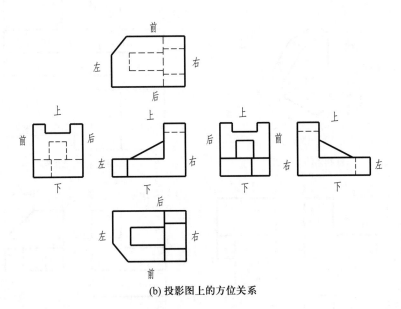

(b) 投影图上的方位关系

图 1-19　视图反映物体的方位关系

三等规律中尤其要注意左、右、俯、仰视图宽相等及主、后视图长相等,因为这两条在视图上不像高平齐与长对正那样明显。而方位关系中应特别注意前后方位,因为这个方位关系也不像上下、左右两个方位那样明显。

下面举例说明物体三视图的画法。

[例 1-1]　画出图 1-20a 所示物体的三视图。

解:1. 分析

这个物体是在弯板的左端中部开了一个方槽,在右上前部切去一角后形成的。

2. 作图

根据分析,画图步骤如下(图 1-20):

1)画弯板的三视图(图 1-20b)　先画反映弯板形状特征的主视图,然后根据投影规律画出俯、左两视图。

2)画左端方槽的三面投影(图 1-20c)　由于构成方槽的三个平面的水平投影都积聚成直线,反映了方槽的形状特征,所以应先画出其水平投影。

3)画右上前部切角的三面投影(图 1-20d)　由于形成切角的平面垂直于侧面,所以应先画出其侧面投影。根据侧面投影画水平投影时,要注意量取尺寸的起点和方向。图 1-20e 是加深后的三视图。

例[1-1]只说明了视图的画法,而究竟如何选择主视图的投射方向,如何确定最佳视图方案等均未考虑。为了使所画图样准确、表达方案合理,应掌握有关形体表达的基础知识。

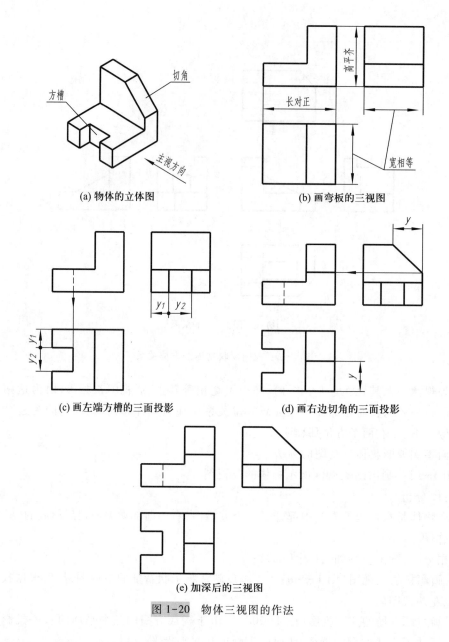

(a) 物体的立体图　　　　　　(b) 画弯板的三视图

(c) 画左端方槽的三面投影　　　(d) 画右边切角的三面投影

(e) 加深后的三视图

图 1-20　物体三视图的作法

1.5.3　回转体视图作法

在作回转体视图时,要作出轴线的投影,其投影在反映轴线实长的视图上用细点画线表示,在与轴线垂直的投影面上用互相垂直的细点画线的交点表示。图 1-21 是常见回转体圆柱、圆锥、球、圆环的三视图。

1.5.4　表面连接关系和视图中线框及图线的含义

在组合体中,相互结合的两个简单形体表面之间有不平齐、平齐、相交和相切等关系,如图 1-22 所示。

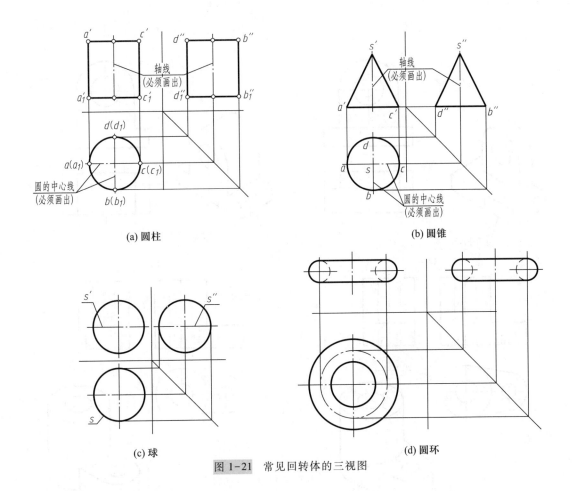

(a) 圆柱

(b) 圆锥

(c) 球

(d) 圆环

图 1-21　常见回转体的三视图

结合图 1-22 可以看出：

1）视图上每一条线可以是物体下列要素的投影：

① 两表面交线的投影。

② 投影面垂直面的投影。

③ 曲面转向轮廓线的投影。

2）视图上每一封闭线框（由图线围成的封闭图形）可以是物体不同位置的平面、曲面或孔的投影。

3）视图上相邻的封闭线框必定是物体相交的或有相对层次关系的两个面（或其中一个是孔）的投影。

请读者结合图例自行分析上述性质。掌握好这些性质将会有助于准确地画图、读图。

1.5.5　表面交线的性质与作法

在图纸上作出交线的投影能帮助我们分清各形体之间的界限，有助于读懂视图。如图 1-23 所示，尖劈和阀芯表面上箭头所指的线段可以看作是由平面截切球面和圆柱表面（圆柱面）所产生的交线，这些截平面与立体表面的交线称为截交线。如图 1-24 所示，三通管和容器端盖表面上箭头所指的线段是由两圆柱表面和圆柱表面与球表面相交而产生的交线，这种两立体表面的交线称为相贯线。

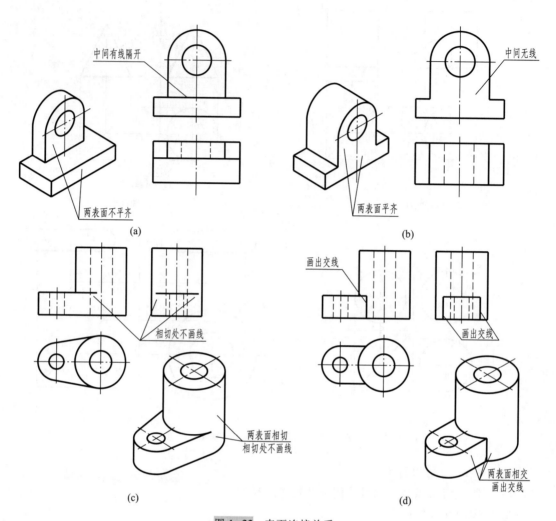

图 1-22　表面连接关系

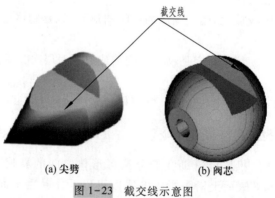

(a) 尖劈　　　　　(b) 阀芯

图 1-23　截交线示意图

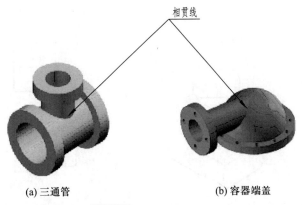

(a) 三通管   (b) 容器端盖

图 1-24 相贯线示意图

显然,截交线的形状与立体的形状及截平面与立体的相对位置有关。截交线是平面与立体的共有线,是由截平面与立体表面共有点构成的。常见的圆柱面的截交线形状见表 1-1。

表 1-1 圆柱面的截交线形状

图例	(a)	(b)	(c)
截交线形状	截平面与轴线平行,截交线为两条平行直线	截平面与轴线垂直,截交线为圆	截平面与轴线倾斜,截交线为椭圆

了解圆柱面的各种截交线形状有利于截交线的求作。

1) 截交线若为直素线,则截平面必平行于圆柱轴线、垂直于圆柱的端面,如图 1-25、图 1-26 所示。因此,可先在圆柱投影为圆的视图上确定交线的位置,再按"三等规律"作出交线的其他投影。

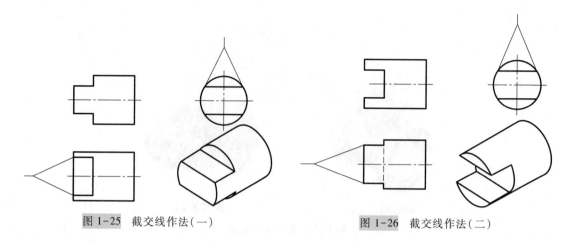

图 1-25 截交线作法(一)　　　　　　　　图 1-26 截交线作法(二)

2)截平面垂直于圆柱轴线,被截后的圆柱(或部分圆柱)的视图与原视图相比仅仅是轴向短了一段,如表 1-1b 和图 1-27 中圆柱右端所示。

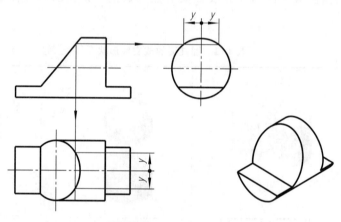

图 1-27 截交线的作法

3)截平面倾斜于圆柱轴线,则截交线为椭圆(或部分椭圆),如表 1-1c 和图 1-27 所示。根据截交线由截平面与曲面共有点构成这一性质,把截交线看作属于截平面,现截平面的正面投影积聚为直线段,因此截交线的正面投影就是此直线段。把截交线看作属于圆柱表面,在与圆柱轴线垂直的投影面上圆柱的投影为圆,这个圆具有投影积聚性,因此截交线的水平投影就积聚在这个圆上(表 1-1c)。对图 1-27 而言,截交线的侧面投影积聚在部分圆周上。于是,问题变为已知截交线的两个投影求第三投影问题。可从截交线的已知投影着手求出截交线上若干个点的未知投影,再用曲线将这些点光滑连接起来,构成截交线的投影。为了较好地把握截交线投影的范围与形状,将待求点分为两类:一类称为特殊点,是指截交线上最高、最低、最左、最右、最前、最后点,这是一类决定截交线投影范围的点。另一类称为一般点,这类点决定截交线的投影形状,可根据需要适当选作。两类点中特殊点重在分析,一般点的求作可从已知投影着手,按"三等规律"求出未知投影,如图 1-27 所示。

相贯线是两立体表面的交线,一般是封闭的空间曲线,是两立体表面共有点的集合。求作相贯线投影的一般步骤是根据立体或给出的投影分析两立体的形状、大小及轴线的相对位置,判定相贯线的形状特点及其各投影的特点,从而采用适当的作图方法。下面主要介绍两圆柱相交的相贯线投影的作图方法。

1. 作图举例

求作图 1-28a 所示两圆柱的相贯线的投影。

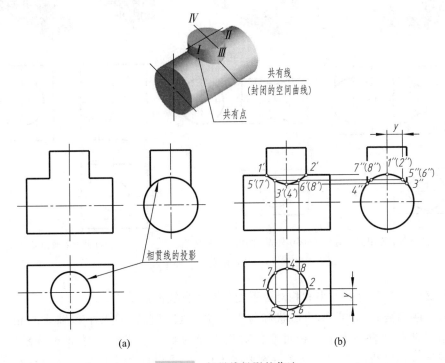

图 1-28　相贯线投影的作法

（1）分析

1）形体分析　由视图可知这是直径不同、轴线垂直相交的两圆柱相交,相贯线为一封闭的,且前后、左右对称的空间曲线,如立体图所示。

2）投影分析　由于大圆柱的轴线垂直于侧面,小圆柱的轴线垂直于水平面,所以相贯线的侧面投影为圆弧、水平投影为圆,只有其正面投影需要求作。

（2）作图

1）作特殊点的投影（图 1-28b）　和截交线类似,相贯线上的特殊点主要是转向轮廓线上的共有点和极限点。本例中,转向轮廓线上的共有点 Ⅰ、Ⅱ、Ⅲ、Ⅳ 又是极限点。利用线上取点法,由已知投影 1、2、3、4 和 $1''$、$2''$、$3''$、$4''$ 求得 $1'$、$2'$、$3'$、$4'$。

2）作一般点的投影（图 1-28b）　图中表示了作一般点 Ⅴ 和 Ⅵ 的投影的方法,即先在相贯线的已知投影（侧面投影）上任取一重影点 $5''$、$6''$,找出水平投影 5、6,然后作出 $5'$、$6'$。光滑连接各共有点的正面投影,即完成作图。

2. 三种基本形式

相交的曲面可能是立体的外表面,也可能是内表面,因此就会出现图 1-29 所示的两外表面相交、外表面与内表面相交和两内表面相交三种基本形式,它们的相贯线的形状和作图方法都是相同的。图 1-29c 所示的直观图示意表达了两内圆柱孔表面相交的情况。

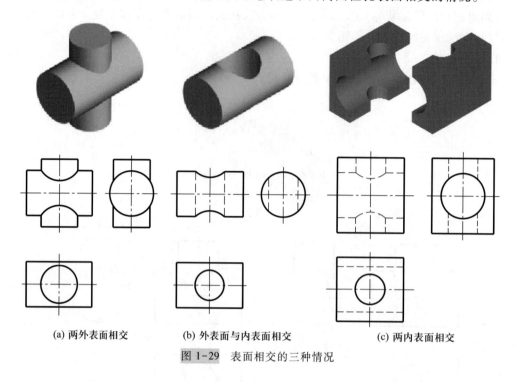

(a) 两外表面相交　　(b) 外表面与内表面相交　　(c) 两内表面相交

图 1-29　表面相交的三种情况

3. 相交两圆柱的直径大小和相对位置变化对相贯线的影响

当两圆柱相交时,相贯线的形状和位置取决于它们直径的大小和轴线的相对位置。表 1-2 表示两圆柱直径大小的相对变化对相贯线的影响。表 1-3 表示两圆柱轴线的相对位置变化对相贯线的影响。这里特别要指出的是,当轴线相交的两圆柱直径相等,即两圆柱内有一公切球面时,相贯线是椭圆,且椭圆所在的平面垂直于由两条轴线所决定的平面。

表 1-2　两圆柱直径大小的相对变化对相贯线的影响

两圆柱直径的关系	水平圆柱较大	两圆柱直径相等	水平圆柱较小
相贯线的特点	上、下两条空间曲线	两个互相垂直的椭圆	左、右两条空间曲线
投影图			

表 1-3 两圆柱轴线相对位置变化对相贯线的影响

两轴线垂直相交	两轴线垂直交叉		两轴线平行
	全贯	互贯	

1.6 组合体的形状特征与相对位置特征

1.6.1 叠加式组合体的形状特征

所谓形状特征,是指能反映物体形成的基本信息,如拉伸体的基面、回转体的含轴平面等。因此,形状特征是相对观察方向而言的。如图 1-30 所示的拉伸体,从前面观察具有反映该物体形成的基本信息的形状特征,而从上向下观察就不体现形状特征了。组合体由若干简单形体组合而成,可把反映较多简单形体形状特征的那个方向作为反映组合体形状特征的观察方向。

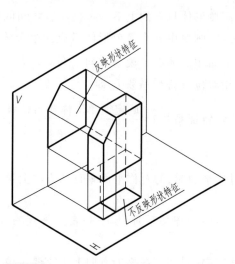

图 1-30 视图反映形状特征与观察方向有关

图 1-31a 所示组合体可看作由三个简单形体组合而成,如图 1-31b 所示。经分析可知,从 S_2 方向观察可反映两个简单形体的形状特征,而从 S_1、S_3 方向观察仅反映一个简单形体的形状特征,因此应以 S_2 方向作为组合体形状特征观察方向。为了进行定量分析,把某方

向反映形状特征的简单形体数与组合体中含有的简单形体总数之比称作组合体在该方向下的形状特征系数 S，即

$$S(某方向的形状特征系数) = \frac{反映形状特征的简单形体数}{简单形体总数}$$

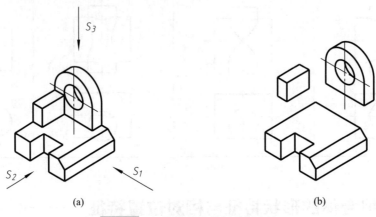

(a)　　　　　　　　　　　　　　　　　(b)

图 1-31　组合体形状特征分析方法

这样就可以通过比较不同方向下的形状特征系数来选择最能反映组合体形状特征的观察方向。显然，在 $0 \leqslant S \leqslant 1$ 区间内，S 越大越好。按此定义，上述组合体三个方向的形状特征系数分别为 $S_1 = \frac{1}{3}$、$S_2 = \frac{2}{3}$、$S_3 = \frac{1}{3}$，因 S_2 最大，故应取 S_2 为观察方向。

1.6.2　叠加式组合体的相对位置特征

相对位置特征是指两简单形体具有的上下、左右、前后之间的相对位置关系。如从某方向观察，能看到其中两对关系，则对由 n 个简单形体组成的组合体在该方向可看到 $2C_n^2$ 种相对位置关系。把确定每两个简单形体在某观察方向下两对位置关系的定位尺寸之和与 $2C_n^2$ 之比称为该方向下组合体相对位置特征系数 L，即

$$L(某方向的相对位置特征系数) = \frac{确定简单形体相对位置关系的定位尺寸数}{2C_n^2}$$

注意：

1）当两简单形体有对称平面时，与对称平面垂直的方向上不需要定位尺寸，如图 1-32a 所示。

2）当两简单形体具有表面平齐关系时，与平齐表面垂直的方向上不需要定位尺寸，如图 1-32b 所示。

3）当两简单形体在某方向叠加时，在叠加方向上不需要定位尺寸，如图 1-32c 所示。

按上述定义，对图 1-31a 所示组合体有 $2C_3^2 = 6$，而 S_1、S_2、S_3 三个方向的定位尺寸之和分别为 1、0、1，因此可算出各个方向下组合体相对位置特征系数 $L_1 = \frac{1}{6}$、$L_2 = 0$、$L_3 = \frac{1}{6}$。显然，在 $0 \leqslant L \leqslant 1$ 区间内，L 越大，对应方向下的相对位置特征越明显。

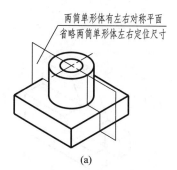
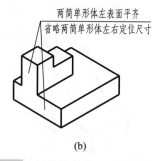

两简单形体有左右对称平面 省略两简单形体左右定位尺寸

两简单形体左表面平齐 省略两简单形体左右定位尺寸

两简单形体左右叠加 省略两简单形体左右定位尺寸

(a) (b) (c)

图 1-32 可省略定位尺寸的条件

1.6.3 切割式组合体的形状特征与相对位置特征

图 1-33 所示为一导块,从形体上看导块属于切割式的组合体。对以切割为主的组合体可按其最大外形轮廓的长、宽、高构建一个长方体,如图 1-34 所示。对照图 1-33 可以得到一个切割顺序,即在长方体上切去 I 、II 、III 后形成导块。由于形体与空间是互为表现的,没有足够的空间,形体无法被容纳。没有一定的形体作限定,空间只能被感受为无限的宇宙空间的概念,空间只是一片空白,其本身没有什么意义。但形体出现以后,形体就占据了空间,而那些未被占据的空间就影响了形体的实际效果。对导块而言,长方体是空间,被切去的三块是它未占据的空间,称为导块的补形体。因此,在长方体空间内导块的形状由其补形体决定。于是,对切割式的组合体,其形状特征与相对位置特征可由补形体的形状特征和相对位置特征来表示。即从某方向看,有形状特征的补形体数与补形体总数之比称作组合体在该方向的形状特征系数 S。由图 1-34 可知,三块补形体均为 A 向拉伸体,于是可得导块 A 向形状特征系数 $S_A = \dfrac{3}{3} = 1$。同理,可分析出 $S_B = \dfrac{1}{3}$,$S_C = \dfrac{1}{3}$。导块的相对位置特征系数的确定,应先计算确定补形体与相关形体从某方向看到的两种位置关系的独立尺寸数之和 P。相关形体概念如图 1-35 所示。

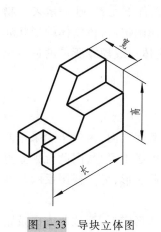

图 1-33 导块立体图

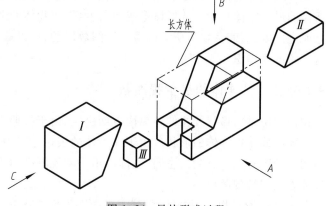

图 1-34 导块形成过程

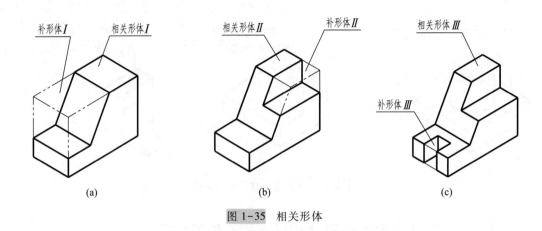

图 1-35　相关形体

将 $L_r = \dfrac{P}{2\mathrm{C}_n^2}$ 定义为相关位置特征系数,其中 n 为补形体总数。而将 $L = 1 - L_r$ 作为导块的相对位置特征系数。

对 A 向确定补形体与其相关形体位置的独立尺寸数为(I)(I_r)= 0,(II)(II_r)= 0,(III)(III_r)= 0,由此得 $P = 0$,所以 $L_A = 1$。

对 B 向为(I)(I_r)= 0,(II)(II_r)= 0,(III)(III_r)= 1,由此得 $P = 1$,所以 $L_B = \dfrac{5}{6}$。

对 C 向为(I)(I_r)= 0,(II)(II_r)= 0,(III)(III_r)= 1,由此得 $P = 1$,所以 $L_C = \dfrac{5}{6}$。

由上述分析可知,A 向的形状特征与相对位置特征最为显著。应该指出,形状特征与相对位置特征的计算有时较为烦琐。事实上,当物体比较简单时,凭借经验也可选好主视图的投射方向,因此可以将经验与计算相结合。当经验难以有效判定时,辅以计算可使所选的主视图投射方向有理论依据。

1.6.4　最少视图数

最少视图数是指在不考虑用尺寸标注方法辅助表达物体的条件下完整、唯一地表达物体所需的最少视图数量。从形体形成的角度看,当物体的形成规律确定后,该物体的形状亦随之而定。因此,表达物体所需的最少视图数问题,可以从确定物体形成规律所需的最少视图这一角度来考虑。

1.6.4.1　拉伸体的最少视图数

拉伸体由基面形状及拉伸距离两方面决定,由于拉伸方向为基面法向,因此至少采用两个视图才能确定拉伸体的形状。由于在物体的表达方案中,主视图必不可少,因此含独立意义的两个视图有主左、主右、主俯、主仰四组。主视图必须反映基面实形,另一视图反映基面的拉伸方向与拉伸距离。

图 1-36a 所示物体为拉伸体,其主视图必须反映物体基面三角形实形,而拉伸方向及距离可采用俯、左、右、仰视图来反映。图 1-36b 中采用了俯视图表达。

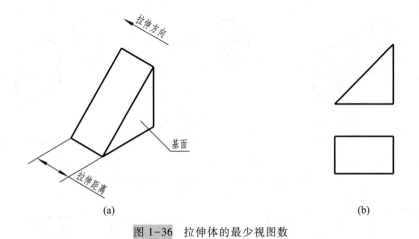

图 1-36　拉伸体的最少视图数

1.6.4.2　回转体的最少视图数

回转体是由一个含轴的平面绕面内的轴旋转半周或一周形成的。因此,回转体的最少视图数是指确定平面形状和回转轴的最少视图数。圆柱、圆锥、圆环的回转轴与回转平面是唯一的,因此这些回转体的最少视图数是两个,如图 1-37 所示。

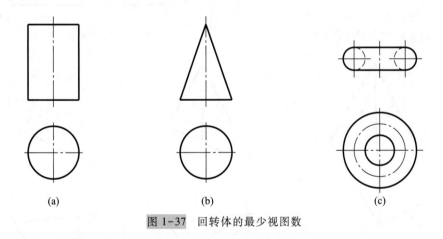

图 1-37　回转体的最少视图数

球的回转轴不是唯一的,两投影为等径圆并不能唯一确定为球。如图 1-38 所示的空间形体就不是球,两轴线垂直相交的等径圆柱围成的公共点群(图 1-38a)、一椭圆(图 1-38b)、两椭圆(图 1-38c)都符合投影给定的条件。因此,两投影为等径圆并不只是通常认为的球的投影,但在图样上可通过标注尺寸的方法确定球。

1.6.4.3　非扫描体的最少视图数

类拉伸体最少视图数为两个,但必须包含棱面积聚性投影的视图,如图 1-39 所示。组合拉伸体的最少视图数也为两个,但该两视图应能反映基面实形及拉伸距离,如图 1-40 所示。

棱锥的表面由平面围成,如图 1-41a 所示。其最少视图数为两个,但该两视图应能反映出锥顶位置及锥底形状,如图 1-41b 所示。锥底的形状和位置及锥顶位置由主、俯视图可定,如图 1-41c 所示。

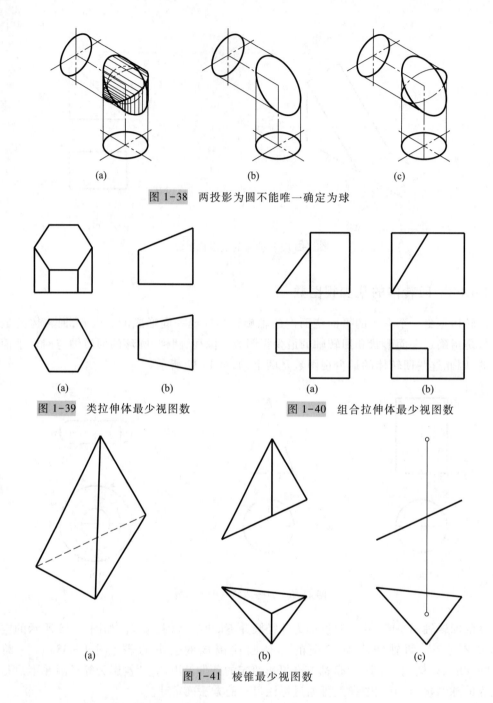

图 1-38   两投影为圆不能唯一确定为球

图 1-39   类拉伸体最少视图数

图 1-40   组合拉伸体最少视图数

图 1-41   棱锥最少视图数

1.6.4.4   由简单拉伸体构成的组合体的最少视图数

根据简单拉伸体最少视图数的确定方法可知,由简单拉伸体构成的组合体的最少视图数取决于不同方向的基面个数。图 1-42a 所示组合体由两个简单拉伸体组成。凹槽块由凹形基面沿 A 向拉伸而成,三角板由三角形基面沿 B 向拉伸而成,因此采用 A、B 两个方向对应的视图可以唯一确定其形状,如图 1-42b 所示。而图 1-43 所示组合体至少需要三个视图才能唯一确定其形状,因为该组合体三部分拉伸体不同向的基面有三个,请读者自行分析。

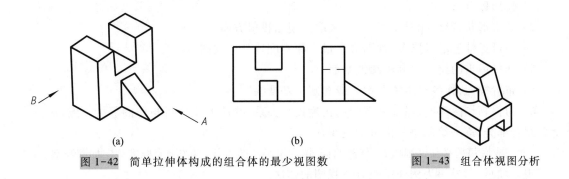

(a) (b)

图 1-42 简单拉伸体构成的组合体的最少视图数

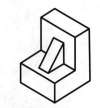

图 1-43 组合体视图分析

1.6.4.5 优化的视图方案

表达物体的视图方案应准确、完整、清晰、合理。优化的视图方案必须具备以下几点：

1）主视图形状特征、相对位置特征显著。

2）信息完整，可见信息尽可能多。

3）视图数量最少。

其中，2）、3）两点需作比较后加以选择。图 1-45 表达图 1-44 所示物体采用的三种方案中，图 1-45a 所示的第一种方案，主视图投射方向不能最好地反映形状特征和相对位置特征，没有考虑最少视图数；图 1-45b 所示的第二种方案，左视图上不可见信息多，并且也没有考虑最少视图数；而图 1-45c 所示的第三种方案符合优化的视图方案的原则。

图 1-44 物体的直观图

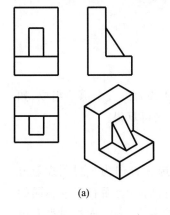

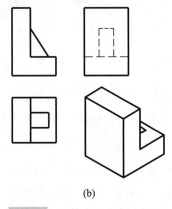

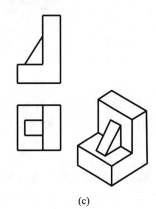

(a) (b) (c)

图 1-45 物体表达方案比较

1.6.5 组合体视图作法

由两个或两个以上的基本形体所组成的形体称为组合体。从几何形体的角度来看，组合体的视图是基本形体视图的组合。因此，用视图表达组合体时，应先对组合体作形体分析，以便获得优化的视图表达方案。机械零件可以认为是在组合体基础上增添了工艺结构。

根据前述优化视图方案的三点要求，组合体的作图步骤一般是：

1）作形体分析。

2）分析形状特征、相对位置特征,选取主视图投射方向。

3）按可见信息尽可能多、视图数量最少原则配置其他视图。

4）选择适当的绘图比例和图纸幅面。

5）布置幅面,作各视图主要中心线和定位基准线。

6）为提高作图速度,保证视图间的正确投影关系,并使形体分析与作图保持一致,应分清各组合部分,逐一绘制每一部分的视图。

7）完成底稿后必须仔细检查,修改错误,擦去不必要的线条,再按国家标准规定加深线型。

现以轴承座、导块为例介绍组合体视图的作法。

[例 1-2]　作出图 1-46a 所示轴承座的视图。

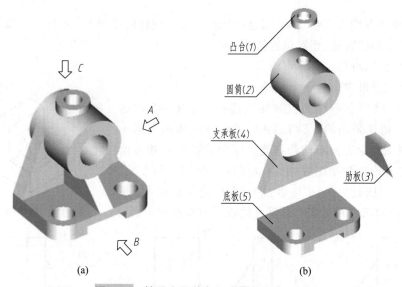

凸台(1)

圆筒(2)

支承板(4)

肋板(3)

底板(5)

(a)　　　　　　　　　　(b)

图 1-46　轴承座及其各组成部分的直观图

解:图 1-46a 所示的轴承座是一个以叠加为主的组合体,可理解为由五个部分组成,如图 1-46b 所示。根据叠加式组合体的形状特征和相对位置特征定义可算得:

$$S_A = S_B > S_C, \qquad L_A > L_C > L_B$$

通过各向形状特征系数和相对位置特征系数的计算结果可知,应选 A 方向为主视图投射方向。五个组成部分中,凸台、圆筒、支承板、肋板都是简单拉伸体,它们的基面有三个不同的方向,因此最少视图数为三个。考虑到各视图上可见信息应尽可能多,选 B 方向投射得左视图,选 C 方向投射得俯视图,故选主、俯、左三视图表达方案。在确定图纸幅面和绘图比例后,具体作图步骤如图 1-47 所示。

[例 1-3]　作出图 1-48a 直观图所示的导块的视图。

解:根据切割式组合体形状特征与相对位置特征的定义可算得

$$S_A = 1, \quad S_B = 0.6, \quad S_C = 0.6, \quad L_A = 1, \quad L_B = 0.95, \quad L_C = 0.95$$

故选 A 方向作为主视图投射方向。导块的形体分析及作图过程如图 1-48b 和图 1-49 所示。

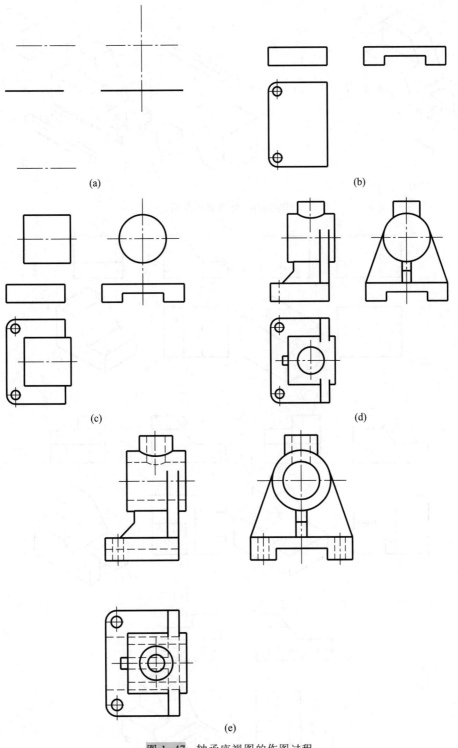

(a)

(b)

(c)

(d)

(e)

图 1-47 轴承座视图的作图过程

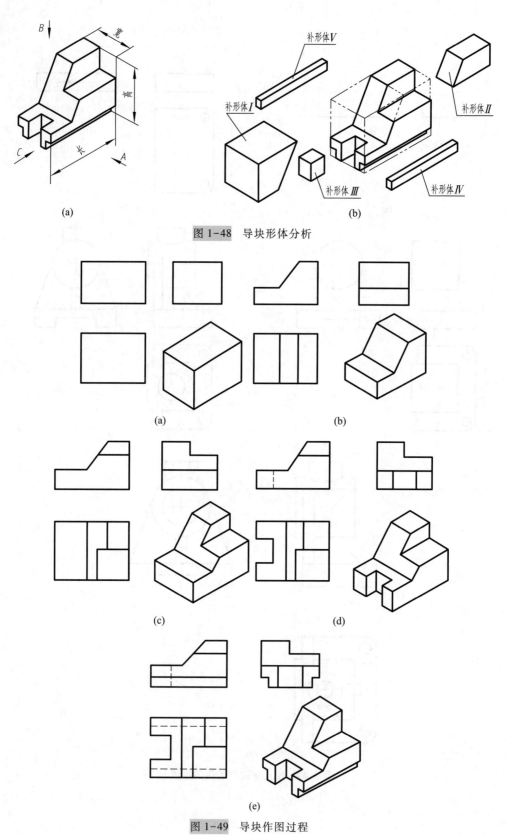

图 1-48　导块形体分析

图 1-49　导块作图过程

1.6.6 组合体视图的尺寸标注

1.6.6.1 尺寸标注的基本要求

组合体视图起到了表达组合体结构与形状的作用,而在组合体视图上标注尺寸是为了确定组合体的结构与形状的大小。因此,标注组合体尺寸时必须做到完整、正确、清晰。

完整——尺寸必须完全确定组合体的形状和大小,不能有遗漏,一般也不应有重复尺寸。

正确——必须按国家标准中有关尺寸注法的规定进行标注。

清晰——每个尺寸必须注在适当位置,尺寸分布要合理,既要便于看图,又要使图面清晰。

1.6.6.2 组合体视图的尺寸注法

为了有规则地在组合体视图上标注尺寸,必须注意以下几点:

1) 应先了解基本几何形体的尺寸注法,这种尺寸称为定形尺寸,见表1-4。

2) 用形体分析法分析组成组合体的各基本几何形体,以便参考表1-4注出各基本几何形体的定形尺寸。

3) 标注基本几何形体之间的相对位置尺寸,这种尺寸称为定位尺寸。两个基本几何形体一般有上下、左右、前后三个相对位置,因此对应有三个定位尺寸。但当两基本几何形体在某一方向处于叠加、平齐、对称、同轴等形式时,在相应方向上不需注定位尺寸,见表1-5。标注尺寸时,应在长、宽、高三个方向上选好组合体上某一几何要素作为标注尺寸的起点,这个起点称为尺寸基准。例如,组合体上的对称平面、底面、端面、回转体轴线等几何元素常被用作尺寸基准。通常,应标注组合体长、宽、高三个方向的总体尺寸,但当组合体的一端为回转面时,该方向总体尺寸不注。如图1-50a所示,总高由曲面中心位置尺寸 H 与曲面半径 R_1 决定,总长由两小圆孔中心距 L 与曲面半径 R_2 决定。图1-50b中直接标注总高与总长是错误的,这种注法在作图和制造时都不符合要求。

1.6.6.3 尺寸标注举例

以图1-51a所示轴承座为例介绍尺寸标注方法。

1) 将组合体分解成5个简单形体,参考表1-4、表1-5初步考虑各形体尺寸,如图1-51b所示。注意,图中带括号的尺寸是在另一部分已注出或由计算可得出的重复尺寸。

2) 确定尺寸基准,标注定位尺寸和总体尺寸,如图1-51c所示。

3) 标注各部分的定形尺寸,如图1-51d所示。

4) 校核,审查得最后的标注结果,如图1-51e所示。

定形尺寸有几种类型。第一种为自身完整的尺寸,如轴承座上圆筒的两个直径、一个圆柱长度尺寸就确定了它的形状。第二种为与总体尺寸、定位尺寸一起构成完整尺寸的尺寸,如底板,其宽即轴承座总宽,底板上的孔有两个定位尺寸;凸台高由总高、轴承高度定位尺寸及轴承半径加以确定。第三种为由相邻形体确定的尺寸,如支承板,虽然图上仅注了一个厚度尺寸,但其下端与底板同宽,上端与轴承圆柱相切,因此形状是确定的,肋板的长却可由底板长和支承板厚(长度方向)加以确定。

表 1-4 常见形体的尺寸注法

尺寸数量	一个尺寸	两个尺寸	三个尺寸
回转体尺寸标注	$S\phi$	ϕ … l ；ϕ_1 … ϕ_2	ϕ_1 … l … ϕ_2

尺寸数量	两个尺寸	三个尺寸	四个尺寸	五个尺寸
平面立体尺寸标注	l_1 … l_2 ；l_2 …(l_3)	l_1 … l_2 … l_3	l_1 … l_2 … l_3 … l_4	l_1 … l_2 … l_3 … l_4 … l_5

注：对正六棱柱，由尺寸 l_2 即可确定正六边形的大小，故 l_3 可省略不注或作为参考尺寸加括号。

表 1-5 省略标注定位尺寸的条件

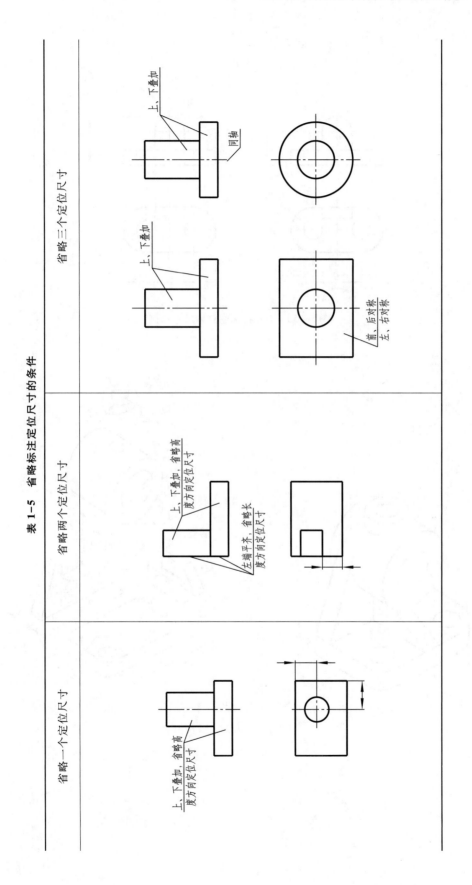

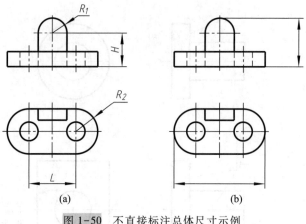

(a)　　　　　　　　　　　　(b)

图 1-50　不直接标注总体尺寸示例

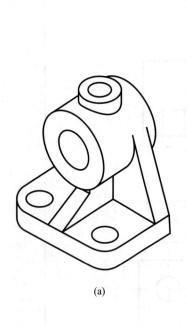

(a)

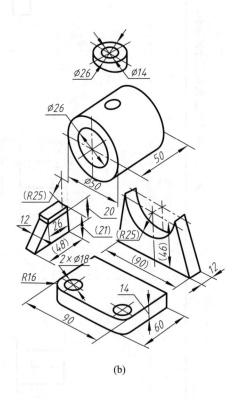

(b)

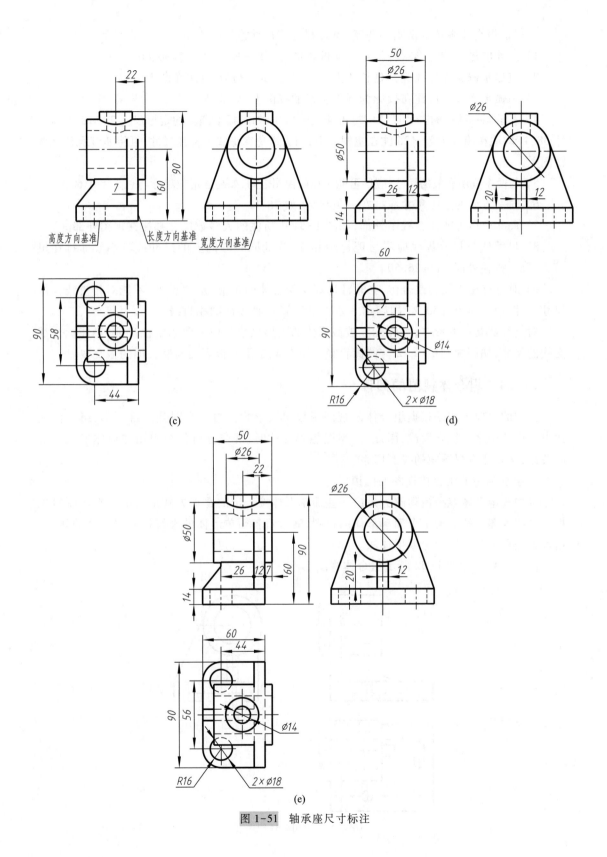

图 1-51 轴承座尺寸标注

为保证组合体视图的清晰与正确,标注尺寸时应注意:

1)尺寸应尽量注在形状特征最明显的视图上,如底板上的尺寸 90、60。

2)应尽量避免在虚线或其延长线上标注尺寸,如 2×φ18 应注在圆上。

3)圆弧半径尺寸应注在投影为圆弧实形的视图上,如 R16。

4)表示同一结构的有关尺寸应尽可能集中标注,如底板上圆孔的定形尺寸 2×φ18、定位尺寸 58、44 均注在俯视图上,φ26 注在主视图上,而为避免在虚线上标注尺寸,可将 φ14 孔注在俯视图上。

5)与两个视图有关的尺寸,应尽可能注在两视图之间,如高度定位尺寸与总高尺寸 60、90。

6)同一方向的连续尺寸应排在一条线上,如 26、12、7。

7)尺寸应尽可能注在视图外部,如图 1-51 中所注的大多数尺寸都注在视图外部。

8)尺寸线与尺寸界线应尽可能避免相交,为此同一方向上的尺寸应将小尺寸排在里面,大尺寸排在外面,如 φ26、50。

9)对具有相贯线的组合体,必须注出相交两形体的定形、定位尺寸,不能对相贯线标注尺寸,如图中的 φ26、φ50、22 即确定了 φ26、φ50 两圆柱表面的相贯线。

对具有截交线的形体,则应标注被截形体的定形尺寸和截平面的定位尺寸,不能标注截交线的尺寸,如图中肋板厚 12 与圆筒直径 φ50 就确定了肋板表面与圆柱面的截交线。

1.6.6.4　组合体视图的阅读

读图的主要内容是根据组合体的视图想象出其形状。由于视图是二维图形,组合体表达方案由几个视图组合而成,因此,由视图想象形体时,既要分析每个视图与形体形状的对应关系,又要注意视图间的投影联系。

1. 叠加为主的组合体视图的阅读

叠加式组合体容易被理解为是由一些简单形体按一定的叠加方式形成的。在读图时先把组合体视图分解成若干个简单形体的视图,通过对各简单形体的理解达到对整体的认识。这种方法称为分解视图想象形体法。

[例 1-4]　读图 1-52 所示组合体视图。

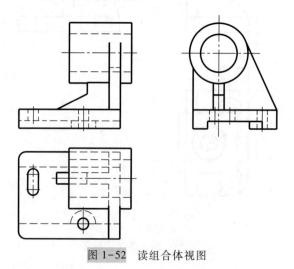

图 1-52　读组合体视图

　　解:从主视图着手结合其他视图容易将组合体视图分解成 4 个简单形体的视图,并想象出它们的形状,如图 1-53 所示。当这些部分都读懂后,对照组合体视图可知各部分在组合体中所处的位置,最后形成对整体的认识,如图 1-54 所示。

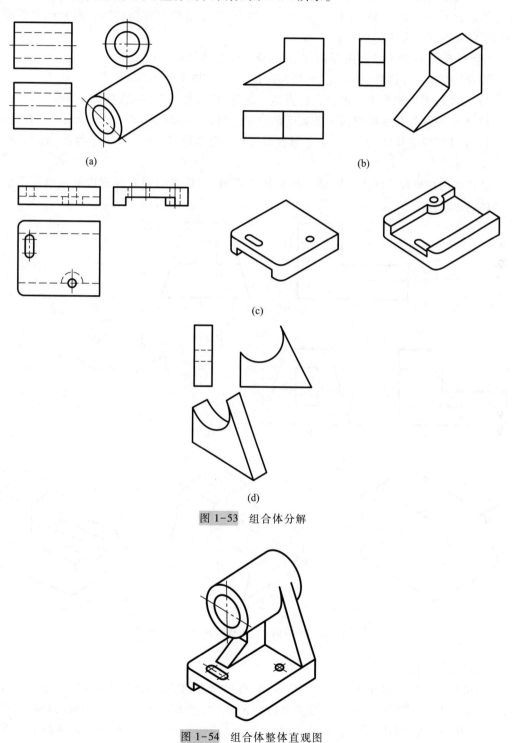

图 1-53　组合体分解

图 1-54　组合体整体直观图

2. 切割为主的组合体视图的阅读

（1）切割法

对外表面主要由平面构成的切割式组合体可应用有关补形体与相关形体的概念,以该组合体最大外形轮廓长、宽、高构建一个长方体箱,在此基础上根据已知视图分析被切割部分的形状来理解组合体的形状。

[**例 1-5**]　读图 1-55a 所示两视图,想象出组合体的形状。

解:1）根据组合体总长、总宽、总高构建长方体,如图 1-55b 所示。

2）由左视图外轮廓可以理解在长方体上前、后各切割一块,如图 1-55c 所示。

3）由主视图外轮廓可以理解在剩下部分左上角切割一块,如图 1-55d 所示。

4）主视图虚线及左视图上的长方形表明组合体内部被切割掉一个长方体孔,如图 1-55e 所示。

经三次切割形成了图 1-55e 所示组合体直观图,理解这一切割过程也就是由视图想象组合体的过程。

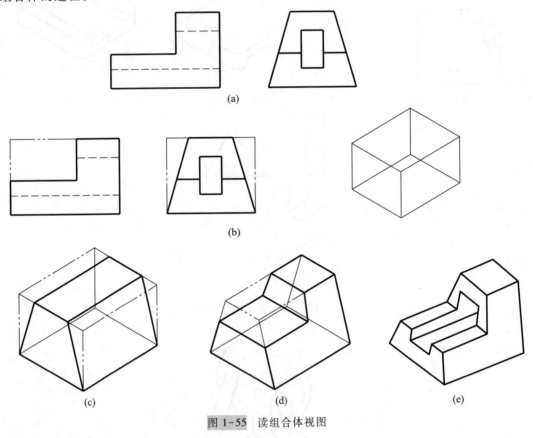

图 1-55　读组合体视图

（2）表面分析法

当组合体被切割部分在视图上不明显时,可根据平面投影特性结合长方体分析组合体每一表面的形状和位置,在理解围成组合体各表面形状和位置的过程中,形成对组合体的认识,这种方法称为表面分析法。这种方法的关键是应用平面投影特性在长方体内对组合体表面进行构图分析。平面投影特性见表 1-6、表 1-7 和图 1-56。

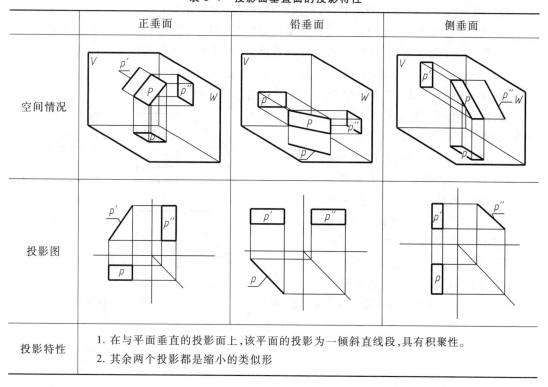

表 1-6　投影面平行面的投影特性

	正平面	水平面	侧平面
空间情况			
投影图			
投影特性	1. 在与平面平行的投影面上,该平面的投影反映平面实形。 2. 其余两个投影分别平行于相应的投影轴,且都具有积聚性		

表 1-7　投影面垂直面的投影特性

	正垂面	铅垂面	侧垂面
空间情况			
投影图			
投影特性	1. 在与平面垂直的投影面上,该平面的投影为一倾斜直线段,具有积聚性。 2. 其余两个投影都是缩小的类似形		

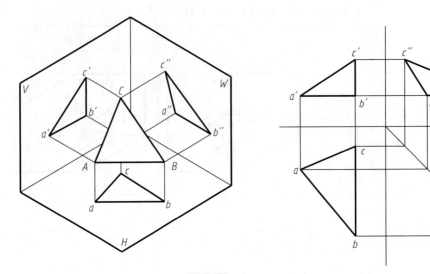

图 1-56   一般位置平面的投影

表 1-6 是投影面平行面的投影特性,表 1-7 是投影面垂直面的投影特性,图 1-56 是一般位置平面的投影。由表 1-6、表 1-7 及图 1-56 可知,在三投影面体系中平面具有如下投影特征:

1)投影面平行面有一个视图是图形框(实形)。

2)投影面垂直面有两个视图是图形框(类似形)。

3)一般位置平面有三个视图是图形框(类似形)。

当根据平面的投影进行分析时,可把这些特性反过来叙述为:

1)只有一个图形框,此面应为投影面平行面(平面平行于图形框所在的投影面)。

2)若有两个图形框,此面应为投影面垂直面(平面垂直于无图形框所在的投影面)。

3)若为三个图形框,此面应为一般位置平面(平面对三个投影面均倾斜)。

[例 1-6]   由图 1-57 所示组合体视图读懂组合体形状。

解:1)根据组合体总长、总宽、总高构建一个长方体,如图 1-58a 所示。

2)分析每个图形框,如图 1-58b 所示。

1、1′两个图形框——面 I 为侧垂面。

2′一个图形框——面 II 为正平面。

3″一个图形框——面 III 为侧平面。

4、4″两个图形框——面 IV 为正垂面。

5″一个图形框——面 V 为侧平面。

6 一个图形框——面 VI 为水平面。

3)在长方体内画出每个面,如图 1-58c 所示。

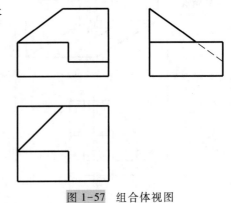

图 1-57 组合体视图

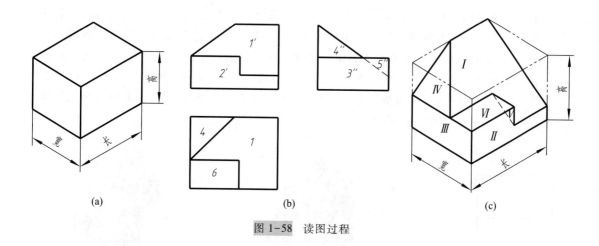

图 1-58 读图过程

1.7 构形想象

1.7.1 单向构形想象

由一个视图可以想象出无数个形体。图 1-59a 所示的一个主视图可以与图 1-59b 所示诸多形体对应。读者在仔细分析图 1-59b 所示各形体后，可以继续构思出许许多多与图 1-59a 所示主视图符合的形体。这种对一个视图进行构思想象，再结合其他视图确定所构思的形体的方法称为单向构形想象。

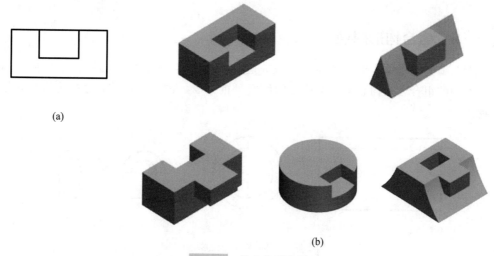

图 1-59 单向构形读图

1.7.2 双向构形想象

当两个视图还未能确定形体时，也可以构形想象出无数个满足该两个视图的形体。如根据图 1-60a 所示两视图（主视图、俯视图）可构形想象出图 1-60b 所示诸形体，它们均符合图 1-60a 中的两个视图的要求。在图 1-60b 的基础上读者也可以继续构形想象出许许多多符合图 1-60a 所示两视图的形体。但会发现,这一构形想象过程比单向构形想象要求更高一些,因为此时构思的形体形状受到两个视图的限制。由视图作构形想象,这些视图可在满足形体某些方向的实用功能或外观造型需要的基础上先加以确定,再作其他方向的构思。无论是单向构形想象或是双向构形想象,其构思过程就是提高空间想象能力以及形象思维能力的过程,并能起到构形选择的作用。

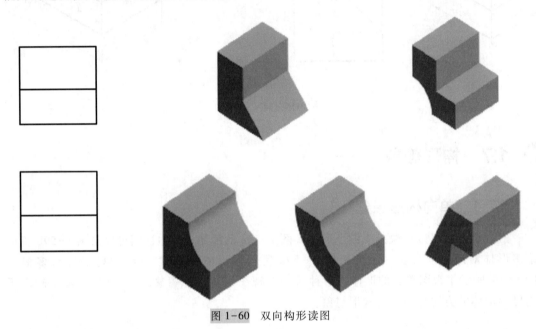

图 1-60　双向构形读图

1.7.3　组合构形想象

　　以上两节介绍了单个形体的构形想象。进一步,对组合体也可在确定各个形体的基础上根据不同的组合方式构想单个形体之间结合处的形状。图 1-61 所示为一筒体与耳板的两个视图。

(a) 筒体　　　　　　　　　　　　　　(b) 耳板

图 1-61　筒体、耳板的视图

　　当耳板与筒体组合在一起时,应对筒体与耳板在结合处的形状作构形想象。如按图 1-62a 所示方式组合,则可将耳板与圆筒结合处的形状设想为如图 1-62b 或图 1-62c 所示。若按图 1-63a 所示方式组合,则可将耳板或筒体结合处的形状设想成如图 1-63b 或图 1-63c 所示。仔细分析,还可对耳板、筒体的结合处构思出多种形状,留给读者自行想象。

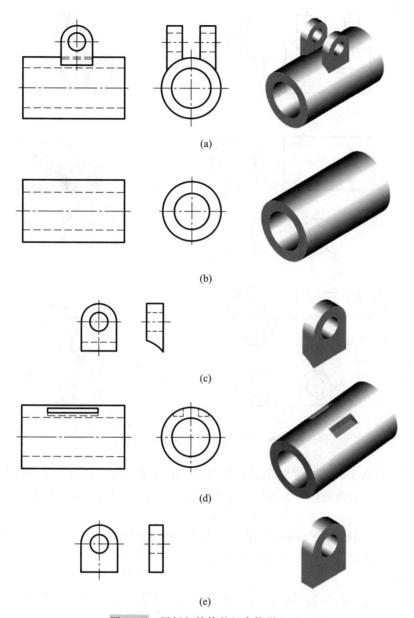

图 1-62 耳板与筒体的组合构形(一)

构形想象可以作为形体设计的初步思考。单向构形想象和双向构形想象都属于限制性构形想象。这种限制可能来自形体功能、特征、工艺性等方面的要求,在一定的限制条件下仍可构思出无限个形体。可将所构想的形体以草图形式及时迅速地加以勾画,以便进行比较、选择,因此能迅速地绘制草图,尤其是绘制轴测草图,需要捕捉灵感,是进行联想、创造信息和相互交流的重要手段,可以简便、及时地记录和表达创想结果,并为再加工、再创造积累素材。

[例 1-7] 组合体模型设计举例,图 1-64 所示为设计示意图,设计要求如下:

1) 设计底板 *II* 的形状(要求:组合体能通过底板与其他机件连接)。

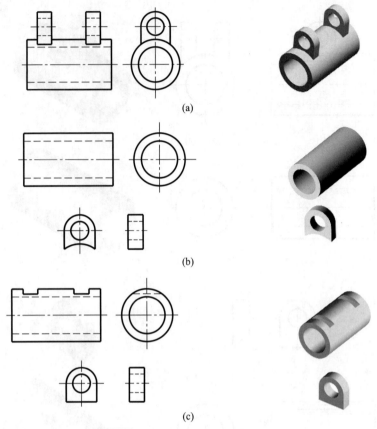

(a)

(b)

(c)

图 1-63   耳板与筒体的组合构形(二)

2)设计主形体 I 与底板 II 之间的连接形体(要求:连接 I 、II 的形体应能较好地支承主形体 I ,在 $A—A$ 轴线处($A—A$ 轴线位置可由设计者自定)设计一孔与形体 I 、II 贯通)。

3)沿主形体 I 的轴线方向设计两块耳板。

4)在主形体 I 的轴线方向距左端面 L 处(L 可由设计者自定)设计一接管与主形体 I 贯通。

根据设计示意图及设计要求可制订组合体模型设计过程:

1)分别设计底板、耳板、接管、连接体的形状。

2)考虑各部分的组合,在设计每一部分的形状时,应充分考虑功能及外形美观等因素,这一考虑过程体现在用图形将构思的各种形状表达出来,以便比较、选择确定较为理想的形体设计。

3)构形方案为:图 1-65a 所示为底板构形方案;图 1-65b 所示为接管构形方案;图 1-65c 所示为耳板构形方案;图 1-65d 所示为连接体构形方案;图 1-65e~g 所示为几种组合方案。

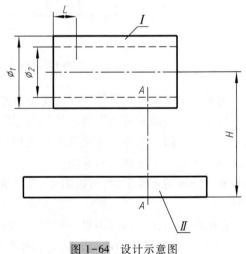

图 1-64   设计示意图

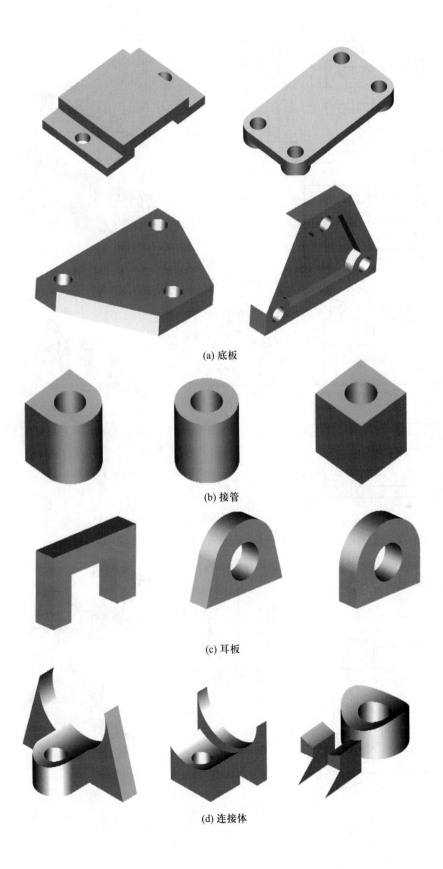

(a) 底板

(b) 接管

(c) 耳板

(d) 连接体

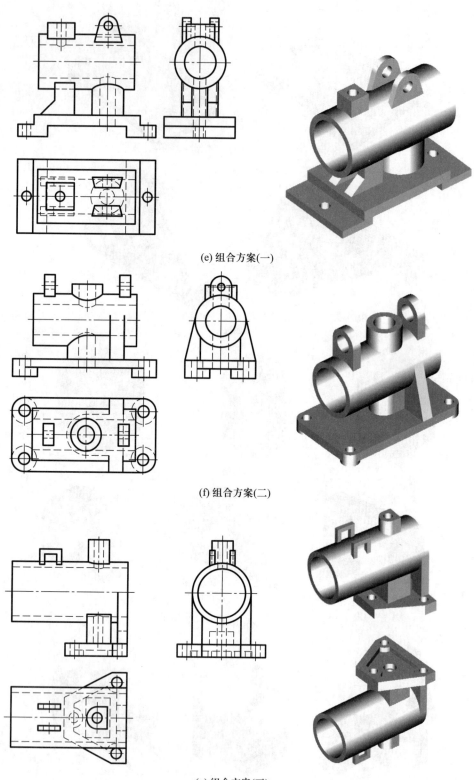

(e) 组合方案(一)

(f) 组合方案(二)

(g) 组合方案(三)

图 1-65   构形设计过程

实际上,读者可以体会到这种构思是一种创想,每一种构思可以是独立的,但又可以引发新的构思,所以结果可以是多种多样的,这就给最终的组合选择提供了充分的条件。

1.8 机件的表达方法

国家标准 GB/T 4458.1—2002《机械制图 图样画法 视图》中规定了视图表示法,适用于在机械制图中用正投影法绘制的技术图样,该标准规定的图样画法系第一角画法。

1.8.1 视图

用正投影法所绘制的图形称为视图。为了便于看图,视图一般只画出机件的可见部分,必要时才画出其不可见部分。视图分基本视图、斜视图、局部视图和向视图四种。基本视图已经介绍,下面分别介绍其他视图。

1.8.2 斜视图和局部视图

图 1-66 为压紧杆的三视图,它具有倾斜的结构,其倾斜表面为正垂面,左、俯视图均不反映实形,给绘图和读图带来困难,也不便于标注尺寸。为了表达倾斜部分的实形,沿投射方向 A 将倾斜部分的结构投射到平行于倾斜表面的新置投影面 H_1 上,如图 1-67 所示。这种将机件向不平行于任何基本投影面的新置投影面投射所得的视图称为斜视图。斜视图通常只要求表达该机件倾斜部分的实形,其余部分不必画出,其断裂边界用波浪线表示,如图 1-68a 中的 A 向斜视图所示。

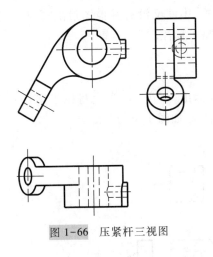

图 1-66 压紧杆三视图

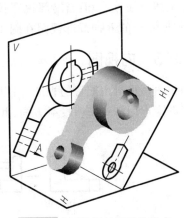

图 1-67 压紧杆斜视图的形成

绘制 A 向斜视图后,俯视图上倾斜表面的投影可以不画,其断裂边界也用波浪线表示。这种只将机件的某一部分向基本投影面投射所得的视图称为局部视图,如图 1-68a 中的 C 向局部视图所示。该机件右边的凸台形状也可以用局部视图来表达,如图 1-68a 中的 B 向局部视图,这样可少画一个右视图。采用一个主视图、一个斜视图和两个局部视图表达该机件,就显得更清楚、更合理。

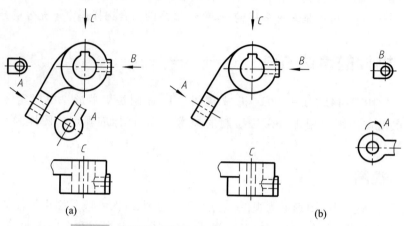

(a)   (b)

图 1-68   压紧杆斜视图和局部视图的两种配置形式

局部视图和斜视图的断裂边界一般以波浪线表示（图 1-68a 中的 A 向斜视图、C 向局部视图）。但当所表示的局部结构是完整的，且外轮廓线又封闭时，波浪线可省略不画（图 1-68a 中的 B 向局部视图）。

斜视图或局部视图一般按投影关系配置，如图 1-68a 所示。若这样配置在图纸上使布局不适宜时，也可以配置在其他适当位置。在不会引起误解时，也允许将斜视图旋转放置，以便于作图（图 1-68b）。显然，图 1-68b 所示的布局较好。画斜视图时，必须在视图的上方标出视图的名称"×"，并在相应的视图附近用箭头指明投射方向，并注上同样的字母（图 1-68a）。旋转后的斜视图，其标注形式为"↷×"（图 1-68b），表示该视图名称的大写拉丁字母应靠近旋转符号的箭头端，也允许将旋转角度注写在字母后面。画局部视图时，一般也采用上述标注方式，但当局部视图按投影关系配置，中间又没有其他图形隔开时，可省略标注，如压紧杆的 B 向局部视图在图 1-68a 中就省略了标注。

1.8.3   向视图

向视图是可自由配置的视图。在向视图的上方标出"×"（"×"为大写拉丁字母），在相应的视图附近用箭头指明投射方向，并注上同样的字母，如图 1-69 所示。

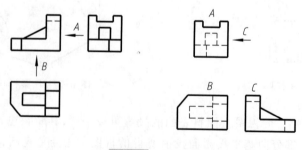

图 1-69   向视图

1.8.4 剖视图

1.8.4.1 剖视图的概念

假想用剖切平面剖开机件,将处在观察者和剖切平面之间的部分移去,而将其余部分向投影面投射所得的图形称为剖视图,简称剖视,如图 1-70a 所示。图 1-70b 所示的主视图即为机件的剖视图。采用剖视图的目的是可使机件上一些原来看不见的结构成为可见部分,能用粗实线画出,这样有利于看图和标注尺寸。

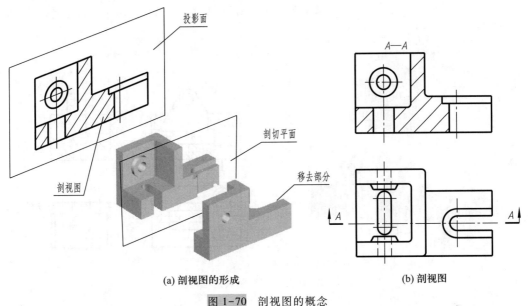

(a) 剖视图的形成　　　　　　　　(b) 剖视图

图 1-70　剖视图的概念

1.8.4.2 剖视图的画法

根据制图国家标准的规定,画剖视图的要点如下:

1. 确定剖切面的位置

一般用平面剖切机件。剖切平面一般应平行于相应的投影面,并通过机件上孔、槽的轴线或与机件对称面重合。

2. 剖视图画法

用粗实线画出剖切平面与机件实体相交的截断面轮廓及其后部的可见轮廓线,机件后部的不可见轮廓线一般省略不画。

3. 剖面区域的表示法

剖视图中剖切平面与机件的接触部分称为剖面区域。不需在剖面区域中展示材料类别时,可采用剖面线表示。剖面线应以适当角度的细实线绘制,最好与主要轮廓线或剖面区域的对称线成 45°角,并且同一机件的各个视图的剖面线方向和间隔必须一致,如图 1-71 所示。

4. 剖视图的标注

为了便于看图,一般应在剖视图上方用字母标注视图的名称"×—×",在相应的视图上用剖切符号表示剖切位置,其两端用箭头表示投射方向,并注上同样的字母,如图 1-72b 中的 B—B 剖视图所示。剖切符号为断开的粗实线,线宽为$(1\sim1.5)d$,尽可能不要与图形轮廓线相交。剖视图在下列情况下可省略或简化标注:

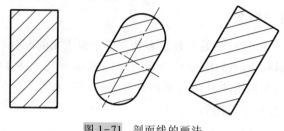

图 1-71 剖面线的画法

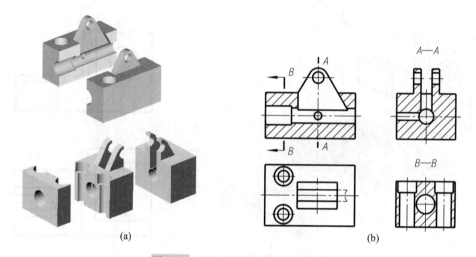

(a)   (b)

图 1-72 用几个剖视图表达定位块

1)当剖视图按投影关系配置,中间又没有其他图形隔开时,可省略箭头,如图 1-72b 中的 A—A 剖视图所示,表示投射方向的箭头被省略了。

2)当单一剖切平面通过机件的对称平面或基本对称平面,且剖视图按投影关系配置,中间又无其他图形隔开时,可省略标注,如图 1-72 中的主视图所示。

5. 剖视图的配置

基本视图配置的规定同样适用于剖视图,如图 1-72 中的 A—A 剖视图所示,必要时允许配置在其他适当位置,如图 1-72b 中的 B—B 剖视图所示。

1.8.4.3 剖视图的种类

1. 全剖视图

用剖切面完全地剖开机件所得的剖视图称为全剖视图。图 1-73 中的主、左视图都是全剖视图。

全剖视图常用来表达内部形状比较复杂的不对称机件,外形简单的机件也可用全剖视图表达。全剖视图的重点在于表达机件的内部形状,其外形可用其他视图表达清楚。

2. 半剖视图

当机件具有对称平面时,在垂直于对称平面的投影面上投影所得的图形可以对称中心线为界,一半画成剖视图,另一半画成视图,这种剖视图称为半剖视图,如图 1-74 所示。半

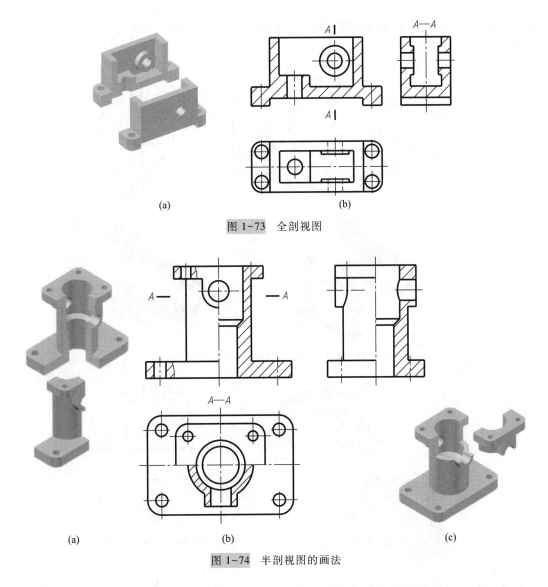

图 1-73　全剖视图

图 1-74　半剖视图的画法

剖视图适合于内、外形状都需在同一视图上有所表达且具有对称平面的机件。当机件形状接近对称且不对称部分已有图形表达清楚时也可采用半剖视图,如图 1-75 所示。

半剖视图的标注与全剖视图的标注完全相同。如图 1-74b 中主、左视图符合省略标注条件而不加标注,剖视图 A—A 的剖切符号省略了箭头。

画半剖视图时应注意:

1) 由于机件对称,剖视部分已将内部形状表达清楚,所以在视图部分表达内部形状的细虚线不必画出。

2) 半个剖视与半个视图必须以细点画线为分界,如机件棱线与图形对称中心线重合时则应避免使用半剖视图。

3.局部剖视图

用剖切平面局部剖开机件所得到的剖视图称为局部剖视图。图 1-76a 所示为箱形机件,主视图如采用全剖视图,则凸台的外形得不到表达。形体左右不对称,不符合半剖条件。

现采用局部剖视即可达到既表达箱体内腔又保留凸台外形的效果。底板上的小孔也画成局部剖视,如图 1-76b 所示。

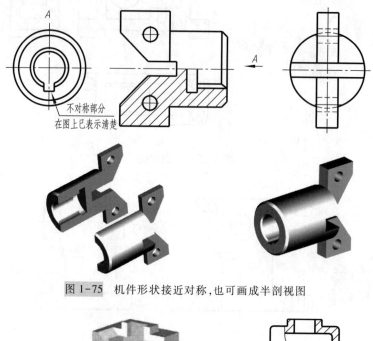

图 1-75   机件形状接近对称,也可画成半剖视图

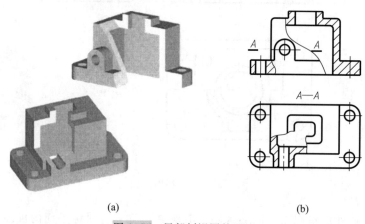

(a)   (b)

图 1-76   局部剖视图的画法

俯视图以局部剖视表达凸台上小圆孔与箱体内腔相通及箱体的壁厚。由此可见,局部剖视是一种比较灵活的兼顾内、外形的表达方法。局部剖视采用的剖切平面位置与剖切范围可根据表达范围的需要而定。

画局部剖视图时应注意:

1) 局部剖视图要以波浪线表示内形与外形的分界。波浪线要画在机件的实体上,不能超出视图的轮廓线,也不应在轮廓线的延长线上或与其他图线重合,如图 1-77 所示的正误对比(图 1-77b 是正确的画法,图 1-77c 主视图上箭头所指处的波浪线和俯视图上箭头所指的空白处的画法有误)。

2) 局部剖视图在剖切位置明显时一般不标注。若剖切位置不在主要形体对称位置,为表达清楚,也可按图 1-76b 所示标注剖切符号和图名"*A—A*"。

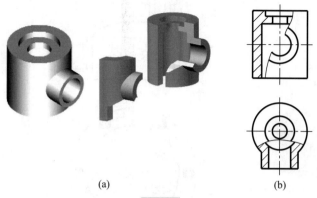
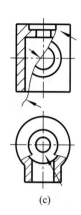

(a)　　　　　　(b)　　　　　　(c)

图 1-77　局部剖视图中波浪线的画法

3）局部剖视图一般的使用场合：不对称机件上既需要表达内形又需表达部分外形轮廓时，如图 1-76b 中的主视图所示；表达机件上孔眼、凹槽等某一局部的内形，如图 1-74b、图 1-77b 所示。

4）正确使用局部剖视图，可使表达简练、清晰。但在同一个图上局部剖视图不宜使用过多，以免图形显得零碎。

1.8.4.4　剖切面与剖切方法

作机件的剖视图时，常要根据机件的不同形状和结构选用不同的剖切面和剖切方法。国家标准规定，剖切面包括单一剖切面、几个相交的剖切面、几个平行的剖切面、组合的剖切面以及不平行于任何基本投影面的剖切面等多种。由此相应地产生了单一剖、旋转剖、阶梯剖、复合剖以及斜剖等多种剖切方法。不论采用哪一种剖切面及其相应的剖切方法，均可画成全剖视图、半剖视图和局部剖视图。

1. 单一剖切面

用一个平行于某一基本投影面的剖切面剖开机件的方法称为单一剖。如上文列举的全剖视图、半剖视图与局部剖视图均为单一剖。

2. 几个相交的剖切面

用几个相交的剖切面（交线垂直于某一基本投影面）剖开机件的方法称为旋转剖。如图 1-78a 所示的机件，其内部结构需要用两个相交的剖切面剖开才能显示清楚，且又可把两相交的剖切面的交线作为旋转轴线。此时，就可采用旋转剖的方法作其剖视图。具体作法为：先按假想的剖切位置剖开机件，然后将被剖切面剖开的结构及其有关部分旋转到与选定的投影面平行再进行投射，如图 1-78b 所示。采用旋转剖的方法画剖视图时，必须用剖切符号表示剖切位置并加以标注，同时画出箭头表示投射方向。当按投影关系配置，中间又无其他图形隔开时，允许省略箭头，图 1-78b 即属此种情况。

用旋转剖方法画剖视图时应注意：采用旋转剖的方法画剖视图时，位于剖切面后部的其他结构一般按原来位置画出。

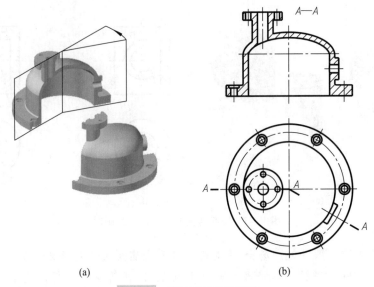

(a)   (b)

图 1-78　旋转剖视图的画法

3. 几个平行的剖切面

用几个平行的剖切面剖开机件的方法称为阶梯剖。如图 1-79 所示的机件,其内部结构需要用两个相互平行的平面加以剖切才能表达清楚,此时就可采用阶梯剖的方法来作其剖视图,如图 1-80 所示。选用阶梯剖作剖视图时,必须在剖切的起、讫及转折处用剖切符号表示剖切位置,并注写相同的字母(当转折处位置有限又不会引起误解时允许省略),在起讫两端画出箭头表示投射方向,同时在剖视图的上方加以标注。当按投影关系配置,中间又无其他图形隔开时,可以省略箭头。

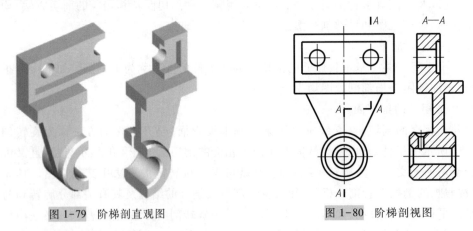

图 1-79　阶梯剖直观图   图 1-80　阶梯剖视图

用阶梯剖方法作剖视图时应注意(图 1-81):

1)阶梯剖采用的剖切面相互平行,但应在适当的位置转折。在剖视图中不应画出平行剖切面之间直角转折处轮廓的投影。

2)采用阶梯剖的方法作剖视图时,一般应避免剖切出不完整要素。只有当两个要素在图形上具有公共对称中心线或轴线时,才允许以中心线为界各画一半。

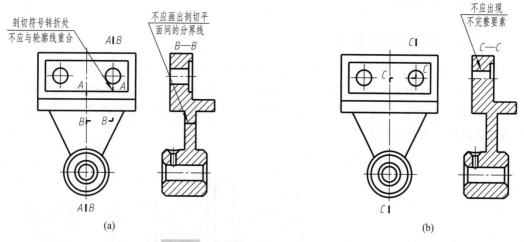

图 1-81　阶梯剖时作剖视图的注意事项

4. 不平行于任何基本投影面的剖切面

采用此类剖切面剖开机件的剖切方法称为斜剖,图 1-82 所示的机件就采用了斜剖的方法来表达有关部分的内形,其剖视图如图 1-83 中的 B—B 所示。

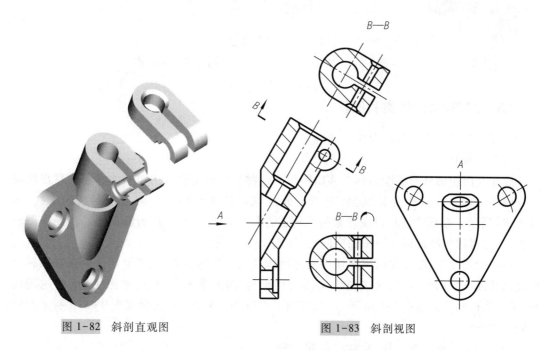

图 1-82　斜剖直观图　　　　　　　　图 1-83　斜剖视图

采用斜剖方法画剖视图时,一般按投影关系配置在箭头所指的方向,如图 1-83 中的 B—B 所示,也可画在其他适当的地方。在不致引起误解时,允许将图形进行旋转,如在图 1-83 中,也可用下方的 B—B⌢ 来代替上方的 B—B。

采用斜剖画剖视图时,应注明剖切位置,并用箭头表明投射方向,同时标注其名称。对于图形旋转的剖视图,图名形式为"×—×⌢"。

1.8.5　断面图

1.8.5.1　断面的基本概念

　　假想用剖切平面将机件某处切断,仅画出的截断面的图形称为断面图,简称断面,如图 1-84 所示。为了表达清楚机件上某些常见结构的形状,如肋板、轮辐、孔槽等,可配合视图画出这些结构的断面图。图 1-85 就是采用断面图配合主视图表达轴上键槽和销孔的形状,这样表达显然比剖视图更简明。

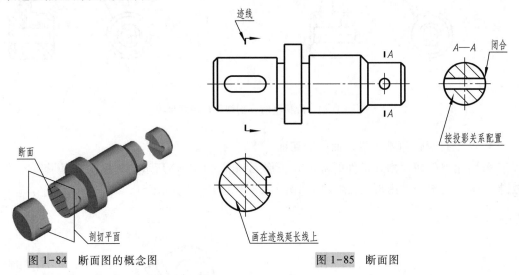

图 1-84　断面图的概念图　　　　　图 1-85　断面图

1.8.5.2　断面的种类和画法

断面分为移出断面和重合断面两种。

1. 移出断面

　　画在视图轮廓外面的断面称为移出断面。这种断面的轮廓线用粗实线绘制。移出断面可以画在剖切平面迹线延长线上,剖切平面迹线延长线是剖切平面与投影面的交线,如图 1-85 所示。断面图还可以按投影关系配置,图 1-85 反映了销孔的断面图。当断面图形对称时,可将移出断面画在视图的中断处,如图 1-86 所示。

　　在一般情况下,断面仅画出剖切平面与物体接触部分的形状,但当剖切平面通过回转面形成的孔或凹坑的轴线时,这些结构均按剖视绘制,即画成闭合图形,如图 1-85 中的断面 A—A 的销孔处。又如图 1-87a 所示,如将图 1-87a 中的断面 A—A 画成图 1-87b 所示的图形则是错误的。

　　当剖切平面通过非圆孔,导致出现完全分离的两个断面时,则这些结构也应按剖视绘制,如图 1-88 所示。

　　为了正确地表达结构的断面形状,剖切平面一般应垂直于物体的轮廓线或回转面的轴线,如图 1-85、图 1-89 所示。

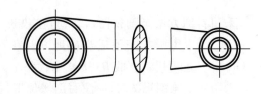

图 1-86　断面画在视图中断处

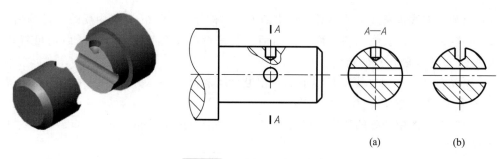

图 1-87　按剖视绘制的条件

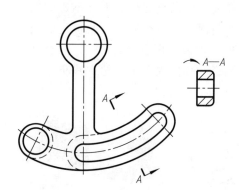

图 1-88　断面图形分离时的画法

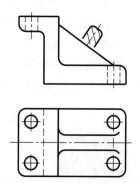

图 1-89　剖切平面应垂直于物体的主要轮廓线

若用两个或多个相交剖切平面剖切所得的移出断面,则可画在一个剖切平面迹线延长线上,但中间应断开,如图 1-90 所示。

特殊情况下允许剖切平面不垂直于轮廓线,如图 1-91 所示。

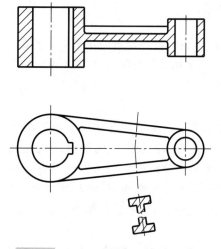

图 1-90　相交平面剖切出的移出断面

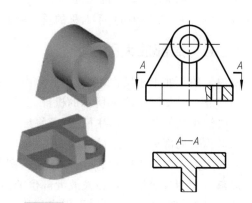

图 1-91　剖切平面不垂直于轮廓线的情况

移出断面的标注与剖视的标注基本相同,即一般用剖切符号与字母表示剖切平面的位置和名称,用箭头表示投射方向,并在断面图上方标出相应的名称"×—×",如图 1-91 中的"A—A"。在下列情况中可省略标注:

1）配置在迹线延长线上的不对称移出断面可省略字母,如图 1-85 中反映键槽的断面。

2）配置在迹线延长线上的对称移出断面以及按投影关系配置的移出断面均可省略箭头,如图 1-85 中反映销孔的断面。

3）配置在剖切平面迹线延长线上的移出断面可省略标注,如图 1-85 中的断面配置在迹线延长线上,则省略了标注。

4）配置在视图中断处的移出断面应省略标注,如图 1-86 所示。

2. 重合断面

图 1-92a 所示的机件,其中间连接板和肋板的断面形状采用两个断面来表达(图 1-92b)。由于这两个结构剖切后的图形较简单,将断面直接画在视图内的剖切位置上并不影响图形的清晰,且能使图形的布局紧凑。这种重合在视图内的断面称为重合断面。肋板的断面在这里只需表示其端部形状,因此只需画出端部的局部图形,习惯上可省略波浪线。重合断面的轮廓线用细实线绘制。当视图中的轮廓线与重合断面重叠时,视图中的轮廓线仍应连续画出,不可间断,如图 1-92b、c 中的重合断面所示。

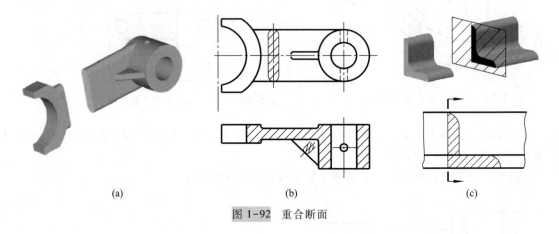

(a)　　　　　　　(b)　　　　　　　(c)

图 1-92　重合断面

由于重合断面直接画在视图内的剖切位置处,因此标注时可一律省略字母。对称的重合断面可不必标注(图 1-92b),不对称的重合断面只要画出剖切符号与箭头,如图 1-92c 所示。

1.8.6　局部放大图

机件上的一些细小结构,在视图上常由于图形过小而表达不清或标注尺寸有困难,宜将过小图形放大。如图 1-93a 所示的机件,其上 I 、II 部分为结构较细小的沟槽,为了清楚地表达这些细小结构并便于标注尺寸,可将该部分结构用大于原图形所采用的比例单独画出,这种图形称为局部放大图。局部放大图可以画成视图、剖视图或断面图,它与被放大部分的表达方式无关。图 1-93a 中,两处局部放大图都采用了断面图,与被放大部分的表达方式不同。局部放大图应尽量配置在被放大部位的附近。

绘制局部放大图时,一般应用细实线圈出被放大部位。当同一机件上有几处被放大的部分时,必须用罗马数字依次标明被放大的部位,并在局部放大图的上方标注出相应的罗马数字和所采用的比例。如图 1-93b 所示,同一机件上不同部位的局部放大图,当其图形相同或对称时,只需画出一个。当机件上被放大部分仅一个时,在局部放大图的上方只需注明所采用的比例。

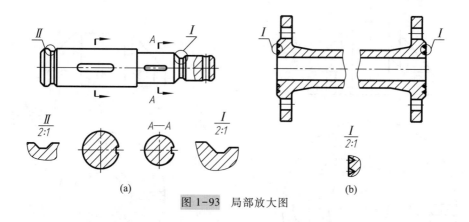

图 1-93　局部放大图

1.9　简化画法和规定画法

1. 肋板、轮辐及薄壁等的规定画法

对机件的肋板、轮辐及薄壁等,如按纵向剖切,这些结构都不画出剖面符号,而用粗实线将它与其邻接部分分开,如图 1-94 中的主视图所示,这样可更清晰地显示机件各形体间的结构。但当这些结构不按纵向剖切时,仍应画出剖面符号,如图 1-94 中的俯视图所示。

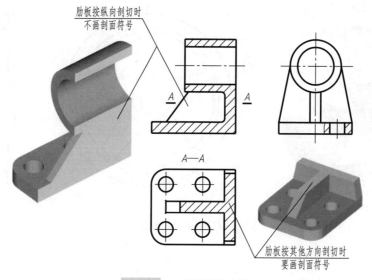

图 1-94　肋板的剖视画法

当机件回转体上均匀分布的肋板、轮辐、孔等结构不处于剖切平面上时,可将这些结构旋转到剖切平面上画出,如图 1-95、图 1-96 所示。

2. 相同要素的画法

1）当机件具有若干相同结构（槽、孔等）并按一定规律分布时,只要画出几个完整的结构,其余用细实线连接,在图中则必须注明该结构的总数,如图 1-95 和图 1-97a 所示。

2）若干直径相同且成规律分布的孔,可以仅画出一个或几个,其余用细点画线表示其中心位置,在图中应注明孔的总数,如图 1-97b 所示。

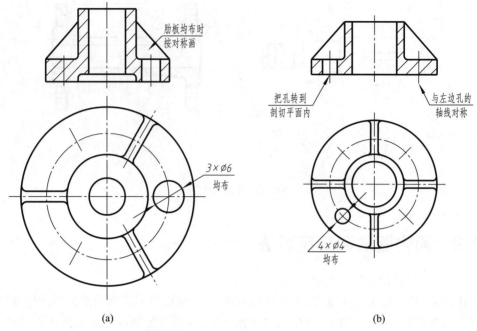

肋板均布时
按对称画

把孔转到
剖切平面内

与左边孔的
轴线对称

3×∅6
均布

4×∅4
均布

(a)

(b)

图 1-95　均匀分布的肋板与孔的画法

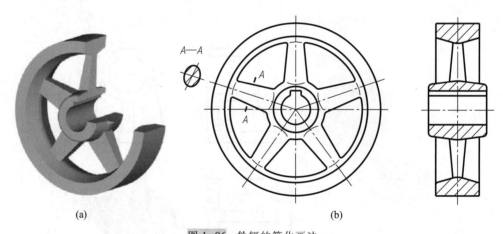

A—A

A

A

(a)

(b)

图 1-96　轮辐的简化画法

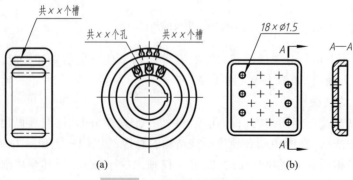

共××个槽

共××个孔

共××个槽

18×∅1.5

A—A

A

A

(a)

(b)

图 1-97　相同要素的简化画法

3. 对称机件视图的简化画法

在不致引起误解时,对于对称机件的视图可只画一半或四分之一,并在对称中心线的两端画出两条与其垂直的平行细实线,如图 1-98 所示。

4. 断开画法

较长的杆件,如轴、杆、型材、连杆等,其长度方向形状一致或按一定规律变化的部分,可以断开后缩短绘制,如图 1-99 所示。

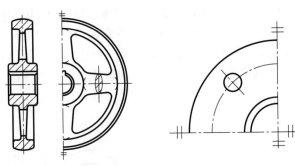

图 1-98　对称机件的简化画法

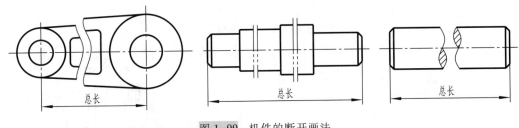

图 1-99　机件的断开画法

5. 其他简化画法和规定画法

1) 与投影面倾斜角度小于或等于 30° 的圆或圆弧,其投影可用圆或圆弧代替,如图 1-100 所示。

2) 当图形不能充分表达平面时,可用平面符号(相交的两条细实线)表示小平面,如图 1-101 所示。

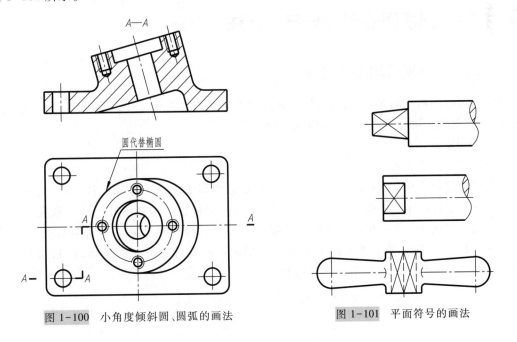

图 1-100　小角度倾斜圆、圆弧的画法　　　　图 1-101　平面符号的画法

3）在需要表示位于剖切平面前的结构时,这些结构按假想的轮廓线(细双点画线)绘制,如图 1-102 所示。机件上的滚花部分,可在轮廓线附近用粗实线示意画出,并在图上或技术要求中注明具体要求,如图 1-103 所示。

　　4)圆形法兰和类似机件上均匀分布的孔可按图 1-104 绘制。

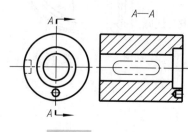

图 1-102　假想画法

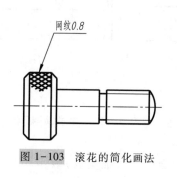

图 1-103　滚花的简化画法

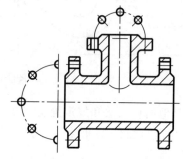

图 1-104　圆形法兰上孔的简化画法

📠 1.10　剖视图的阅读与尺寸标注

1.10.1　剖视图的阅读方法

　　剖视图的图形与剖切方法、剖切位置和投射方向有关。因此,读图时首先要了解这三项内容,在此基础上可按下述基本方法进行读图。

　　1. 分层次阅读

　　(1)剖切面前的形状

　　剖切面前的形状是指观察者和剖切面之间被假想移去的那一部分形状,理解这一部分的形状有利于对物体整体概貌的认识。对全剖视图,可根据全剖视图外围轮廓和表达方案中所配置的其他视图来理解被移去的那一部分形状,如图 1-105 所示。而对半剖视图、局部剖视图,则可采用恢复外形视图的方法补出剖切面前的那部分形状的投影,再联系其他视图,将移去部分读懂,如图 1-106、图 1-107 所示。

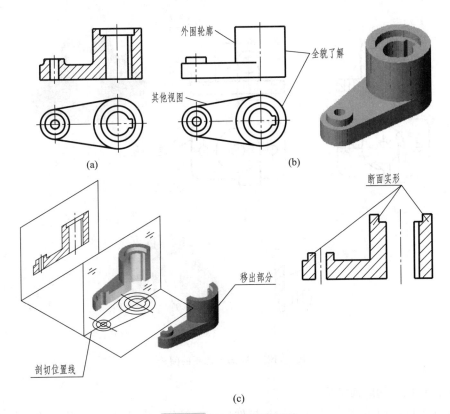

图 1-105 全剖视图的阅读

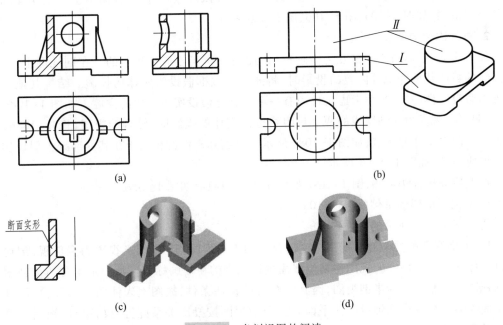

图 1-106 半剖视图的阅读

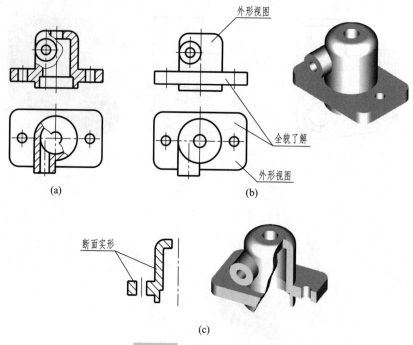

图 1-107   局部剖视图的阅读

（2）剖切面上的断面实形

在断面上画剖面线，表示剖切面切到机件的材料部分。因此，断面形状表达了剖切面与机件实体部分相交的范围。剖视图上没有画剖面线的图形部分是机件内部空腔的投影或是剩余部分中某些形体的投影。因此，根据断面可以判断在某一投射方向下机件上实体和空腔部分的范围，如图 1-105、图 1-106、图 1-107 所示。

2. 机件内腔的阅读

如前所述，形体与空间是互为表现的，因此空腔和实体也是相对的。在剖视图上，当无剖面线的封闭线框为机件内腔的投影时，将此封闭线框假设为实体的投影。结合其他视图想象出假设实体的形状，再考虑机件内有一个形状与假设实体一致的空腔。如图 1-108a 所示，当假想主视图中无剖面线的两个封闭线框是实体的投影时，结合俯视图（图 1-108b）不难想象出假设实体的形状，如图 1-108c 所示。而实际机件就相当于在其内部挖去假设实体部分形成内腔，如图 1-108d 所示。

按上述分析方法可知，图 1-109a 所示机件的内腔应如图 1-109c 所示。

3. 剖视图的阅读举例（图 1-110）

阅读图 1-110 所示的机件。

1）由剖视图种类与对剖视图标注的规定可知，图 1-110 中的主视图为全剖视，剖切面通过物体前后对称面。俯视图剖切位置用主视图上的粗短画标明。从图形上分析俯视图为半剖视图。左视图亦为半剖视图，因其符合省略标注条件，故图上未注明剖切面位置，显然剖切面为通过机件内孔轴线的侧平面。三个剖视图按投影关系配置，故各个剖视图的投射方向是明显的。

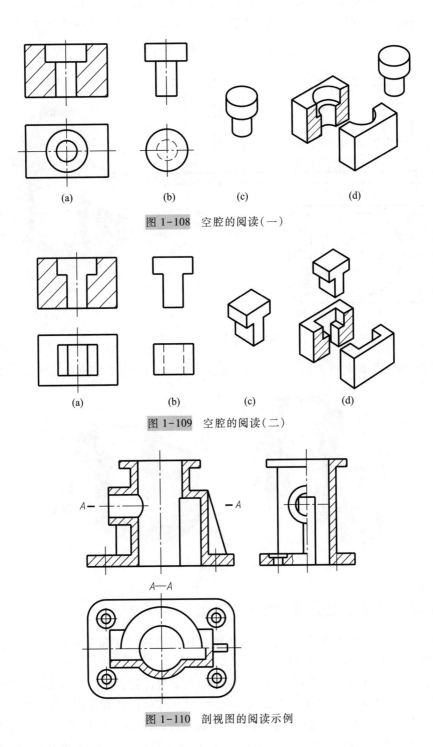

(a)   (b)   (c)   (d)

图 1-108 空腔的阅读(一)

(a)   (b)   (c)   (d)

图 1-109 空腔的阅读(二)

图 1-110 剖视图的阅读示例

2）按照分层次阅读的方法，可恢复机件的外形视图，如图 1-111a 所示。

3）应用组合体视图的阅读方法，根据机件的外形视图想象其整体外貌，如图 1-111b 所示。

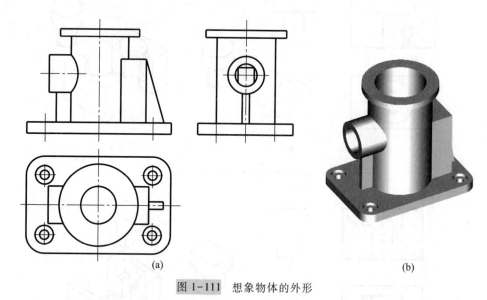

(a)　　　　　　　　　　　　　　　(b)

图 1-111　想象物体的外形

4）按照各剖切面的位置结合机件内腔阅读方法想象内形结构形状，如图 1-112 所示。

图 1-112　想象物体的内形

1.10.2　剖视图上的尺寸标注

在剖视图上标注尺寸，除了用到 1.6.6 中组合体视图的尺寸标注所介绍的方法外，另外还有一些特点。下面通过实例进行分析讨论。

分析图 1-113 所示机件所标注的尺寸可以看出剖视图标注的四个特点：一是由于采用半剖视图，一些原来不宜注在虚线上的内部尺寸，现在都可以注在实线上了，如主视图中的 $\phi12$、$\phi8$ 等尺寸；二是采用半剖视图后，主视图中的尺寸 $\phi12$、$\phi8$ 及俯视图中的尺寸 14、20 仅在一端画出箭头指到尺寸界线，另一端略过对称轴线或对称中心线，不画箭头；三是在俯视图中标注底板四个沉孔的尺寸"$\dfrac{4\times\phi3}{\sqcup\,\phi5\,\mathrm{\overline{T}}\,1}$"，这种标注方法为旁注法，表示有 4 个直径为 $\phi3$ 的孔,符号"⊔"表示锪平孔或沉孔,孔的直径为 φ5,⊤1 表示深度为 1,采用这种旁注法,孔的完整形状就说明清楚了;四是如在中心线中注写尺寸数字,则应在注写数字处将中心线断开,如俯视图中的尺寸 φ16。

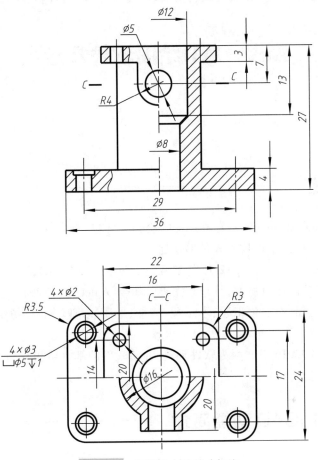

图 1-113　剖视图上的尺寸标注

第 2 章

AutoCAD绘图软件及应用

2.1 概述

AutoCAD 是由美国 Autodesk 公司开发的绘图软件包,具有易于掌握、使用方便、体系结构开放等特点,深受广大工程技术人员的欢迎。

自 Autodesk 公司于 1982 年 12 月发布第一个版本 AutoCAD 1.0 起,AutoCAD 已经进行了近 40 次升级,其功能逐渐强大,且日趋完善。如今,AutoCAD 已被广泛应用于机械、建筑、电子、航空、航天、造船、石油化工、土木工程、冶金、地质、农业、气象、纺织、轻工业及广告等领域。

本章以 AutoCAD2016 中文版为软件环境,介绍软件的基本功能及相关操作方法,并讲述二维图形的绘制方法 。

2.2 AutoCAD 功能简介

2.2.1 操作界面

启动 AutoCAD2016 软件,系统将打开相应的操作界面(包括 AutoCAD 经典、草图与注释、三维基础、三维建模四种工作空间,现以 AutoCAD 经典工作空间为例进行说明)。

该操作界面主要包括标题栏、菜单栏、选项板、绘图区、十字光标、命令行、状态栏、坐标系图标等,如图 2-1 所示。

1. 标题栏

标题栏位于主窗口顶部,包括快速启动区、标题区和搜索区。在快速启动区中单击"菜单浏览器"按钮 可以打开相应的操作菜单,依次显示 7 个按钮,包括"新建"按钮 、"打开"按钮 、"保存"按钮 、"另存为"按钮 、"打印"按钮 、"放弃"按钮 和"重做" 按钮。标题区中的 Drawing1.dwg 代表文件名称;在搜索区的文本框 中输入要查找的内容后单击按钮 即可进行搜索;单击"登录"按钮 将弹出"AutoCAD 账户"对话框,用于账户登录;单击"交换"按钮 将弹出"AutoCAD Exchange"对

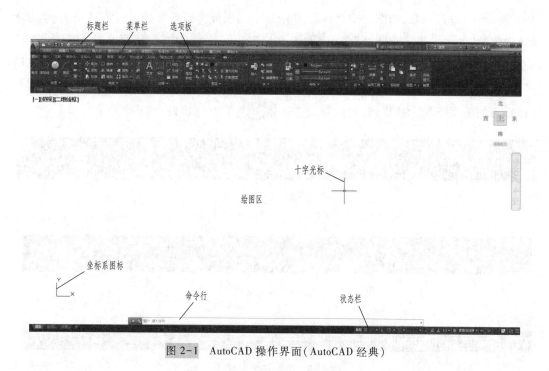

图 2-1　AutoCAD 操作界面（AutoCAD 经典）

话框,用于与用户进行信息交换,默认显示该软件的新增内容的相关信息;单击"保持连接"

按钮将与 Autodesk 联机社区连接;单击"帮助"按钮
将弹出"欢迎使用 AutoCAD 帮助"页面,可查看相应的帮助;
标题栏的右上侧为最小化、最大化和关闭按钮　　　　。

2.菜单栏

菜单栏由"文件(F)""编辑(E)""视图(V)"等菜单命令
组成,几乎包括了 AutoCAD 中全部的功能和命令。图 2-2 所
示即为 AutoCAD2016 菜单栏中的"工具(T)"菜单,从图中可
以看到,某些菜单命令后跟有"▶""…""Ctrl+9"等符号或组
合键,用户在使用它们时应遵循以下规定:

(1)命令后跟有"▶"符号,表示该命令下还有子命令。

(2)命令后跟有快捷键如"(K)",表示打开该菜单时,按
下快捷键即可执行相应命令。

(3)命令后跟有组合键如"Ctrl+9",表示直接按组合键即
可执行相应命令。

(4)命令后跟有"…",表示执行该命令可打开一个对话
框,以提供进一步的选择和设置。

(5)命令呈现灰色,表示该命令在当前状态下不可用。

3.选项板

选项板工作界面包括"默认""插入""注释""参数化""视
图""管理""输出""附加模块""A360""精选应用""BIM360"

图 2-2　"工具(T)"菜单

"Performance"等选项板,如图 2-3 所示。单击某个选项板将打开其相应的编辑按钮;单击选项板右侧的"显示完整的功能区"按钮 ,在出现的下拉列表中选择"最小化为面板按钮"命令,可收缩选项板中的编辑按钮,只显示各组名称,如图 2-4 所示。此时单击选项板右侧的"显示完整的功能区"按钮 ,在出现的下拉列表中选择"最小化面板标题"命令,可将其缩小为如图 2-5 所示的样式,再次单击按钮 将展开选项板。

图 2-3　选项板

图 2-4　各组名称

图 2-5　选项板收缩样式

4. 绘图区

AutoCAD 2016 版的绘图区更大,可以方便用户更好地绘制图形对象。此外,为了使用户更好地操作,在绘图区的右上角还动态显示坐标和常用工具栏,可为绘图节省不少时间。

5. 十字光标

在绘图区中,光标变为十字形状,即十字光标,它的交点显示了当前点在坐标系中的位置,十字光标与当前用户坐标系的 X、Y 坐标轴平行。

6. 坐标系图标

坐标系图标位于绘图区的左下角,主要用于指示当前使用的坐标系以及坐标方向等。在不同视图模式下,该坐标系所指的方向也不同。

7. 命令行

命令行是 AutoCAD 与用户对话的区域,位于绘图区的下方。在使用软件的过程中应密切关注命令行中出现的信息,然后按照信息提示进行相应的操作。在默认情况下,命令行有 3 行。在绘图过程中,命令行一般有两种情况。

(1) 等待命令输入状态:表示系统等待用户输入命令,以绘制或编辑图形,如图 2-6 所示。

(2) 执行命令状态:在执行命令的过程中,命令行中将显示该命令的操作提示,以方便用户快速确定下一步操作,如图 2-7 所示。

提示:在当前命令行重新输入内容后,可按〈F2〉键打开文本窗口,最大化显示命令行的信息,AutoCAD 文本窗口和命令行相似。

8. 状态栏

状态栏位于 AutoCAD 操作界面的最下方,主要由当前光标的坐标值和辅助工具按钮组两部分组成。

图 2-6　等待命令输入状态

图 2-7　执行命令状态

（1）当前光标的坐标值：位于左侧，分别显示 X、Y、Z 坐标值，方便用户快速查看当前光标的坐标位置。移动光标，坐标值也将随之变化。单击该坐标值区域，可关闭该功能。

（2）辅助工具按钮组：用于设置 AutoCAD 的辅助绘图功能，均属于开关型按钮，即单击某个按钮，使其呈蓝底显示时表示启用该功能，再次单击该按钮使其呈灰底显示时，表示关闭该功能。辅助工具按钮组如图 2-8 所示。

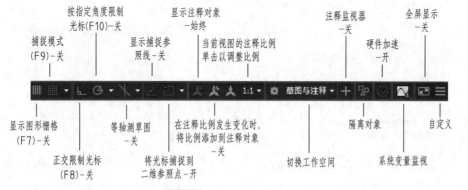

图 2-8　辅助工具按钮组

2.2.2　设置绘图环境

1. 设置绘图界限

绘图界限是 AutoCAD 绘图空间中的一个假想绘图区域，相当于用户选择的图纸图幅的大小。设置绘图界限的命令为 Limits，该命令可用下列方法实现：

（1）下拉菜单：格式（O）/图形界限（I）。

（2）命令行：Limits。

输入 Limits 命令后，命令行提示如下：

重新设置模型空间界限：

指定左下角点或［开（ON）/关（OFF）］（0.0000,0.0000）：

指定右上角点（420.0000,297.0000）：420,597

单击状态栏上"显示图形栅格"图标，开启栅格显示辅助绘图功能，至此，一张 A2 图幅就建立完成了。

2. 设置绘图单位

AutoCAD 提供了适合任何专业绘图的各种绘图单位（如英寸、英尺、毫米等），而且精度范围选择很大。设置绘图单位的命令为 Ddunits，该命令可用下列方式实现：

（1）下拉菜单：格式（O）/单位（U）…。

（2）命令行：Units。

执行 Units 命令后，弹出"图形单位"对话框，如图 2-9 所示。

"图形单位"对话框中各项意义如下：

① "长度"区用于显示和设置当前长度测量单位和精度。

② "角度"区用于显示当前角度格式、精度和角度计算方向（默认为逆时针方向，选中"顺时针（C）"复选框则为顺时针方向）。

③ 单击"方向（D）"按钮可弹出控制方向的"方向控制"对话框，如图 2-10 所示。如选择"其他（O）"项，可通过屏幕上拾取两点或在"角度（A）"文本框中输入数值来指定角度方向。

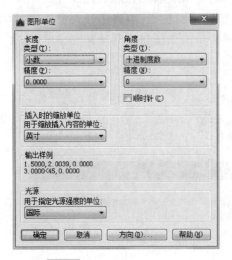

图 2-9 "图形单位"对话框

图 2-10 "方向控制"对话框

2.2.3 图层、颜色、线型和线宽

图层是用户用来组织图形的最为有效的工具之一。AutoCAD 的图层如同透明的电子纸，一层叠一层放置，用户可以根据需要增加和删除图层，对每一图层均可以设置任意的 AutoCAD 颜色、线型和线宽。

1. 图层特性管理器

在"图层"选项板中单击"图层特性"按钮，系统将打开"图层特性管理器"对话框，在对话框中单击"新建图层"按钮，系统将打开一个新的图层，此时即可输入该新图层的名称，并设置该图层的颜色、线型和线宽等多种特性，如图 2-11 所示。

为了便于区分各类图层，用户应取一个能表征图层上图元特性的名字取代默认名，使之一目了然，便于管理。如果在创建新图层前没有选中任何图层，则新创建图层的特性与 0 层特性相同；如果在创建前选中了其他图层，则新创建的图层特性与选中的图层具有相同的颜色、线型和线宽等特性。此外，用户也可以利用快捷键菜单来新建图层，其设置方法是：在"图层特性管理器"对话框中的图层列表框空白处右击，在打开的快捷菜单中选择"新建图层"选项，即可创建新的图层。

为新图层指定了名称后，"图层特性管理器"将会按照名称的字母顺序排列各个图层。如果要创建自己的图层方案，则用户需要系统地设置图层的名称，如使用共同的前缀命名有关图形部件的图层。

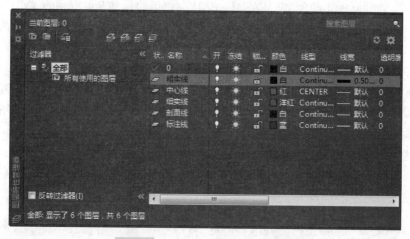

图 2-11 "图层特性管理器"对话框

2. 设置图层特性

创建图层的目的就是为了便于创建和管理不同特性的对象。因此,图层建立后,用户通过在"图层特性管理器"对话框中单击图层的各个属性对象,可以对图层的名称、颜色、线型和线宽等属性进行设置。

(1)设置图层颜色

对象颜色将有助于辨别图中的相似对象。新建图层时,通过给图形的各个图层设置不同的颜色可以直观地查看图形中各部分的结构特征,同时也可以在图形中清楚地区分每个图层。在"图层特性管理器"对话框中单击"颜色"列表项中的色块,系统将打开"选择颜色"对话框,从中可设置图层颜色,如图 2-12 所示。

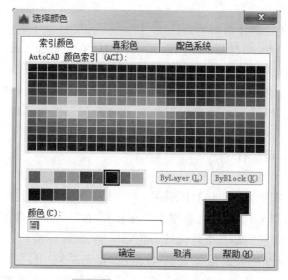

图 2-12 "选择颜色"对话框

"选择颜色"对话框中主要包括以下 3 种设置图层颜色的方法。

1)索引颜色

索引颜色又称为 ACI 颜色,它是在 AutoCAD 中使用的标准色。每种颜色用一个 ACI 编号标识,即 1~255 之间的整数,例如红色为 1,黄色为 2,绿色为 3,青色为 4,蓝色为 5,品红色为 6,白色/黑色为 7,标准颜色仅适用于 1~7 号颜色。当选中某一颜色为绘图颜色后,AutoCAD 将以该颜色绘图,不再随所在图层的颜色变化而变化。

切换至"索引颜色"选项卡后,将出现"ByLayer(L)"和"ByBlock(K)"两个按钮。单击"ByLayer(L)"按钮时,所绘对象的颜色将与当前设置的图层的颜色相一致;单击"ByBlock(K)"按钮时,所绘对象的颜色为白色。

2) 真彩色

真彩色使用 24 位颜色来定义显示 1 600 万种颜色。指定真彩色时,可以使用 HSL 或 RGB 颜色模式,如图 2-13 所示。

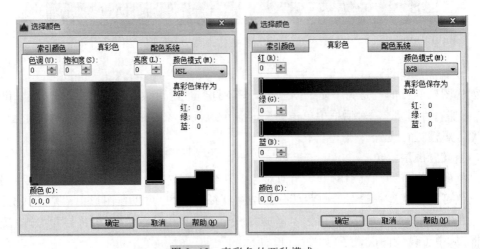

图 2-13　真彩色的两种模式

这两种模式的含义分别介绍如下:

① HSL 颜色模式:HSL 颜色是描述颜色的一种方法,它是符合人眼感知习惯的一种模式。HSL 由颜色的三要素组成,分别代表 3 种颜色要素:H 代表色调,S 代表饱和度,L 代表亮度。如果一幅图像有偏色、整体偏亮、整体偏暗或过于饱和等问题,可以在该模式中进行调节。

② RGB 颜色模式:RGB 颜色通常用于光照、视频和屏幕图像编辑,也是显示器所使用的颜色模式。RGB 代表 3 种颜色:R 代表红色,G 代表绿色,B 代表蓝色。通过这三种颜色可以自定义颜色的红、绿、蓝组合。

3) 配色系统

在"配色系统"选项卡(图 2-14)中,用户可以从所有颜色中选择程序事先配置好的专色,且这些专色可被置于专门的配色系统中。在该程序中主要包含三个配色系统,分别是 PANTONE、DIC 和 RAL,它们都是全球流行的色彩标准(国际标准)。

在该选项卡中选择颜色大致需要 3 步:首先在"配色系统(B)"下拉列表中选择一种类型,然后在右侧的选择条中选择一种颜色色调,接着在左侧的颜色列表中选择具体的颜色标号即可,如图 2-14 所示。

(2) 图层线型设置

线型是图形基本元素中线条的组成和实现方式,如虚线、中心线和实线等。通过设置线

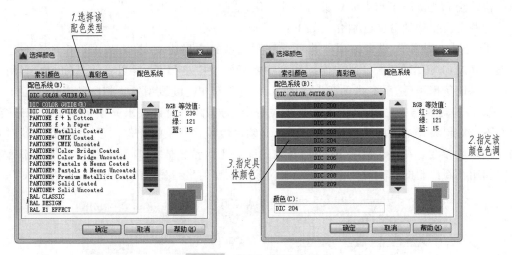

图 2-14 "配色系统"选项卡

型可以从视觉上很轻易地区分不同的绘图元素,便于查看和修改图形。此外,对于虚线和中心线这些由短横线及空格等构成的非连续线型,还可以设置线型比例来控制其显示效果。

1)指定或加载线型

AutoCAD 提供了丰富的线型,它存放在线型库 ACAD.LIN 文件中。在设计过程中,用户可以根据需要选择相应的线型来区分不同类型的图形对象,以符合行业的标准。要设置图层的线型,可以在"图层特性管理器"对话框中单击"线型"列表项中的任一线型,然后在打开的"选择线型"对话框中选择相应的线型即可。如果没有所需线型,可在该对话框中单击"加载(L)"按钮,在打开的"加载或重载线型"对话框中选择需要加载的线型,并单击"确定"按钮,即可加载该线型,如图 2-15 所示。

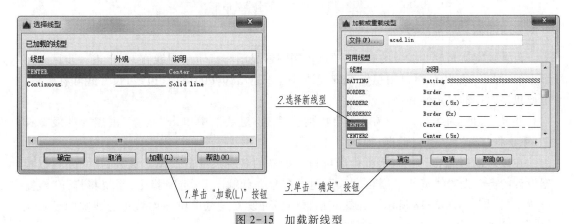

图 2-15 加载新线型

2)修改线型比例

在绘制图形的过程中,经常遇到细点画线或虚线中的空格太短或太长的情况,已致无法区分点画线与实线。为解决这个问题,可以通过设置图形中的线型比例来改变线型的显示效果。要修改线型比例,可以在命令行中输入 Linetype 命令,系统将打开"线型管理器"对话框。在对话框中单击"显示细节(D)"按钮,将激活"详细信息"选项组。用户可以在该选项组中修改全局比例因子和当前对象的缩放比例,如图 2-16 所示。

这两个设置项的含义分别介绍如下:

① 全局比例因子:设置该项参数可以控制线型的全局比例,将影响图形中所有非连续线型的外观;其值增加时,将使非连续线型中短横线及空格加长;反之将使其缩短。当用户修改全局比例因子后,系统将重新生成图形,并使所有非连续线型发生相应的变化。

② 当前对象缩放比例:在绘制图形的过程中,为了满足设计要求并使视图更加清晰,需要对不同对象设置不同的线型比例,此时就必须单独设置对象的比例因子,即设置当前对象的比例缩放参数。在默认情况下,当前对象的缩放比例参数值为 1,该参数与全局比例因子同时作用在新绘制的线型对象上。新绘制对象的线型的最终显示缩放比例是两者的乘积。

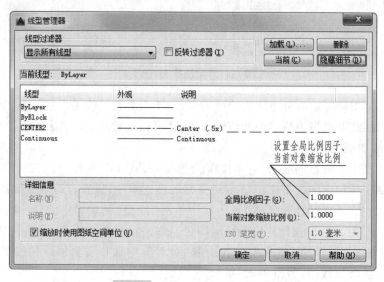

图 2-16　"线型管理器"对话框

(3) 图层线宽设置

设置线宽就是改变线条的宽度,通过控制图形显示和打印中的线宽,可以进一步区分图形中的对象。此外,还可以用粗线和细线清楚地表达出部件的截面、边线、尺寸线和标记等,由此提高图形的显示性和可读性。

要设置图层的线宽,可以在"图层特性管理器"对话框中单击"线宽"列表项的线宽样图,系统将打开"线宽"对话框,如图 2-17 所示。

在该对话框的"线宽"列表框中即可指定所需的各种尺寸的线宽。此外,用户还可以根据设计的需要设置线宽的单位和显示比例。在命令行输入 Lweight 指令,系统将打开"线宽设置"对话框,如图 2-18 所示。在该对话框中即可设置线宽单位和调整指定线宽的显示比例,各选项的具体含义分别介绍如下:

① 列出单位:在该选项组中可以指定线宽的单位,可以是毫米(mm)或英寸(in)。

② 显示线宽:选中该复选框,线型的宽度才能显示出来。用户也可以直接启用软件界面状态栏上的"线宽"按钮 ▤ 来显示线宽效果。

③ 默认:在该下拉列表中可以设置默认的线宽参数值。

④ 调整显示比例:在该选项区中可以通过拖动滑块来调整线宽的显示比例大小。

图 2-17　"线宽"对话框

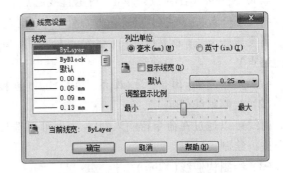

图 2-18　"线宽设置"对话框

2.3　绘制二维图形

2.3.1　基本图形的绘制

任何一幅图形,都是由点、线、圆、椭圆、矩形、多边形等基本图形元素组成的。因此,了解这些基本图形元素的画法是绘图的基础。

1. 命令启动方法

AutoCAD 的绘图命令可以按下列方法启动:

(1) 单击"绘图"选项板上的图标按钮,如图 2-19 所示,可以完成 AutoCAD 的主要绘图功能。

(2) 选择下拉菜单中的命令项

单击"绘图(D)"下拉菜单,出现如图 2-20 所示下拉菜单命令,可从中选择命令绘图。

图 2-19　"绘图"选项板图标按钮

(3) 在命令行输入命令

用键盘在命令行输入命令,并按提示进行操作。

2. 绘制直线、射线和构造线

绘制直线只需给定其起点和终点即可。如果直线只有起点没有终点(或终点在无穷远处),这类直线称为射线。如果直线既没有起点也没有终点,则这类直线称为构造线。

(1) 绘制直线(Line)

在 AutoCAD 中,可以通过"绘图"工具栏上的"直线"图标按钮也可以选择下拉菜单"绘图(D)"/"直线(L)"命令,还可以在命令行输入"Line"来绘制直线。

使用"直线"命令绘制直线时,可在"指定点:"提示下输入"C"形成闭合折线。图 2-21 所示 $\triangle ABC$ 的绘图

图 2-20　"绘图"下拉菜单

步骤如下：

命令：LINE

指定第一点：(在 A 点处单击，指定直线起点)

指定下一点或[放弃(U)]：(在 B 点处单击，指定直线终点)

指定下一点或[放弃(U)]：(在 C 点处单击，指定第二条直线的终点)

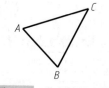

图 2-21 绘制直线示例

指定下一点或[闭合(C)/放弃(U)]：C↙(连接 C 点和 A 点绘制第三条封闭直线)

（2）绘制射线（Ray）

射线可以通过在命令行输入"Ray"，也可以选择下拉菜单中的"绘图(D)"/"射线(R)"命令进行绘制。

（3）绘制构造线（Xline）

构造线常被用作辅助绘图线，用户可在命令行输入"Xline"，也可单击"绘图"工具栏中的"构造线"图标按钮或选择下拉菜单中的"绘图(D)"/"构造线(T)"命令进行绘制。

3. 绘制圆和圆弧

（1）绘制圆（Circle）

可以在命令行输入"Circle"，也可通过"绘图"工具栏中的"圆"图标按钮或选择下拉菜单中"绘图(D)"/"圆(C)"命令并单击下级子菜单来完成圆的绘制，如图 2-22 所示。

AutoCAD 提供了六种画圆的方法，即"圆心、半径(R)""圆心、直径(D)""两点(2)""三点(3)""相切、相切、半径(T)""相切、相切、相切(A)"。

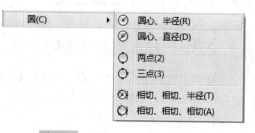

图 2-22 "圆(C)"下级子菜单

（2）绘制圆弧（Arc）

AutoCAD 提供了 11 种绘制圆弧的方法，如图 2-23 所示。这些方式是根据起点、方向、中点、包角、终点、弦长等控制点或参数来确定的，各种绘制圆弧的方法可以通过选择下拉菜单"绘图(D)"/"圆弧(A)"项，并单击下级子菜单实现。

4. 绘制矩形和正多边形

（1）绘制矩形（Rectang）

绘制矩形可以通过在命令行输入"Rectang"，也可通过单击"绘图"工具栏中的"矩形"图标按钮或选择下拉菜单中的"绘图(D)"/"矩形(G)"命令来完成。

绘制矩形时仅需提供其两个对角的坐标即可。在AutoCAD 中，还可设置一些其他选项，这些选项如下：

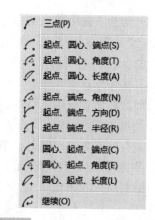

图 2-23 "圆弧(A)"下级子菜单

① 倒角（Chamfer）。设置矩形各个角的修饰。

② 标高（Elevation）。设置绘制矩形时的 Z 平面，不过在平面视图中无法看出其区别。

③ 圆角（Fillet）。设定矩形四角为圆角及其半径大小。

④ 厚度(Thickness)。设置矩形的厚度,即 Z 轴方向的高度。

⑤ 宽度(Width)。设置线条宽度。

(2)绘制正多边形(Polygon)

在 AutoCAD 中,可以通过在命令行输入"Polygon",也可以通过单击"绘图"工具栏中的"多边形"图标按钮或选择下拉菜单"绘图(D)"/"多边形(Y)"来绘制正多边形。

正多边形的画法有三种,即内接法、外接法及根据边长画正多边形。

画图步骤如下:

① 在"绘图"工具栏中单击"多边形"图标按钮,启动"多边形"命令。

② 在"输入侧面数 <4>:"提示下输入边数。

③ 在"指定正多边形的中心点或 [边(E)]:"提示下选择边长或中心点。

④ 在"输入选项 [内接于圆(I)/外切于圆(C)]<I>:"提示下选择外切或内接方式,"I"为内接,"C"为外切,内接可直接按<Enter>键确定。

⑤ 在"指定圆的半径:"提示下,输入圆的半径。

5. 绘制椭圆及椭圆弧

(1)绘制椭圆(Ellipse)

在 AutoCAD 绘图中,椭圆的形状主要由中心、长轴和短轴三个参数来描述。可以通过在命令行输入"Ellipse",也可以单击"绘图"工具栏的"椭圆"图标按钮或选择下拉菜单中的"绘图(D)"/"椭圆(E)"命令来启动绘制椭圆的命令。

可以通过定义两区的方式、定义长轴以及椭圆转角的方式以及定义中心和两轴端点的方式来绘制椭圆。

(2)绘制椭圆弧

在 AutoCAD 绘图中,输入绘制椭圆弧的命令,然后确定椭圆弧的起始角和终止角即可绘制椭圆弧。

6. 绘制点(Point)

AutoCAD 的画点命令是"Point",也可通过在"绘图"工具栏中单击"点"图标按钮或选择下拉菜单"绘图(D)"/"点(O)"命令来实现。

"绘图(D)"/"点(O)"下拉菜单中包含有子菜单,子菜单有以下四个选项:

(1)单点(S)。画单个点。

(2)多点(P)。连续画多个点。

(3)定数等分(D)。画等分点。

(4)定距等分(M)。测定同距点。

点的类型可以定制。定制点的类型可以选择下拉菜单"格式(O)"/"点样式(P)"选项,也可在命令行输入"Ddptype"。AutoCAD 屏幕弹出"点样式"对话框,如图 2-24 所示,可在对话框中选择点的类型。

7. 徒手画线(Sketch)

"Sketch"为徒手画线的命令。启动此命令后,通过移动光标就能绘制出曲线(徒手画线),光标移动到哪

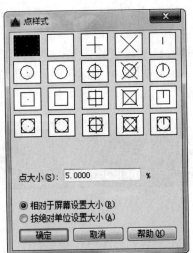

图 2-24　"点样式"对话框

里,线条就画到哪里。使用这个命令时,可以设定所绘制的线条是多段线、样条曲线或是由一系列直线构成的连续线。

命令:SKETCH

指定草图或[类型(T)/增量(I)/公差(L)]:I   (选择"增量(I)"选项)

指定草图增量<1.0000>:1.5   (设定线段的最小长度)

指定草图或[类型(T)/增量(I)/公差(L)]:   (单击鼠标左键,移动光标画线)

① 类型(T):指定徒手画线的对象类型(直线、多段线或样条曲线)。

② 增量(I):定义每条徒手画线的长度。定点设备所移动的距离必须大于增量值,才能生成一条直线。

③ 公差(L):指定样条曲线的曲线布满徒手画线草图的紧密程度。

2.3.2   精确定位点的方法

绘制图样时,精确定位点非常重要,AutoCAD 提供了几种方法来辅助用户精确定位点,它们分别是坐标、捕捉、正交、极坐标追踪、对象捕捉、对象捕捉追踪和点过滤器等。

1. AutoCAD 的坐标系统

(1) 世界坐标系(World Coordinate System)

AutoCAD 的默认坐标系为世界坐标系(又称 WCS),WCS 坐标轴的交汇处显示"□"标记,但坐标原点并不为坐标系的交汇点,而位于图形窗口的左下角,所有的位移都是相对于原点来计算的,并且规定沿 X 轴及 Y 轴正向的位移为正。世界坐标系分为二维坐标系和三维坐标系,图 2-25 所示为二维坐标系,图 2-26 所示为三维坐标系。

图 2-25   二维坐标系   图 2-26   三维坐标系

(2) 用户坐标系(User Coordinate System)

用户坐标系的英文缩写为 UCS。在 AutoCAD2016 中进行绘图时,为了更好地绘制图形对象,经常需要修改坐标系的原点和方向,此时需将世界坐标系转变为用户坐标系。在 AutoCAD2016 中,切换至"可视化"选项板,出现如图 2-27 所示的"坐标"工具栏,可以帮助用户自定义需要的用户坐标系。

图 2-27   坐标组

2. 输入坐标

坐标输入包括绝对坐标、绝对极坐标、相对坐标和相对极坐标的输入。

(1) 绝对坐标的输入

以坐标原点(0,0,0)为基点来定位其他所有点,就是绝对坐标的输入。用户可以通过输入坐标(x,y,z)来确定点在坐标系中的位置。其中 x,y,z 分别表示输入点在 X、Y、Z 轴方向到原点的距离,若 Z 值为 0,则可省略。

(2)绝对极坐标的输入

以坐标原点(0,0,0)为极点来定位其他所有点,就是绝对极坐标的输入。用户可以通过输入相对于极点的距离和角度来定义某个点的位置。它所使用的格式为"距离<角度"。例如,要指定与极点的距离为 45、角度为 60°的点,输入"45<60"即可。

在 AutoCAD2016 中系统默认角度正方向为逆时针方向,用户输入极线距离后再加一个角度即可以指明一个点的位置。

(3)相对坐标的输入

相对坐标是以某一特定点为参考点,然后输入相对于该点的位移坐标来确定另一点。相对特定点(x,y,z)增量为 Δx,Δy,Δz 的坐标点的输入格式为"@ Δx,Δy,Δz"。@ 为当前相对坐标输入状态,相当于输入一个相对坐标值@ 0,0。

(4)相对极坐标的输入

相对极坐标是以某一特定点为参考极点,输入相对于参考极点的距离和角度来定义一个点的位置,其使用格式为"@ 距离<角度",如"@ 30<45"。在输入相对极坐标时,默认角度正方向为逆时针方向,角度负方向为顺时针方向。如果用户需要输入按顺时针方向旋转的角度,则应输入负的角度值。

3. 栅格显示、捕捉、正交、对象捕捉和追踪

(1)栅格显示

通过栅格显示功能可在绘图区显示一些标定位置的小点,以便于定位对象。在 AutoCAD 中,可通过选择"工具(T)"/"绘图设置(F)"命令或在命令行输入"Dsettings"来设置栅格显示和捕捉间距等。

此外,还可以双击状态栏中的"显示图形栅格(F7)"图标按钮或按<F7>键来打开及关闭栅格显示功能,或执行"Grid"命令设置栅格显示。

(2)捕捉

捕捉功能用于设定光标移动间距。在 AutoCAD 中,可通过选择"工具(T)"/"绘图设置(F)"命令或执行"Snap"命令设置捕捉参数,或者单击状态栏上的"捕捉模式(F9)"图标按钮打开及关闭捕捉功能。

(3)正交模式

开启正交模式,意味着只能画水平线或垂直线。用户可单击状态栏上的"正交限制光标(F8)"图标按钮,或使用"Ortho"命令,按<F8>键或<Ctrl+O>开启或关闭正交模式。

(4)设置极轴追踪

使用极轴追踪功能可以用指定的角度来绘制对象。用户在极轴追踪模式下确定目标时,系统会在光标接近指定角度时显示临时的对齐路径,并自动在对齐路径上捕捉距离光标最近的点,同时给出该点的信息提示,用户可据此准确地确定目标点。单击状态栏中的"按指定角度限制光标"图标按钮 ，或按<F10>键可调用该命令。单击图标按钮 ，弹出"草图设置"对话框,如图 2-28 所示,切换到"极轴追踪"选项卡,选中"启用极轴追踪(F10)(P)"复选框,开启极轴追踪功能。

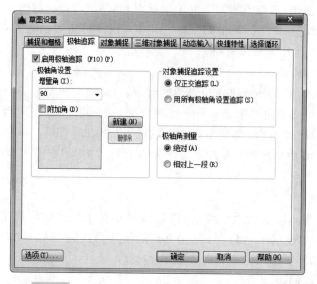

图 2-28　"草图设置"对话框—"极轴追踪"选项卡

（5）对象捕捉

在绘制图形时，使用对象捕捉功能可以准确地拾取直线的端点、两直线的交点、圆的圆心等。开启对象捕捉功能的方法如下：单击状态栏中的"将光标捕捉到二维参照点"图标按钮■，或者按<F3>键。在状态栏中的"捕捉模式"图标按钮███上点击鼠标右键，然后选择弹出的快捷菜单中的"捕捉设置"命令，弹出"草图设置"对话框，切换到"对象捕捉"选项卡，在该选项卡中可以增加或减少对象捕捉模式，如图 2-29 所示。

当选中"对象捕捉模式"选项组中需要捕捉的几何点后，光标靠近图形的几何点时将自动进行捕捉。

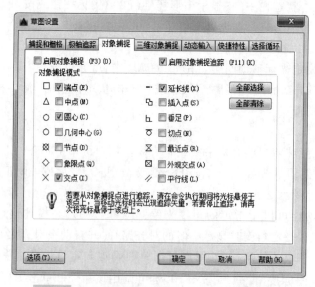

图 2-29　"草图设置"对话框—"对象捕捉"选项卡

2.4 基本编辑命令

AutoCAD 提供了丰富的图形编辑功能,利用这些功能可以快速、准确地绘图,熟练掌握编辑命令是提高绘图效率的重要手段。

编辑命令可以在命令行输入,也可以用下拉菜单"修改(M)"中的选项或"修改"工具栏中相应的图标按钮来启用,如图 2-30 所示为"修改"工具栏。

图 2-30 "修改"工具栏

1. 选取编辑对象

在编辑对象前一般要先选取对象,被选取的对象显示为蓝色,并出现一些蓝色小实体方块,这些蓝色的小实体方块被称为夹点。常用的对象选取方法如下:

(1)直接拾取

用鼠标将光标移到要选取的对象上,单击鼠标左键选取对象。此种方式为默认方式,可以选取一个或多个对象。

(2)选择全部对象

在命令行键入"All",该方式可以选择除冻结层以外的全部对象。

(3)矩形框选

用于在指定的范围内选取对象,在"选择对象:"提示下,在需要选取的图形对象的左上方单击,然后呈对角拖动鼠标,在图形对象的右下方单击,完全被矩形窗口围住的目标被选中。

(4)框选交叉

在需要选择的图形对象的右上方单击,然后呈对角拖动鼠标,在图形对象的左下方单击鼠标结束选择。

(5)围选对象

围选对象相对于其他选择方式来说更为实用,它是一种多边形窗口的选择方式,可以构造任意形状的多边形,并且多边形框呈实线显示,完全包含在多边形区域内的对象均会被选中。

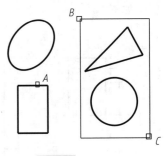

2. 删除对象(Erase)

"删除"命令用于将选中的对象删除,如图 2-31 所示。操作步骤如下:

图 2-31 删除对象

命令:ERASE ↙

选择对象:(拾取点 A)找到 1 个

选择对象:(拾取点 B)指定对角点:(拾取 C)找到 2 个,总计 3 个

选择对象:↙

圆、矩形、三角形被删除。

3. 复制对象(Copy)

"复制"命令可在当前图形中复制单个或多个对象,如图 2-32 所示。其操作步骤如下:

命令:COPY ↙

选择对象:(拾取点 A)找到 1 个

选择对象:✓

指定基点[位移(D)/模式(O)]<位移>:(拾取点 B)

指定第二个点或[阵列(A)]<使用第一个点作为位移>:(拾取点 C)

复制结果如图 2-32b 所示。"基点"用作对象的参考点,基点的选择以较为靠近原目标为好,这样便于确定复制的位置。"位移(D)"即使用坐标指定复制对象与基点的相对距离和方向。

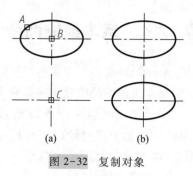

图 2-32　复制对象

4. 镜像对象(Mirror)

"镜像"命令用于生成所选对象与一临时镜像线对称的图形,原对象可保留也可删除,如图 2-33 所示。其操作步骤如下:

命令:MIRROR ✓

选择对象:(拾取点 A)

指定对角点:(拾取点 B)找到 5 个

选择对象:✓

指定镜像线的第一点:(拾取点 C)

指定镜像线的第二点:(拾取点 D)

要删除源对象吗?[是(Y)/否(N)]<否>:N

操作结果如图 2-33b 所示。

5. 偏移对象(Offset)

"偏移"命令用于绘制在任何方向均与原对象平行的对象,若偏移的对象为封闭图形,则偏移后图形被放大或缩小。将图 2-34a 中的直线向右边偏移 10,结果如图 2-34b 所示,操作步骤如下:

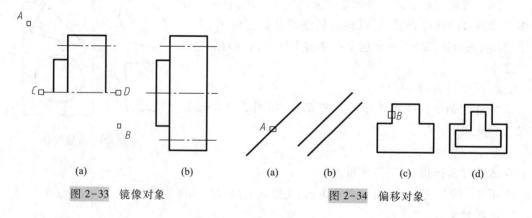

| (a) | (b) | (a) | (b) | (c) | (d) |

图 2-33　镜像对象　　　　　　图 2-34　偏移对象

命令:OFFSET ✓

指定偏移距离或[通过(T)/删除(E)/图层(L)]<通过>:10 ✓

选择要偏移的对象,或[退出(E)/放弃(U)]<退出>:(拾取对象 A)

指定要偏移的那一侧上的点,或[退出(E)/多个(M)/放弃(U)]<退出>:(在直线的右

下侧拾取一点）

图 2-34d 是将图 2-34c 中的图形向内偏移 10 的结果,其操作步骤如下:

命令:OFFSET ↙

指定偏移距离或[通过(T)/删除(E)/图层(L)]<通过>:10 ↙

选择要偏移的对象,或[退出(E)/放弃(U)]<退出>:(拾取对象 B)

指定要偏移的那一侧上的点,或[退出(E)/多个(M)/放弃(U)]<退出>:(在图形内拾取一点)

6. 阵列对象(Array)

"阵列"命令用于对所选对象进行矩形或环形复制,如图 2-35a 所示。其操作步骤如下:

命令:ARRAY ↙

按<Enter>键后选择阵列对象,作相应操作,屏幕弹出"阵列"对话框,如图 2-35c 所示。可分别对矩形阵列和环形阵列做相应设置,结果如图 2-35b 所示。

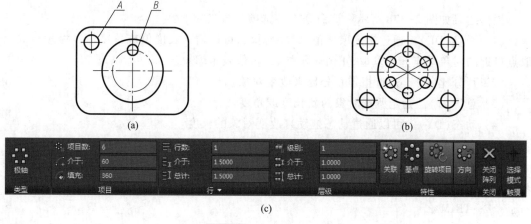

图 2-35 阵列复制对象

7. 旋转对象（Rotate）

"旋转"命令可以使图形对象绕某一基准点旋转,改变其方向,如图 2-36 所示。其操作步骤如下:

命令:ROTATE ↙

UCS 当前的正角方向:ANGDIR = 逆时针　ANGBASE = 0

选择对象:(选取图 2-36a 所示图形)找到 1 个

选择对象:↙

指定基点:(捕捉 A)

指定旋转角度,或[复制(C)/参考(R)]<0>:-45

操作结果如图 2-36b 所示。

8. 改变对象长度(Lengthen)

"Lengthen"命令用于改变对象的总长度(变长或变短)或改变圆弧的圆心角,如图 2-37 所示。其操作步骤如下:

命令:LENGTHEN ↙

选择要测量的对象或［增量(DE)/百分比(P)/总计(T)/动态(DY)］:DE↙
输入长度增量或［角度(A)］: 15↙
选择要修改的对象或［放弃(U)］:(拾取图 2-37a 中水平中心线左端)
选择要修改的对象或［放弃(U)］:(拾取图 2-37a 中水平中心线右端)
选择要修改的对象或［放弃(U)］:(拾取图 2-37a 中垂直中心线上端)
选择要修改的对象或［放弃(U)］:(拾取图 2-37a 中垂直中心线下端)

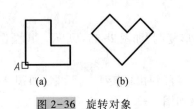

(a)　　　　　(b)

图 2-36　旋转对象

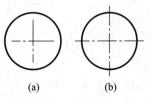

(a)　　　(b)

图 2-37　改变中心线长度

操作结果如图 2-37b 所示。该命令中各选项的含义如下:

(1) 增量(DE)。通过指定增量值来改变对象,可以输入长度值或角度值。增量从离拾取点最近的对象端点开始量取,正值表示加长,负值表示缩短。

(2) 百分比(P)。通过指定百分比来改变对象。

(3) 总计(T)。指定所选对象的新长度或角度。

(4) 动态(DY)。可以通过动态拖动来改变对象的长度。

9. 修剪对象(Trim)

"修剪"命令用于以指定的剪切边为界修剪选定的图形对象,如图 2-38 所示。其操作步骤如下:

命令:TRIM↙
当前设置:投影=UCS,边=无
选择剪切边…

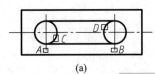

(a)

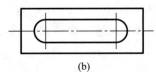

(b)

图 2-38　修剪对象

选择对象或<全部选择>:(拾取 A)找到 1 个
选择对象:(拾取 B)找到 1 个,总计 2 个
选择对象:↙
选择要修剪的对象,或按住 Shift 键选择要延伸的对象,或［栏选(F)/窗交(C)/投影(P)/边(E)/删除(R)/放弃(U)］:(拾取 C)
选择要修剪的对象,或按住 Shift 键选择要延伸的对象,或［栏选(F)/窗交(C)/投影(P)/边(E)/删除(R)/放弃(U)］:(拾取 D)
选择要修剪的对象,或按住 Shift 键选择要延伸的对象,或［栏选(F)/窗交(C)/投影(P)/边(E)/删除(R)/放弃(U)］:↙

操作结果如图 2-38b 所示。

图 2-39a 所示为选择延伸边界选项进行修剪,操作步骤如下:

命令:TRIM ↙

当前设置:投影=UCS　边=无

选择剪切边…

选择对象或<全部选择>:(选择线 A)找到 1 个

选择对象:↙

选择要修剪的对象,或按住 Shift 键选择要延伸的对象,或[栏选(F)/窗交(C)/投影(P)/边(E)/删除(R)/放弃(U)]:E

输入隐含边延伸模式[延伸(E)不延伸(N)]<不延伸>:E ↙

选择要修剪的对象,或按住 Shift 键选择要延伸的对象,或[栏选(F)/窗交(C)/投影(P)/边(E)/删除(R)/放弃(U)]:(选择线 B)↙

操作结果如图 2-39b 所示。

10. 延伸对象(Extend)

"延伸"命令用于将选定的对象延伸到指定的边界,如图 2-40a 所示,其操作步骤如下:

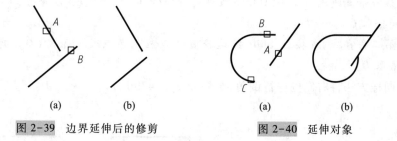

(a)　　　　(b)　　　　　(a)　　　　(b)

图 2-39　边界延伸后的修剪　　　图 2-40　延伸对象

命令:EXTEND ↙

当前设置:投影=UCS,边=延伸

选择边界的边…

选择对象或<全部选择>:(拾取 A)找到 1 个

选择对象:↙

选择要延伸的对象,或按住 Shift 键选择要修剪的对象,或[栏选(F)/窗交(C)/投影(P)/边(E)/放弃(U)]:(拾取 B)

选择要延伸的对象,或按住 Shift 键选择要延伸的对象,或[栏选(F)/窗交(C)/投影(P)/边(E)/放弃(U)]:(拾取 C)

操作结果如图 2-40b 所示。

11. 打断对象(Break)

"打断"命令用于删除对象的一部分或将所选对象分解成两部分,如图 2-41a 所示,其操作步骤如下:

命令:BREAK ↙

选择对象:(拾取 A)

指定第二个打断点或[第一点(F)]:(拾取 B)

操作结果如图 2-41b 所示。

12. 倒角（Chamfer）

"倒角"命令用于对两直线或多段线作出有斜度的倒角,其操作步骤如下（图 4-42a）：

命令：CHAMFER ⤶

（"修剪"模式）当前倒角距离 1 = 10.0000,距离 2 = 10.0000

选择第一条直线或 ［放弃（U）/多段线（P）/距离（D）/角度（A）/修剪（T）/方式（E）/多个（M）］:（拾取 *A*）

选择第二条直线,或按住 Shift 键选择直线以应用角点或 ［距离（D）/角度（A）/方法（M）］:（拾取 *B*）

命令：CHAMFER ⤶

（"修剪"模式）当前倒角距离 1 = 10.0000,距离 2 = 10.0000

选择第一条直线或 ［放弃（U）/多段线（P）/距离（D）/角度（A）/修剪（T）/方式（E）/多个（M）］:A

指定第一条直线的倒角长度 <10.0000>:20

指定第一条直线的倒角角度 <30>: 30

选择第一条直线或 ［放弃（U）/多段线（P）/距离（D）/角度（A）/修剪（T）/方式（E）/多个（M）］:（拾取 *C*）

选择第二条直线,或按住 Shift 键选择直线以应用角点或 ［距离（D）/角度（A）/方法（M）］:（拾取 *D*）

采用同样方法将右侧也进行倒角,结果如图 2-42b 所示。

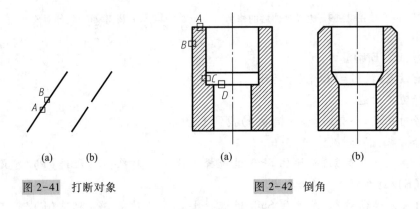

（a）　　　　（b）　　　　　　　（a）　　　　　　　（b）

图 2-41　打断对象　　　　　　图 2-42　倒角

◼ 2.5　AutoCAD 绘图步骤

一般绘制工程图的步骤如下：

（1）开机进入 AutoCAD,通过"文件（F）"/"新建（N）"下拉菜单给图形文件命名。

（2）设置绘图环境,如绘图界限、尺寸精度等。

（3）设置图层、线型、线宽、颜色等。

（4）使用绘图命令或精确定位点的方法在屏幕上绘图。

（5）使用编辑命令修改图形。

（6）填充图形及标注尺寸,填写文本。

（7）完成整个图形后,通过菜单"文件（F）"/"保存（S）"命令存盘,然后退出 AutoCAD。

用 AutoCAD 绘制三视图,不但要熟练运用 AutoCAD 中的各种绘图命令和编辑命令,还要熟练运用辅助绘图工具,如对象捕捉、正交等。

[例 2-1]　利用计算机在 A4 图纸上绘制如图 2-43 所示的平面图形。

作图步骤如下：

（1）通过下拉菜单中"文件（F）"/"新建（N）"命令定义图形文件名,如"plane01"。

（2）设置 A4 图纸幅面。

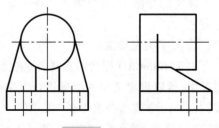

图 2-43　绘制视图

命令:（选择下拉菜单"格式（O）"/"图形界限（I）"重新设置模型空间界限）

指定左下角点或 [开（ON）/关（OFF）] <0.0000,0.0000>:0,0（指定绘图区左下角坐标）

指定右上角点[ON/OFF] <420.0000,297.0000>:297,210（指定绘图区右上角坐标）

命令:（再次发出"LIMITS"命令）

指定左下角点[开（ON）/关（OFF)<0.0000,0.0000>:ON（打开图形界限检查）

命令:（单击状态栏上的"显示图形栅格（F7）"图标按钮,打开网格显示）

（3）设置图层及线型。通过"图层特性管理器"对话框设置图层名、线型和颜色,如"01"为粗实线层,颜色为白色;"02"为点画线层,颜色为红色。

（4）画图。将"02"设为当前层,根据尺寸画中心线,如图 2-44a 所示;将"01"设为当前层,根据尺寸画已知线段,如图 2-44b 所示;画公切线,如图 2-44c 所示;画肋板,注意截交线位置的准确绘制,并用"剪切（Trim）"命令剪去多余的圆弧段,如图 2-44d 所示。

（5）存盘后退出。

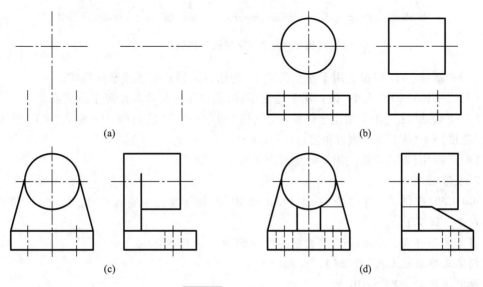

图 2-44　视图绘制过程

2.6　AutoCAD 文字注写、尺寸标注

2.6.1　文字注写

在实际绘图中,经常需要为图形添加一些注释性的说明,因此必须掌握在图中添加文字的方法。

1. 文字类型设置

由于 AutoCAD 用途的多样性,需要多种文字类型,尤其是对我国用户而言,通常还要使用汉字,所以设置文字类型是进行文字注写的首要任务。文字类型的设置命令为"Style",直接输入该命令或选择菜单栏"格式(O)"/"文字样式(S)"选项后,系统将显示如图 2-45 所示"文字样式"对话框,此时可使用已有文字类型,也可生成新文字类型。"文字样式"对话框中各按钮或选项的含义如下:

图 2-45　"文字样式"对话框

(1)"新建(N)"按钮。用于建立新文本,为已有的样式更名或删除样式。

(2)"字体"区和"大小"区。用于选定字体,指定字体格式及设置字体高度。

(3)"效果"区。用于确定字体特征,包括"颠倒(E)""反向(K)""垂直(V)"复选框,以及"宽度因子(W)"和"倾斜角度(O)"文本框。

(4)"应用(A)"按钮。用于确定对字体样式的设置。

2. 文字输入

AutoCAD 提供了三个命令(Text、Dtext 和 Mtext)用于在图中输入文字,其操作步骤如下:

命令: TEXT↙

当前文字样式:"Standard"　文字高度:1.5000　注释性:　否

指定文字的起点或[对正(J)/样式(S)]:

指定高度<1.5000>:10↙

指定文字的旋转角度<0>:

然后在绘图区的指定位置输入文字即可。

绘图时,有时需要添加一些键盘上没有的特殊字符,AutoCAD 提供了相应的控制码。常用的控制码有:%%P——公差符号"±";%%D——度符号"°";%%C——圆的直径符号"ϕ"。

2.6.2 尺寸标注

AutoCAD 提供了简便、准确的尺寸标注功能。用户可通过"标注(N)"下拉菜单(图 2-46)、"标注"工具栏或直接在命令行输入命令进行尺寸标注。

1. 标注样式

执行标注样式命令的方法如下:

(1) 在下拉菜单选择"格式(O)"/"标注样式(D)"选项。

(2) 在命令行输入"Dimstyle"。

执行命令后,AutoCAD 会打开"标注样式管理器"对话框,单击"新建(N)"按钮,AutoCAD 会弹出"创建新标注样式"对话框,如图 2-47a、b 所示。

单击"继续"按钮,AutoCAD 弹出"新建标注样式:副本 Standard"对话框,如图 2-48 所示,该对话框包括 7 个选项卡,各选项卡的作用如下:

图 2-46 "标注(N)"下拉菜单

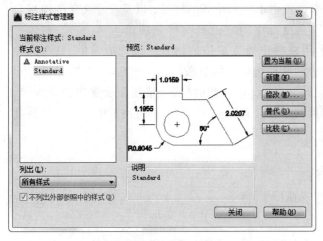

(a)"标注样式管理器"对话框

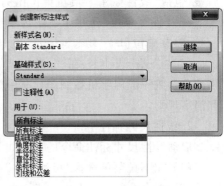

(b)"创建新标注样式"对话框

图 2-47 新建标注样式

(1)"线"选项卡:包括"尺寸线"和"尺寸界线"两个选项组,用于编辑尺寸线和尺寸界线的样式。

(2)"符号和箭头"选项卡:该选项卡主要用于设置符号和箭头样式,包括"箭头""圆心标记""弧长符号"和"半径折弯标注"等选项组。

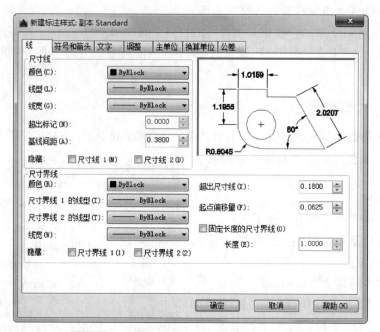

图 2-48   "新建标注样式:副本 Standard"对话框

（3）"文字"选项卡:该选项卡主要用于设置标注中的文字样式,包括"文字外观""文字位置"和"文字对齐"3 个选项。

（4）"调整"选项卡:该选项卡用来设置尺寸文字、尺寸线、尺寸箭头等的位置,包括"调整选项""文字位置""标注特性比例"和"优化"4 个选项组。

（5）"主单位"选项卡:该选项卡用来设置主单位的格式与精度,以及尺寸文字的前缀与后缀,包括"线性标注""测量单位比例""角度标注"和"消零"4 个选项组。

（6）"换算单位"选项卡：该选项卡用来确定换算单位的格式。该选项卡中,只有选中"显示换算单位(D)"复选框,该选项卡中的其他选项才能被激活。

（7）"公差"选项卡:在"公差格式"选项组中设置公差的格式、精度和放置位置等内容,该部分参数一般用于机械制图。其中"换算单位公差"选项组用于设置换算单位公差的精度和消零规则。

2. 线性尺寸标注

启动线性尺寸标注命令的方式如下:

（1）在下拉菜单选择"标注(N)"/"线性(L)"命令。

（2）在命令行输入"Dimlin"。

执行上述命令后,系统提示如下:

指定第一个尺寸界线原点或<选择对象>:(拾取图 2-49 中点 A)

指定第二条尺寸界线原点:(拾取图 2-49 中点 B)

指定尺寸线位置或[多行文字(M)/文字(T)/角度(A)/水平(H)/垂直(V)/旋转(R)]:(在绘图区指定尺寸线的位置)

命令:↙(继续执行线性标注命令)

指定第一个尺寸界线原点或<选择对象>:↙(执行选择对象选项)

选择标注对象:(拾取图 2-49 中直线 *AD*,上下拖动鼠标引出水平尺寸线)

指定尺寸线位置或［多行文字(M)/文字(T)/角度(A)/水平(H)/垂直(V)/旋转(R)］:T↙

输入标注文字:15↙

指定尺寸线位置或［多行文字(M)/文字(T)/角度(A)/水平(H)/垂直(V)/旋转(R)］:(选择一适合位置)

执行结果如图 2-49 所示。

用户选择标注对象后,AutoCAD 自动将该对象的两端点作为两条尺寸界线的起始点,自动测量出相应距离并标出尺寸。当两条尺寸界线的起始点不位于同一水平线或垂直线上时,上下拖动鼠标可引出水平尺寸线,左右拖动鼠标可引出垂直尺寸线。用户也可利用"多行文字(M)"或"文字(T)"选项输入并设置尺寸文字,通过"角度(A)"选项可确定尺寸文字的旋转角度,通过"水平(H)"/"垂直(V)"选项可标注水平/垂直尺寸,通过"旋转(R)"选项可旋转尺寸标注。

3. 对齐尺寸标注

启动对齐尺寸标注命令的方式如下:

(1) 在下拉菜单选择"标注(N)"/"对齐(G)"选项。

(2) 在命令行输入"Dimaligned"。

对齐尺寸标注命令的功能是使尺寸线与两尺寸界线的起点连线平行或与要标注尺寸的对象平行。其使用方法与线性尺寸标注相同,标注结果如图 2-50 所示。

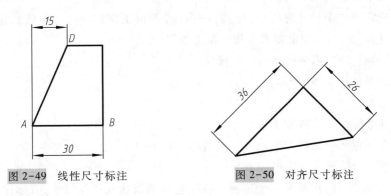

图 2-49　线性尺寸标注　　　　　图 2-50　对齐尺寸标注

4. 角度尺寸标注

启动角度尺寸标注的方式如下:

(1) 在下拉菜单选择"标注(N)"/"角度(A)"选项。

(2) 在命令行输入"Dimangular"。

执行上述命令后,系统提示如下:

选择圆弧、圆、直线或<指定顶点>:

各选项的含义如下:

(1) 选择圆弧。用于直线标注圆弧的包含角,如图 2-51a 所示。

(2) 选择圆。用于标注圆上某段圆弧的包含角。该圆的圆心被置为所注角度的顶点,拾取点为一个端点,系统提示用户拾取第二个端点(该点可在圆上,也可不在圆上),尺寸界线通过所选取的两个点，如图 2-51b 所示。

（3）选择直线。系统提示拾取第二条线段，并以它们的交点为顶点，标注两条不平行直线之间的夹角，如图 2-51c 所示。

（4）直接按<Enter>键，系统提示输入角的顶点以及角的两个端点，AutoCAD 将根据给定的三个点标注角度，如图 2-51d 所示。

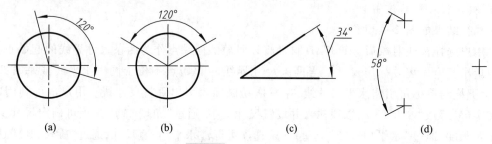

(a)　　(b)　　(c)　　(d)

图 2-51　角度尺寸标注

5. 基线标注

（1）在下拉菜单选择"标注（N）"/"基线（B）"选项。

（2）在命令行输入"Dimbaseline"。

执行上述命令后，系统提示如下：

指定第二个尺寸界线原点或［选择（S）/放弃（U）］<选择>：

该提示中各选项的含义为：

（1）指定第二个尺寸界线原点。确定下一个尺寸的第二个尺寸界线的起点位置。

（2）选择（S）。用于重新确定作为基准的尺寸。

（3）放弃（U）。用于放弃前一次操作。

标注结果如图 2-52 所示。

6. 连续标注

启动连续标注的方式如下：

（1）在下拉菜单选择"标注（N）"/"连续（C）"选项。

（2）在命令行输入"Dimcontinue"。

连续标注命令的功能是方便迅速地标注连续的线性或角度尺寸，其标注结果如图 2-53所示。

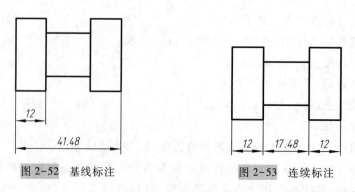

图 2-52　基线标注　　　图 2-53　连续标注

7. 半径、直径和圆心标注

启动半径、直径和圆心标注命令的方式如下：

（1）在下拉菜单选择"标注（N）"/"半径（R）"/"直径（D）"或"圆心标记（M）"选项。

（2）在命令行输入"Dimradius""Dimdiameter"或"Dimcenter"。

注意：① 当通过"多行文字（M）""文字（T）"选项重新确定尺寸文字时，应在输入的尺寸文字前加前缀"R"或"%%C"，这样才能使标出的尺寸带半径符号"R"或直径符号"ϕ"。

② 圆心标记的形式由系统变量"dimcen"确定。当该变量的值等于 0 时，不显示圆心标记或中心线。当该变量的值大于 0 时，作圆心标记，且该值是圆心长度的一半。当变量的值小于 0 时，画出中心线，且该值是圆心处小十字线长度的一半。如图 2-54 所示。

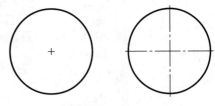

图 2-54　圆心标记

8. 多重引线标注

多重引线标注命令的功能是创建多重引线标注方式，为图形添加注释文本。执行多重引线标注命令后，系统提示如下：

命令：MLEADER ↙

指定引线箭头的位置或 [引线基线优先（L）/内容优先（C）/（选项 O）] <选项>：

通过"多重引线"命令可绘制一段带箭头的引线，其箭头指向需要标注说明的图形，在文本框中输入文本，单击绘图区空白处即可完成标注。

利用"多重引线"命令可以绘制一条引线来标注对象，且在引线的末端可以输入文字或者添加块等。该命令经常用于标注孔、倒角和创建装配图的零件编号等。设置多重引线样式的具体操作过程如下：

在下拉菜单选择"格式（O）"/"多重引线样式（I）"选项，弹出"多重引线样式管理器"对话框，如图 2-55a 所示，单击"新建（N）"按钮，弹出"创建新多重引线样式"对话框（图 2-55b），在"新样式名（N）"文本框中输入"新建样式"，单击"继续（O）"按钮，弹出"修改多重引线样式：新建样式"对话框，选择"引线格式"选项卡，在"常规"选项组的"类型（T）"下拉列表中选择"直线"选项，在"颜色"下拉列表中选择"蓝"选项，在"箭头"选项组的"大小"文本框

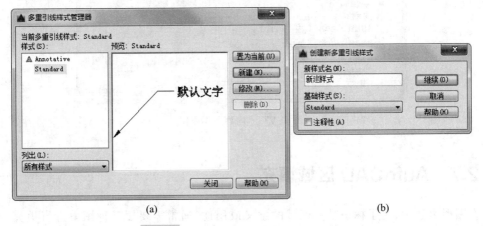

(a)　　　　　　　　　　　　　　　　(b)

图 2-55　"多重引线样式管理器"对话框

中输入"10",如图 2-56 所示。选择"内容"选项卡,在"文字选项"选项组的"文字颜色(C)"下拉列表中选择"蓝"选项,在"文字高度(T)"文本框中输入"30",如图 2-57 所示,单击"确定"按钮返回"多重引线样式管理器"对话框,在"样式(S)"列表框中选择"新建样式"选项,单击"置为当前(U)"按钮,再单击"关闭"按钮即完成了多重引线标注样式的设置。

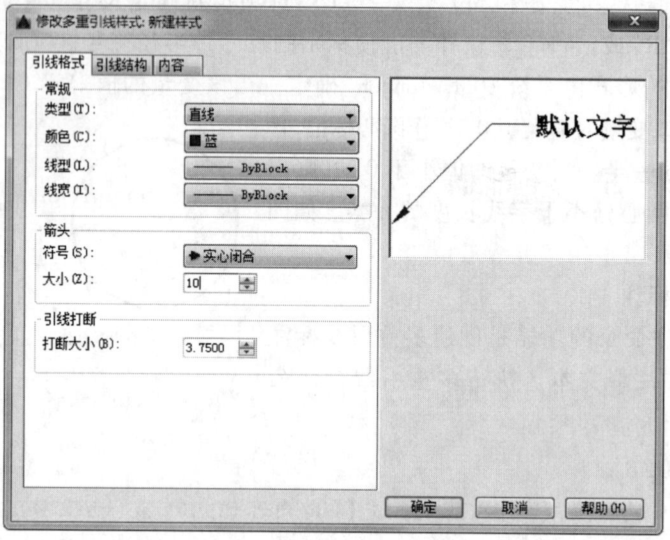

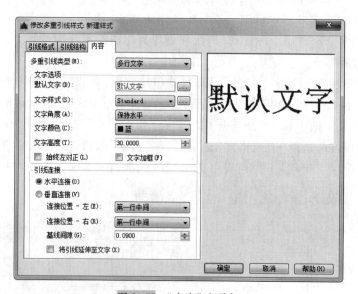

图 2-56　"引线格式"选项卡

图 2-57　"内容"选项卡

2.7　AutoCAD 区域填充

在图形表达中,为了标识某一区域的意义或用途,通常需要用某种图案进行填充,如剖视图中截断面的剖面符号。此时就需要使用 AutoCAD 系统提供的图案填充功能。

在 AutoCAD 中,用户可通过单击"绘图"工具栏中的"图案填充"图标按钮,或选择下拉菜单"绘图(D)"/"图案填充(H)"或在命令行中输入"Bhatch"命令来创建填充。

在进行图案填充时,首先要确定填充的边界。定义边界的对象只能是直线、射线、多段线、样条曲线、圆弧、圆、椭圆、面域等,并且构成的一定是封闭区域。另外,作为边界的对象须在当前屏幕上全部可见,这样才能正确地进行填充。

2.7.1 图案填充

图案填充是指利用某种图案填充图形的某个区域,利用图案来表达对象所表示的内容。在为图形进行图案填充前,首先需要创建填充边界,这样可以有效避免填充到不需要填充的图形区域。

执行图案填充命令的方法如下:

(1)在下拉菜单选择"绘图(D)"/"图案填充(H)"选项。

(2)在"绘图"工具栏单击"图案填充"图标按钮。

(3)在命令行输入"Bhatch"。

执行"图案填充"命令后,系统提示如下:

拾取内部点或[选择对象(S)/放弃(U)/设置(T)]:

在命令行选择"设置(T)"选项后,将弹出"图案填充和渐变色"对话框(图 2-58),单击该对话框右下角的"更多选项" ⊙ 按钮展开对话框,如图 2-59 所示,即可从中创建填充边界。

图 2-58 "图案填充和渐变色"对话框

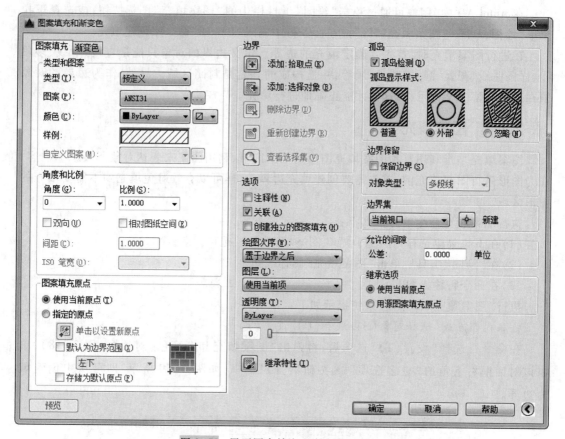

图 2-59　展开图案填充和渐变色对话框

在创建填充边界时,对相关选项一般都保持默认设置,如果对填充方式有特殊要求,可以对相应选项进行设置。

2.7.2　创建填充图案

在 AutoCAD 中,创建填充图案时需要先指定填充区域,然后才能对图形对象进行图案填充。填充边界内部区域即为填充区域,选择填充区域可以通过拾取封闭区域中的一点或拾取封闭对象两种方法进行。

拾取的填充点必须在一个或多个封闭图形的内部,之后 AutoCAD 会自动通过计算找到填充边界。创建图案填充的步骤如下:

（1）在命令行输入"Bhatch"命令后按<Enter>键确认输入,选择"设置（T）"选项,弹出"图案填充和渐变色"对话框。

（2）在对话框中单击"边界"选项组中的"添加:拾取点（K）"图标按钮 ▣ ,如图 2-58 所示,返回绘图区,单击需要填充图案区域中的任意一点。

（3）选择"设置（T）"选项,返回"图案填充和渐变色"对话框。为了更好地查看效果,在"比例（S）"下拉列表中输入 10,单击"确定"按钮,关闭对话框可以看到需要填充的图形内部已填充了所选的填充图案。

2.8 AutoCAD 块操作

在绘图过程中如果需要重复使用某种图形,可以将该图形创建成块,在需要时可以直接插入到图形中,从而提高绘图效率。块操作的优点是方便快捷,可以减少很多重复性的绘图工作,特别是对于图样已经规范化的标准件及常用件。

块操作主要分为两步:

1)块的定义。块定义的两个主要命令是"Block"和"Wblock"。

2)块的插入。块插入的相应命令有"Insert"及"Ddinsert"。

在定义块的时候还可以定义块的属性,其命令是"Attdef""Ddattdef",使用下拉菜单或工具栏也可以实现快捷操作。下面主要以螺纹连接件为例,介绍块定义和块插入操作。

(1)定义块

先画出需要定义为"块"的图形,如图 2-60b 中的螺栓。为方便插入比例的调整和变换,最好画成图 2-60a 所示的图形。将螺栓定义为两个独立的图块,这样的独立图块达到一定数量后就能任意组合。例如,画其他形式的螺钉或螺纹时,外螺纹结束的倒角部分可以通用,操作十分方便快捷。

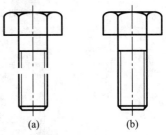

画好图样后,在命令行输入"Block"或"Wblock"后按 <Enter>键,将出现如图 2-61 所示的"块定义"对话框。

"Block"和"Wblock"命令的最大区别在于"Block"定义的块只能在当前文件中使用,"Wblock"定义的块被独立存储为一个文件,可以用于其他文件的块插入操作。所以,对于常用

图 2-60 块图形

的块,如一些常用的标准件,最好使用"Wblock"命令,这样可以建立一个小型的块库,画装配图等图样时就十分方便。在图 2-61 所示对话框的"名称(N)"文本框中输入块的名称,如"螺栓-1",这样可方便块的检索。

图 2-61 "块定义"对话框

在"基点"区输入插入的基准点的坐标,也可以用鼠标左键单击"拾取点(K)"图标按钮直接点选。基准点是插入块时作为基准使用的点,一般在轴线上选择一个在插入时既方便确定,又可以利用"Snap"或"Osnap"辅助绘图工具进行捕捉的点。

选好点后,单击"选择对象(T)"左边的图标按钮,选择需要作为插入块的线或图形。

选择图样、输入图名、找基准点,实际上并没有严格的次序。而且有时需要在块中加入文字,但有些不是固定的,如标题栏是固定的,而填写项目就不固定,这时就可以在定义块的同时定义块的属性。块属性定义命令有"Attdef""Ddattdef",也可以选择下拉菜单"绘图(D)"/"块(K)"/"定义属性(D)"选项。

选择完毕,点击鼠标右键结束,回到对话框,单击"确定"按钮即完成块定义。

（2）插入块

需要插入某个已经定义好的块时,在命令行输入命令"Insert"或"Ddinsert",将出现如图 2-62 所示对话框。

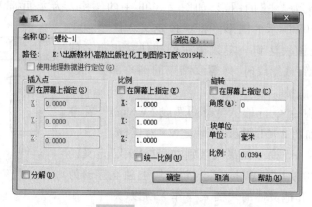

图 2-62　"插入"对话框

单击"浏览(B)"按钮找出需要插入的块,如刚才定义的"螺栓-1"。在"比例"区中可以选择不同方向的伸缩比例,例如,当需要的直径是图样的两倍时,可以在相应"X:""Y:""Z:"文本框中输入比例因子,这三个比例因子既可以相同也可以不同,根据需要选择。对于使用比例画法的标准件,应保证比例的正确性。

最后单击"确定"按钮,在光标位置将出现块的虚线图形,在需要插入的位置点击鼠标左键,即可插入块。

● 2.9　AutoCAD 标注技术要求

2.9.1　尺寸公差的标注

执行"Dimstyle"命令,选择下拉菜单"格式(O)"/"标注样式(D)"选项,弹出"标注样式管理器"对话框,单击"新建(N)"或"修改(M)"按钮,即可创建新尺寸标注类型或修改选定的尺寸标注类型。出现"新建标注样式:副本 Standard"对话框时,选择"公差"选项卡,如图 2-63 所示,用户可在此设置选用的公差类型并进行公差的其他设置。

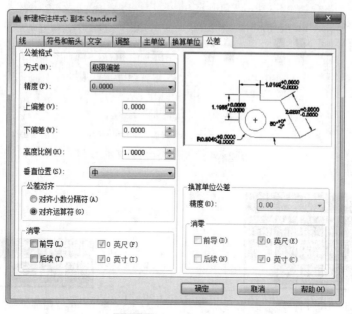

图 2-63 "公差"选项卡

系统提供了四种公差格式,其意义如下:

(1) 对称。以"测量值 公差"的形式标注尺寸。

(2) 极限偏差。以"测量值 上极限偏差 下极限偏差"的形式标注尺寸。

(3) 极限尺寸。以"最大值 最小值"的形式标注尺寸。

(4) 基本尺寸。以"测量值"的形式标注尺寸。

此外,利用"垂直位置(S)"下拉列表可设置文本的对齐方式(上、中、下)。完成设置后,单击"确定"按钮可从"新建标注样式:副本 Standard"对话框返回"标注样式管理器"对话框,单击"置为当前(U)"按钮可将创建的样式设置为当前样式。

2.9.2 几何公差的标注

由"Tolerance"命令或"标注(N)"/"公差(T)"下拉菜单打开"形位公差"对话框(图 2-64),单击"符号"列下方的小黑块,系统弹出图 2-65 所示对话框,用户可在该对话框中指定几何公差代号。单击"公差 1"和"公差 2"列下方左侧的小黑块,显示"φ"符号;单击"公差 1"和"公差 2"列下方右侧的小黑块,将弹出图 2-66 所示对话框,用户可从中选择材料标记。

2.9.3 表面粗糙度标注

1. 创建表面粗糙度代号块

用计算机绘制零件图时,除了要标注尺寸外,还应标注其他技术要求,表面粗糙度就是其内容之一。图样上表面粗糙度的使用频率高,绘图时需要花费较多的时间和精力进行这一重复劳动。在绘制机械装配图时,需要绘制许多标准结构、标准零件,也存在重复劳动的问题。为了解决以上问题,可以把使用频率较高的图形定义成块存储起来,需要时,只要给出位置、方向和比例(确定大小),即可画出该图形。

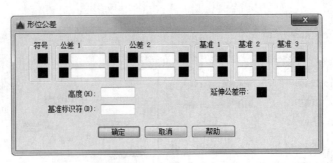

图 2-64　"形位公差"对话框

图 2-65　"特征符号"对话框

图 2-66　"附加符号"对话框

无论多么复杂的图形,一旦成为一个块,AutoCAD 就将它当作一个整体看待,所以用编辑命令处理时就更方便。如果用户想编辑一个块中的某个对象,必须首先分解这个块,分解操作可使用"分解"图标按钮,也可使用"Explode"命令。把图形定义成块后,可以在本图形文件中使用,也可以将其单独存为一个文件,供其他图形文件引用。下面以表面粗糙度代号图形为例,介绍块的操作步骤。

图 2-67 所示为表面粗糙度代号的基本图形,该图形可以画在绘图区的任意空白处。在下拉菜单选择"绘图(D)"/"块(K)"/"创建(M)"选项,或在命令行输入"Block"或"Bmake"命令,将弹出如图 2-68 所示的"块定义"对话框。"对象"区中各按钮的意义如下:

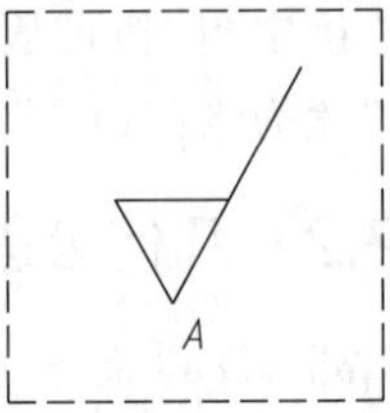

① "保留(R)"单选按钮:定义块后仍保存原对象。

② "转换为块(C)"单选按钮:定义块后,将选中的对象转换为块。

图 2-67　表面粗糙度符号图形

③ "删除(D)"单选按钮:定义块后删除原对象。

定义块的操作步骤为:

① 在"名称(N)"下拉列表框中定义块名为"粗糙度"。

② 单击"拾取点(K)"图标按钮,选择图 2-67 中的 A 点作为插入基准点。

③ 单击"选择对象(T)"图标按钮,选择目标图形(图 2-67 中的虚线框)。

④ 单击对话框中的"确定"按钮。

此时,表面粗糙度代号块仅存在于建立块的那个图形文件中,以后也只能在该图形文件中调用该块。如果要在其他文件中调用该块,则必须使用"Wblock"命令把块定义写入磁盘文件。在命令行输入"Wblock",系统将显示图 2-69 所示的对话框。在对话框中输入块文件名,然后选择"保留(R)"单选项,关闭对话框,系统显示:

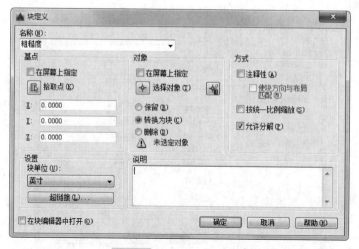

图 2-68　"块定义"对话框

图 2-69　"写块"对话框

命令:(块名称)

要求用户输入已用"Block"命令定义过的块名,此时系统会把该块按给定的文件名进行存盘。当所建文件名与所建块的块名相同时,可输入"="。

2. 创建表面粗糙度代号块的属性

用户可使用"Attdef"命令或选择下拉菜单"绘图(D)"/"块(K)"/"定义属性(D)"项来生成块属性。执行该命令后,系统弹出"属性定义"对话框,如图 2-70 所示。该对话框包括了"模式""属性""插入点"和"文字设置"等几部分。其中,在"模式"区可设置属性为"不可见""固定""验证"或"预设"等;在"属性"区中可输入属性标记、提示和默认值;"插入点"区用于定义插入点位置;"文字设置"区用于定义文本的对正、文字样式、高度及旋转角等。

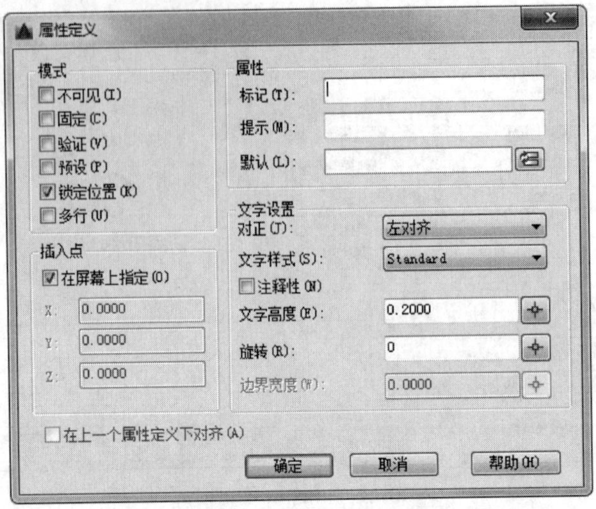

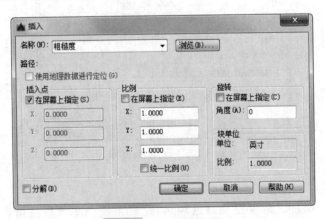

图 2-70 "属性定义"对话框

3. 标注表面粗糙度代号

将定义成块的表面粗糙度代号标注在图形中,可在命令行输入"Insert"命令,也可在下拉菜单选择"插入(I)"/"块(B)"选项,系统将打开如图 2-71 所示的"插入"对话框。若插入本图形中的代号块,则可从"名称(N)"下拉列表中进行选择;若插入其他文件的代号块,可单击"浏览(B)"按钮,然后从打开的"选择图形文件"对话框中进行选择。在"插入"对话框中还可指定插入点、比例和旋转角。

图 2-71 "插入"对话框

2.10 零件图的绘制

轴、套类零件一般由同轴线的回转体组成,其主视图通常按加工位置(即轴线水平)放置。如图 2-72 所示蜗杆的绘图过程如下:

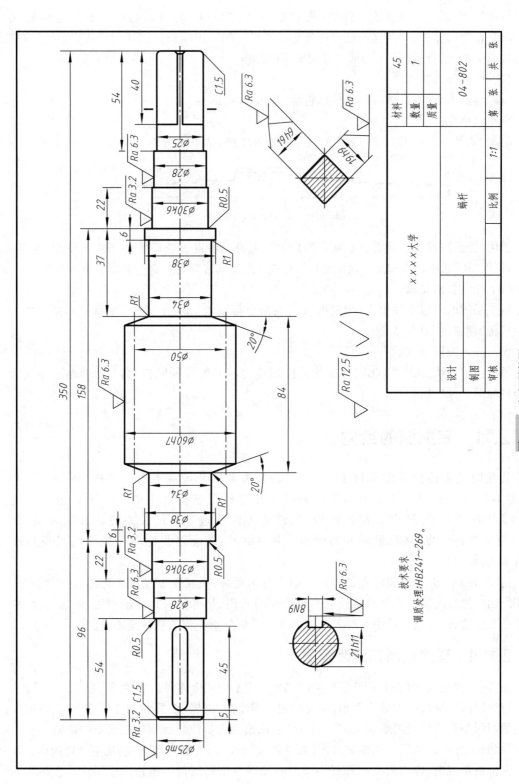

图 2-72　蜗杆零件图

（1）绘制图框和标题栏

按所绘对象大小及所选绘图比例确定图幅,然后绘制图框与标题栏。也可选用 AutoCAD 自带的样板,这些样板已有图框与标题栏。如需用样板,只需单击"新建(N)"按钮即可在弹出的"选择样板"对话框中选用所需的样板。

（2）绘制外形轮廓

首先绘制中心轴线,然后绘制外形轮廓,操作步骤如下:

命令:LINE ↙

启动"直线"命令,按图 2-72 中的尺寸画外形轮廓,结果如图 2-73 所示。

图 2-73   画出轴线上方图形

使用"镜像"命令,将轴线上方的轮廓线镜像,并补画各直线段。对于键槽,可使用"矩形"命令,利用"从"选项建立基点来确定键槽的位置。最后通过"圆角"命令画出图中各圆角。

（3）标注技术要求

由于采用的样板文件含有"粗糙度"块,在命令行输入"Insert"命令,根据前述插入块的方法可将"粗糙度"块插入图中。

（4）插入图框、标题栏

前面已作好块"A3""BTL",插入块并按属性提示来填写标题栏内容,过程略。完成后的全图如图 2-72 所示。

2.11   装配图的绘制

装配图是表达机器或部件工作原理、装配关系以及连接关系的图样,也是进行装配、检修的技术资料。装配图的绘制是建立在零件图基础之上的。传统的运用尺规绘制装配图的步骤是:首先根据机器、部件的工作原理和装配关系确定表达方案,其次确定绘图比例与图幅,最后开始绘图。用 AutoCAD 绘制装配图与传统的尺规绘图步骤基本相同。

运用 AutoCAD 绘制装配图的方法一般可分为两种:直接绘制二维装配图;由三维实体模型绘制二维装配图。而就直接绘制二维装配图来说,又可分为直接绘制法、块插入法、插入图形文件法,以及用设计中心插入块等方法。下面分别介绍前三种绘图方法。

2.11.1   直接绘制二维装配图

图 2-74 是旋塞装配图,图 2-75~图 2-78 是旋塞中几个零件的零件图。

直接绘制二维装配图最为简单,主要运用二维绘图、编辑、设置和层控制等功能,按照装配图的画图步骤将装配图绘制出来。该方法要求绘图人员能熟练运用二维绘图功能。

例如绘制图 2-74 所示的旋塞装配图,首先设置 A3 图幅和绘图环境,从主要件阀体开始由外向里画主视图,即由阀体→阀杆→垫圈→填料→填料压盖→螺栓逐个画出。在不影响定位的情况下,也可以由主要装配干线入手,由里向外画主视图,即由阀杆→垫圈→填料→

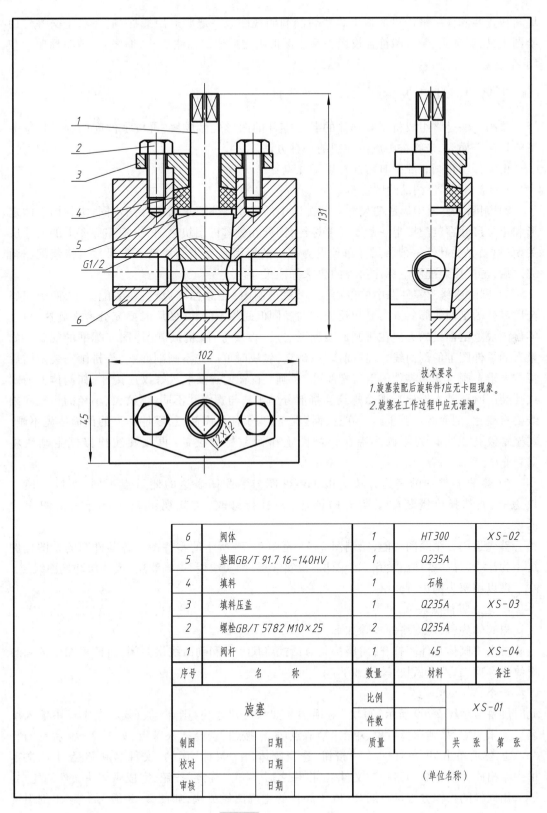

技术要求
1.旋塞装配后旋转件1应无卡阻现象。
2.旋塞在工作过程中应无泄漏。

6	阀体	1	HT300	XS-02
5	垫圈GB/T 91.7 16-140HV	1	Q235A	
4	填料	1	石棉	
3	填料压盖	1	Q235A	XS-03
2	螺栓GB/T 5782 M10×25	2	Q235A	
1	阀杆	1	45	XS-04
序号	名　　称	数量	材料	备注

旋塞		比例		XS-01
		件数		
制图		日期		质量		共　张　第　张
校对		日期		（单位名称）
审核		日期		

图 2-74　旋塞装配图

填料压盖→阀体→螺栓逐个画出。然后绘制俯视图。一定要运用捕捉、追踪和正交等辅助绘图工具,保证主、俯视图符合投影关系。图形画完后依次标注尺寸、编序号、填写标题栏和明细栏。

2.11.2　块插入法

块插入法是将组成机器或部件的各个零件的图形先做成块,再按零件间的相对位置关系将块逐个插入,最终拼画成装配图的一种方法。

由零件图拼画装配图时需注意以下几点:

1) 统一各零件图的绘图比例。

2) 删除零件图中标注的尺寸。装配图中的尺寸标注要求与零件图不同,零件图上的定形和定位尺寸在装配图上一般不需要标注,因此在做零件图块之前,应把零件图上的尺寸层关闭(这就是为什么一般将尺寸单独设为一层的原因),做出的块就不带尺寸。待装配图画完之后,再按照装配图上标注尺寸的要求标注尺寸。

3) 删除或修改零件图中的剖面线。《机械制图》国家标准规定:在装配图中,两个相邻金属零件的剖面线倾斜方向要相反或方向相同但间隔不等,在做块时要充分考虑到这一点。零件图块上剖面线的方向在拼画成装配图之后,必须符合《机械制图》国家标准的规定。如果有的零件图上的剖面线方向一时难以确定,做块时可以先不画剖面线,待拼画完装配图后再按要求补画。如果零件图上有螺纹孔,拼画装配图时还要装入螺纹连接件(如阀体上的螺纹孔装配时要装入螺栓),那么螺纹连接部分的画法与螺纹孔不同,螺纹大、小径的粗线和细线要有变化,剖面线也要重画。在这种情况下,为了使绘图简便,零件图上的剖面线先不画,甚至螺纹孔也可以先不画。待在装配图上拼画完螺栓之后,再按螺纹连接规定画法将其补全。

4) 修改零件图的表达方法。由于零件图与装配图表达的侧重点不同,所以在建立块之前,要选择绘制装配图所需的图形,并进行修改,使其视图表达符合装配图表达的要求。

首先运用二维绘图功能,绘制图 2-75 至图 2-78 所示的零件图。各零件图的绘图比例统一为 1:1,每一零件图设置 5 个图层:粗实线层、细实线层、点画线层、尺寸层和剖面线层。

现以旋塞为例进行介绍。

1. 建立零件图块

以阀体为例,建立块的步骤如下:

首先将阀体零件图打开,用层控制对话框将尺寸层和剖面线层关闭,将俯视图中的圆与螺纹投影擦去,然后做块,操作如下:

命令:WBLOCK↙

此时屏幕显示图 2-69 所示"写块"对话框。如果已建立块,则在"块(B)"文本框中输入块名。如未建立块,则选择对象,单击"拾取点(K)"按钮,选择插入基点,如图 2-79 所示的打"×"处,然后单击"选择对象(T)"按钮,选择阀体,在"目标"区的"文件名和路径(F)"文本框中给出阀体块存放的路径与文件名,设好之后,单击"确定"按钮,完成阀体块文件的建立。

用同样的操作方法可将图 2-76 中阀杆的主视图做成块,如图 2-80 所示。移出剖面可以单独做块,在拼画装配图时插入到俯视图中,并擦去剖面线。

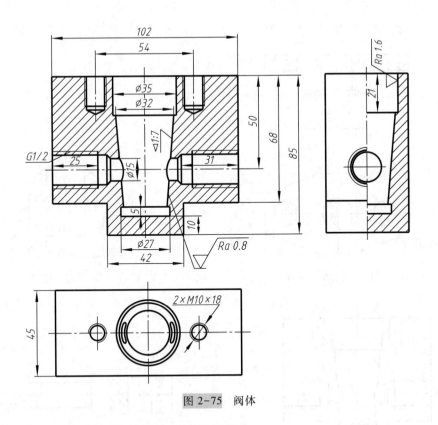

图 2-75 阀体

填料压盖、填料和螺栓块的作法与阀体块的作法类似。

填料压盖和填料的块与图 2-77 和图 2-78 相同,只是没有尺寸标注。填料压盖的主、俯视图做成两个块,拼画装配图时分别拼插在装配图的主、俯视图中。若做成一个块,拼画装配图时不能保证主、俯视图的位置准确,且不便修改。

螺栓的主、左视图也分别做成两个块,如图 2-81 所示。

为了保证零件图块拼画成装配图后各零件之间的相对位置和装配关系,一定要选择好插入基点,图 2-79 ~ 图 2-81 中的打"×"处为插入基点。

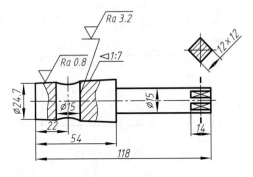

图 2-76 阀杆

垫圈图形简单并且在旋塞装配图中只有一个,因此可以直接画出。若多处使用,则可以做成块后插入。

2. 将零件图块拼画成装配图

1) 定图幅。根据选好的视图方案计算图形尺寸,确定绘图比例,同时考虑标注尺寸、编排序号、画明细栏、画标题栏、填写技术要求的位置和所占的面积,从而设定图幅。本图例设定为 A3 图幅。

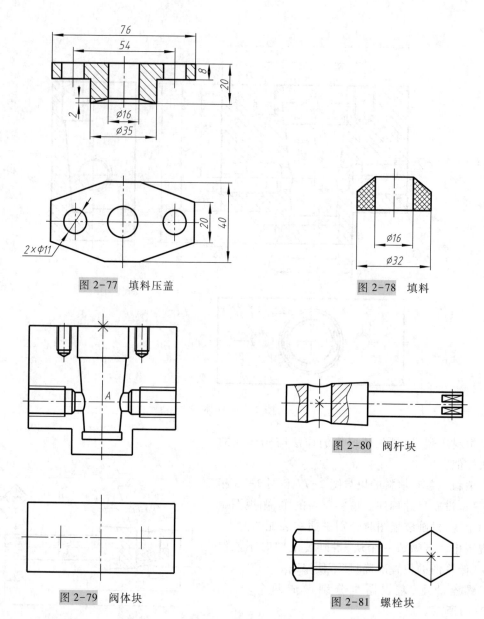

图 2-77 填料压盖

图 2-78 填料

图 2-80 阀杆块

图 2-79 阀体块

图 2-81 螺栓块

2) 插入图块,拼画装配图。插入阀体的操作如下:

命令:INSERT ↙(或 DDINSERT,或点选图标)

此时屏幕显示"插入"对话框,如图 2-82 所示。

单击"浏览(B)"按钮,选择块文件。此时,"名称(N)"下拉列表中显示块文件名称,"路径"项显示块文件所在路径。在"插入"对话框中,将"插入点"区的"在屏幕上指定(S)"单选项选中。将缩放比例项都确定为 1,将"旋转"区中的"角度(A)"设为 0°。另外,缩放比例与旋转角度项也可通过屏幕确定。阀体块插入完成后,如图 2-83 所示。

以同样的步骤可插入阀杆图块,但需注意的是在插入阀杆时,插入点应为阀体上的点 A,比例仍为 1,而旋转角应为 90°(阀杆在装配图上的摆放位置与零件图不同,相差 90°)。插入后的结果如图 2-83 所示。用与前面类同的操作将填料、填料压盖、螺栓等图块依次插入,画上垫圈,结果如图 2-84 所示。

　　3) 检查、修改并画全剖面线。插入完成后要仔细检查,将被遮挡的多余图线删去,把螺纹连接件按《机械制图》国家标准规定画全,并补全所缺的剖面线。要灵活运用"修剪(Trim)""打断(Break)""删除(Erase)"等命令编辑修改图形。

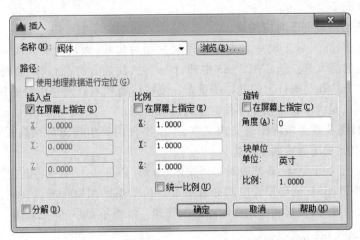

图 2-82　"插入"对话框

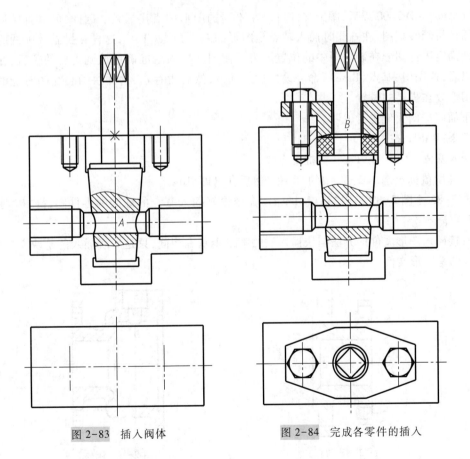

图 2-83　插入阀体　　　　　图 2-84　完成各零件的插入

4）完成全图。按照装配图标注尺寸的要求,调出尺寸层,设好尺寸参数,进行尺寸标注,然后编排序号。在编写序号时,首先用"直线(Line)"命令画出指引线,用"文字(Text)"命令写序号,最后用"直线(Line)"命令画出边框线、标题栏和明细栏(也可以把图框和标题栏作成模板,将明细栏的单元格做成块,用时插入),用"文字(Text)"命令填写标题栏、明细栏和技术要求,完成全图,如图 2-74 所示。

用块插入法绘制装配图时应注意:

1）为了保证块插入后正确地表达各零件间的相对位置,做块及插入块时要选择好插入点。比如阀杆块的插入基点选在图 2-83 中的打"×"处,块插入时,插入点选阀体上的点 A,这样就保证了阀体上的孔与阀杆上的孔轴线重合。填料压盖插入点选在填料的顶面与轴线的交点 B 处(图 2-84),是为了保证两个零件的锥面接触良好。

2）为使零件图块拼画装配图时又快又准,一个零件的一组视图可根据需要做成多个块,如将填料压盖主、俯视图做成两个块。

3）块插入后是一个整体,要修改时必须先用"分解(Explode)"命令将其打散。

4）绘制各零件图时,图层设置应遵守有关计算机绘图的国家标准,或者自行规定并保持各零件图的图层一致,以便拼画装配图时图形的管理。注意不要在"0"层绘图。

2.11.3　插入图形文件法

在 AutoCAD 2000 以后,图形文件可以在不同的图形中直接插入。因此,可以直接插入零件的图形拼画装配图,注意此时插入基点是图形的左下角点(0,0),这样在拼画装配图时无法准确地确定零件图形在装配图中的位置。为了使图形插入后准确地放到需要的位置,在画完图形以后,首先用"基点(Base)"命令设好插入基点,然后再存盘,这样拼画装配图时能够准确地将图形放在需要的位置。

下面以球阀为例进行说明。

命令:BASE ✓

输入基点<0,0>: INT ✓(捕捉交点)

于:(用鼠标点选图 2-85 中的"×"处,然后存盘即可)

图 2-85 至图 2-89 是用"基点(Base)"命令设好插入基点的球阀的零件图,打"×"处是设好的基点。

直接插入图形文件的方法与块插入法的第二步基本相同,只是后者插入的是块文件,而前者插入的是图形文件。

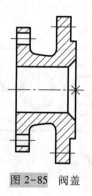

图 2-85　阀盖

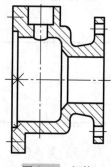

图 2-86　阀体

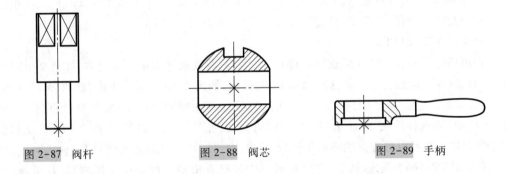

图 2-87 阀杆　　　　　图 2-88 阀芯　　　　　图 2-89 手柄

命令:INSERT↙(或点"块插入"图标)

之后显示"插入"对话框,单击对话框中的"浏览(B)"按钮,弹出"选择图形文件"对话框,根据路径找到要插入的文件"阀盖.dwg",单击"打开(O)"按钮确定,此时又显示"插入"对话框,再单击"确定"按钮。阀盖图形插入完毕,得到的图形与图 2-85 相同。

用同样的操作方法逐次将阀体、阀杆、阀芯、手柄插入,然后修改完成球阀的装配图图形,如图 2-90 和图 2-91 所示。

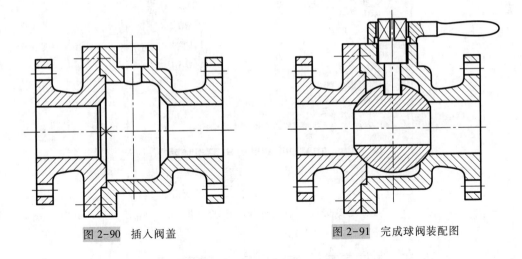

图 2-90 插入阀盖　　　　　　　图 2-91 完成球阀装配图

图形文件插入后,实际上也成为一个块,要想对其进行修改,首先需对其用"分解(Explode)"命令进行打散。直接插入图形文件画装配图的方法要求图形文件的表达方案接近装配图中所需的表达方案,否则,在拼画成装配图后的修改工作量是很大的。

2.11.4 AutoCAD 图形输出与交换

AutoCAD 2016 提供了两种制图空间,分别是模型空间和图纸空间。在这两种空间中设计完成图形后,可利用打印机输出,施工人员可以根据输出的文件进行施工。

在 AutoCAD 2016 中,图纸空间用于创建最终的打印布局,而不用于绘图或设计工作,而模型空间用于创建图形。如果仅绘制二维图形文件,那么在模型空间或在图纸空间没有太大差别,均可以进行设计工作。但如果是进行三维图形设计,则只能在图纸空间进行图形的文字编辑和图形输出等工作。

在 AutoCAD 2016 中进行图纸打印时,必须对打印页面的打印样式、打印设备、图纸的大小、图纸的打印方向以及打印比例进行设置。设置方法如下:

命令:PAGESETUP↙

调用该命令后,打开"页面设置管理器"对话框,默认选择当前页面设置,如图 2-92 所示。单击"新建(N)"按钮,打开"新建页面设置"对话框,如图 2-93 所示。单击"修改(M)"按钮,打开"页面设置-模型"对话框,如图 2-94 所示,该对话框的设置与打印参数的设置类似。单击图 2-92 中"输入(I)"按钮,显示"从文件选择页面设置"对话框,如图 2-95 所示。在该对话框中选择要输入页面设置方案的图形文件后,单击"打开(O)"按钮,系统将打开"输入页面设置"对话框,如图 2-96a 所示。然后,在该对话框中选择希望输入的页面设置方案,并单击"确定(O)"按钮,该页面设置方案即可显示在"页面设置管理器"对话框中的"页面设置(P)"列表框中,以供用户选用,如图 2-96b 所示。

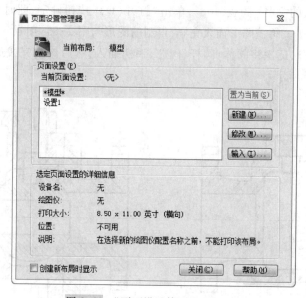

图 2-92　"页面设置管理器"对话框

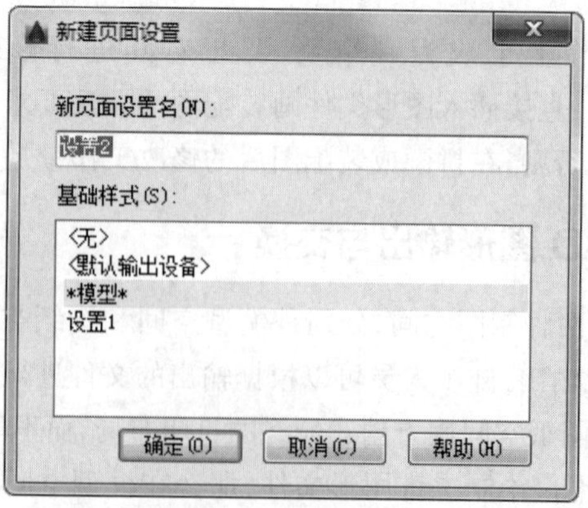

图 2-93　"新建页面设置"对话框

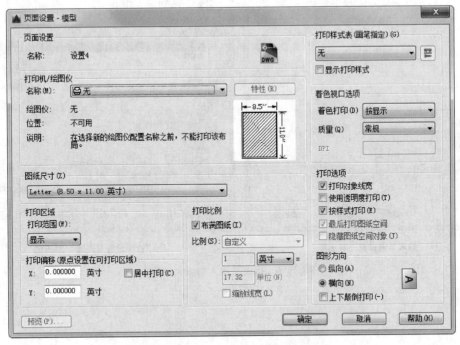

图 2-94 "页面设置-模型"对话框

图 2-95 "从文件选择页面设置"对话框

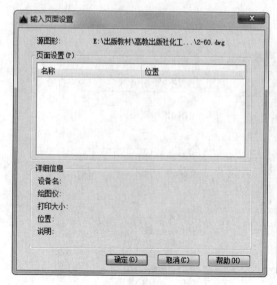

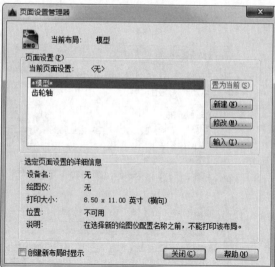

(a)"输入页面设置"对话框　　　　　　　　　　(b)"页面设置管理器"对话框

图 2-96　指定要输入的页面设置

第 3 章

工艺流程图

3.1 概述

工艺流程图是用来表达化工生产工艺流程的,主要包括工艺方案流程图(简称方案流程图)、物料流程图和带控制点的工艺流程图(也称为施工流程图)。方案流程图是在工艺路线选定后,进行概念性设计时完成的一种流程图,不编入设计文件;物料流程图是在初步设计阶段中完成物料衡算时绘制的;带控制点的工艺流程图是在方案流程图的基础上绘制的内容较为详细的一种施工流程图。这几种图由于各自的要求不同,其内容和表达的重点也不一致,但彼此之间却有着密切的联系。

3.2 方案流程图

3.2.1 方案流程图的作用及内容

方案流程图用于表达物料从原料到成品或半成品的工艺过程,以及所使用的设备和机器。它是工艺方案的讨论依据和施工流程图的设计基础。

图 3-1 所示为某物料残液蒸馏处理系统的方案流程图。物料残液进入蒸馏釜 R0401 中,通过蒸汽加热后被蒸发汽化,汽化后的物料进入冷凝器 E0401 被冷凝为液态,该液态物料流经真空受槽 V0408AB 排到物料贮槽。

从图 3-1 中可知,方案流程图主要包括以下两方面内容:

1) 设备——用示意图表示生产过程中所使用的机器、设备;用文字、字母、数字注写设备的名称和位号。

2) 工艺流程——用工艺流程线及文字表达物料由原料到成品或半成品的工艺流程。

3.2.2 方案流程图的画法

方案流程图是一种示意性的展开图,它按照工艺流程的顺序,把设备和工艺流程线自左至右地展开画在一个平面上,并加以必要的标注和说明。方案流程图的绘制主要涉及:① 设备画法;② 设备位号及名称的注写;③ 工艺流程线的画法。

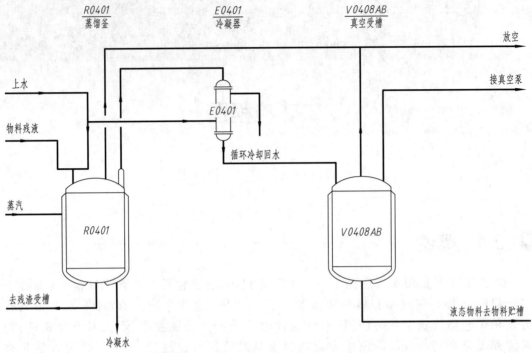

R0401　　　　　　E0401　　　　　V0408AB
蒸馏釜　　　　　冷凝器　　　　　真空受槽

放空

接真空泵

上水

物料残液

E0401

循环冷却回水

蒸汽

R0401

V0408AB

去残渣受槽

液态物料去物料贮槽

冷凝水

图 3-1　物料残液蒸馏处理系统的方案流程图

3.2.2.1　设备的画法

在绘制方案流程图时,设备、机器按流程顺序用细实线画出其大概轮廓和示意图,一般不按比例,但应保持它们的相对大小。常用设备类别代号及其图例见表 3-1。在同一工程项目中,同类设备的外形尺寸和比例一般应有一个定值或一规定范围。设备(机器)主体与其附属设备或内外附件要注意尺寸和比例的协调。对未规定的设备(机器)的图形可根据其实际外形和内部结构特征绘制。

各设备的高低位置及设备上重要接口的位置应基本符合实际情况,各设备之间应保留适当距离,以布置流程线。

同样的设备可只画一套,备用设备可省略不画。

3.2.2.2　设备位号及名称的注写

在流程图的上方或下方靠近设备图形处列出设备位号和名称,并在设备图形中注写其位号,如图 3-1 所示。设备位号及名称的注写方法如图 3-2 所示,设备位号及名称分别书写在一条水平粗实线(设备位号线)的上、下方,设备位号由设备类别代号、主项编号、同类设备顺序号以及相同设备数量尾号等组成。常用设备类别代号及其图例见表 3-1;主项编号是指车间或工段的编号,由工程总负责人给定,采用两位数字,从 01 开始,最大 99,当工艺较复杂,无法用一张图纸绘制完成工艺图样时,通常将主项划分成若干个绘图区域;同类设备顺序号按同类设备在工艺流程中流向的先后顺序编制,采用两位数字,从 01 开始,最大 99;两台或两台以上相同设备并联时,它们的位号前三项完全相同,用不同的数字尾号予以区别,按数量和排列顺序依次以大写英文字母 A、B、C、…作为每台设备的尾号。

表 3-1 常用设备类别代号及其图例（摘自 HG/T 20519.2—2009）

设备类别	代号	图　例
塔 (T)		填料塔　　板式塔　　喷淋塔
换热器 (E)		换热器（简图）　固定管板式列管换热器　套管式换热器　U型管式换热器　浮头式列管换热器　金式换热器

续表

设备类别 代号	图　　例	设备类别 代号	图　　例
换热器 （E）	板式换热器　螺旋板式换热器　翅片管换热器 盘管式（盘管式换热器）　喷淋式冷却器 列管式（薄膜蒸发器）　抽风式空冷器　送风式空冷器 带风扇的翅片管式换热器　刮板式薄膜蒸发器	反应器 （R）	固定床反应器　列管式反应器　流化床反应器　反应釜（闭式，带搅拌、夹套） 反应釜（开式，带搅拌、夹套）　反应釜（开式，带搅拌、夹套、内盘管）

续表

设备类别代号	图例
塔内件	降液管　浮阀塔塔板　湍球塔 受液盘　筛板塔塔板　填料除沫层 泡罩塔塔板　升气管　分配(分布)器,喷淋器　(丝网)除沫层
压缩机、风机(C)	鼓风机　离心式压缩机　二段往复式压缩机(L型) (卧式)　往复式压缩机 (立式)旋转式压缩机　四段往复式压缩机

续表

设备类别代号	图例	设备类别代号	图例
工业炉（F）	箱式炉　圆筒炉　圆筒炉	泵（P）	离心泵　水环式真空泵　旋转式齿轮泵 螺杆泵　往复泵　隔膜泵 液下泵　喷射泵　旋涡泵
火炬、烟囱（S）	烟囱　火炬		

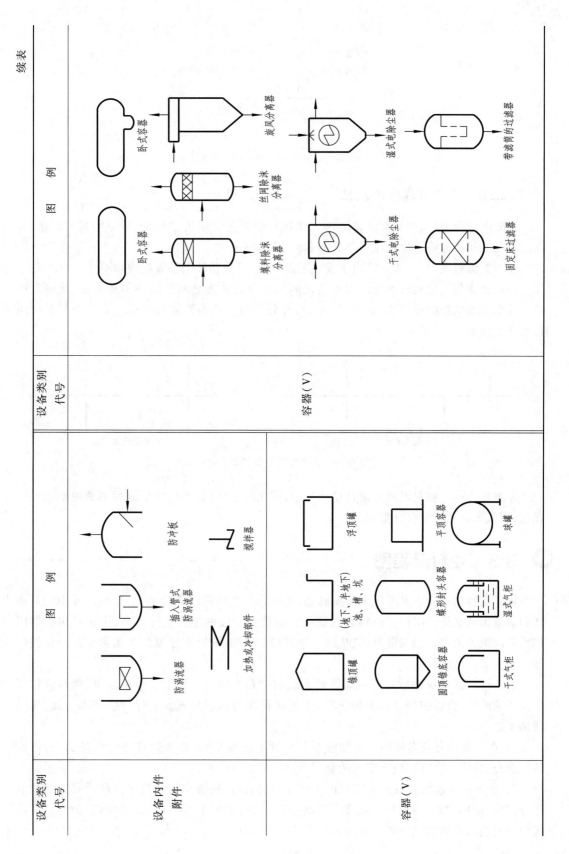

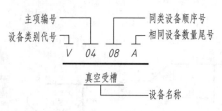

图 3-2　设备名称及位号的注写

3.2.2.3　工艺流程线的画法

在方案流程图中,用粗实线来绘制主要物料的工艺流程线,用箭头标明物料的流向,并在流程线的起始和终止位置注明物料的名称、来源或去向。

在方案流程图中,一般只画出主要工艺流程线,其他辅助工艺流程线则不必一一画出。

如遇到流程线之间或流程线与设备之间发生交错或重叠而实际并不相连时,应将其中的一线断开或曲折绕过,如图 3-3b 所示,断开处的间隙应为线宽的 5 倍左右。应尽量避免管道穿过设备。

(a) 管道相连　　　　　　　　　　　　　　　(b) 管道交叉

图 3-3　管道流程线相连和交叉的画法

方案流程图一般只保留在设计说明书中,施工时不使用,因此方案流程图的图幅无统一规定,图框和标题栏也可以省略。

▣ 3.3　物料流程图

物料流程图是在方案流程图的基础上,用图形与表格相结合的形式,反映设计中物料衡算和热量衡算结果的图样。物料流程图是初步设计阶段的主要设计产品,为设计主管部门和投资决策者的审查提供资料,又是进一步设计的依据,同时它还可以为实际生产操作提供参考。

图 3-4 所示为某物料残液蒸馏处理系统的物料流程图。从图中可以看出,物料流程图中设备的画法、设备位号及名称的注写、工艺流程线的画法与方案流程图中基本一致,只是增加了以下内容:

1) 在设备位号及名称的下方加注设备特性数据或参数,如换热设备的换热面积,塔设备的直径、高度,贮槽的容积,机器的型号等。

2) 在流程的起始处以及使物料产生变化的设备后,列表注明物料变化前后其组分的名称、流量(kg/h)、摩尔分数(%)等参数及各项的总和,实际书写项目依具体情况而定。表格线和指引线都用细实线绘制。物料名称及代号见表 3-2。

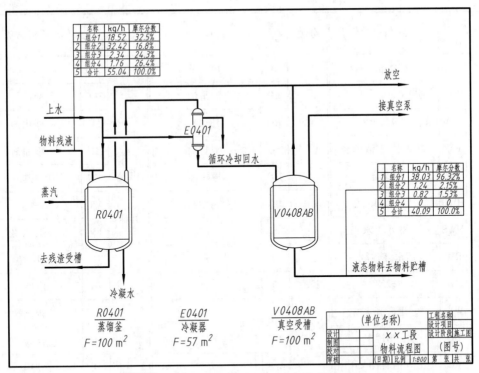

图 3-4　某物料残液蒸馏处理系统的物料流程图

表 3-2　物料名称及代号（摘自 HG/T 20519.2—2009）

分类	物料代号	物料名称	分类	物料代号	物料名称	分类	物料代号	物料名称
工艺物料	PA	工艺空气	蒸汽、冷凝水	HS	高压蒸汽	制冷剂	AG	气氨
	PG	工艺气体		LS	低压蒸汽		AL	液氨
	PGL	气液两相流工艺物料		MS	中压蒸汽		RWR	冷冻盐水回水
	PGS	气固两相流工艺物料		SC	蒸汽冷凝水		RWS	冷冻盐水上水
	PL	工艺液体		TS	伴热蒸汽		FRG	氟利昂气体
	PLS	液固两相流工艺物料	燃料	FG	燃料气		ERG	气体乙烯或乙烷
	PS	工艺固体		FL	液体燃料		ERL	液体乙烯或乙烷
	PW	工艺水		FS	固体燃料		PRG	气体丙烯或丙烷
空气	AR	空气		NG	天然气		PRL	液体丙烯或丙烷
	CA	压缩空气		LPG	液化石油气	水	BW	锅炉给水
	IA	仪表空气		LNG	液化天然气		CSW	化学污水

续表

分类	物料代号	物料名称	分类	物料代号	物料名称	分类	物料代号	物料名称
水	CWR	循环冷却水回水	油	GO	填料油	其他	WO	废油
	CWS	循环冷却水上水		LO	润滑油		FLG	烟道气
	DNW	脱盐水		RO	原油		CAT	催化剂
	DW	自来水、生活用水		SO	密封油		AD	添加剂
	FW	消防水		HO	导热油		VE	真空排放气
	HWR	热水回水	其他	DR	排液、导淋		VT	放空
	HWS	热水上水		FSL	熔盐		FV	火炬排放气
	RW	原水、新鲜水		H	氢		TG	尾气
	SW	软水		O	氧		IG	惰性气
	WW	生产废水		N	氮		CG	转化气
油	DO	污油		WG	废气		SG	合成气
	FO	燃料油		WS	废渣		SL	泥浆

物料在流程中的一些工艺参数(如温度、压力等),可在工艺流程线旁注写出。

物料流程图需画出图框和标题栏,图幅大小要符合国家标准的相关规定。

3.4　带控制点的工艺流程图

带控制点的工艺流程图也称为施工流程图,它也是在方案流程图的基础上绘制的、内容较为详尽的一种工艺流程图。在施工流程图中应把生产中涉及的所有设备、管道、阀门以及各种仪表控制点等都画出。它是设计、绘制设备布置图和管道布置图的基础,又是施工安装和生产操作时的主要参考依据。图 3-5 所示为某物料残液蒸馏处理系统的施工流程图,从图中可知,施工流程图的内容主要有:

1) 设备示意图——带接管口的设备示意图,注写设备位号及名称。

2) 管道流程线——带阀门等管件和仪表控制点(测温、测压、测流量及分析点等)的管道流程线,注写管道代号。

3) 对阀门等管件和仪表控制点的图例符号的说明以及标题栏等。

3.4.1　设备的画法与标注

3.4.1.1　设备的画法

在施工流程图中,设备的画法与方案流程图基本相同,不同之处是对于两个或两个以上的相同设备一般应全部画出。

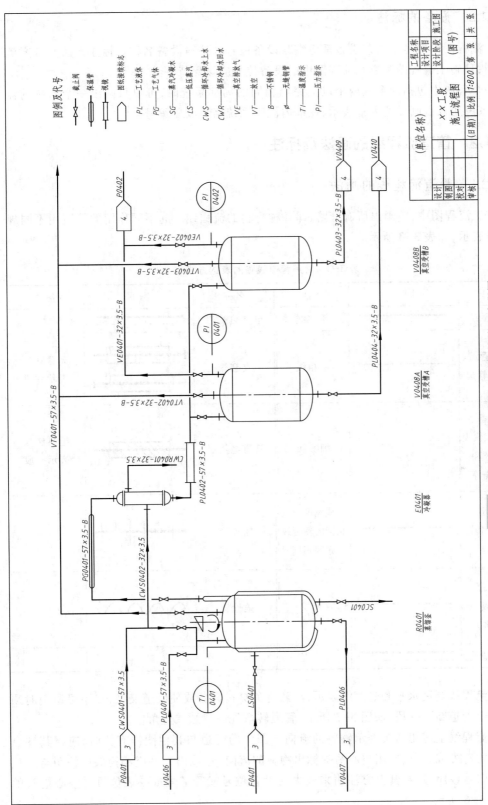

图 3—5   某物料残液蒸馏处理系统的施工流程图

3.4.1.2　设备的标注

施工流程图中的每个工艺设备都应编写设备位号并注写设备名称。标注方法与方案流程图相同,且施工流程图和方案流程图中的设备位号应该保持一致。

当一个系统中包括两个或两个以上完全相同的局部系统时,可以只画出一个系统的流程,其他系统用双点画线的方框表示,在框内注明系统名称及其编号。

3.4.2　管道流程线的画法及标注

3.4.2.1　管道流程线的画法

在施工流程图中,应画出所有管路,即各种物料的流程线。起不同作用的管道用不同规格的图线表示,如表 3-3 所示。

表 3-3　常用管道线路的表达方式

名称	图例	备注	名称	图例	备注
主物料管道	————	粗实线	电伴热管道	━━━━	
次要物料管道、辅助物料管道	———	中粗线	夹套管		夹套管只表示一段
引线、设备、管件、阀门、仪表图形符号和仪表管线等	———	细实线	管道绝热层		绝热层只表示一段
原有管道（原有设备轮廓线）	—·—·—	管线宽度与其相接的新管线宽度相同	翅片管		
地下管道（埋地或地下管沟）	— — — —		柔性管	∿∿∿	
蒸汽伴热管道	═══════				

管道流程线要用水平和竖直线表示,注意避免穿过设备或使管道交叉,在不可避免时须将其中一个管道断开一段,如图 3-3 所示,管道转弯处一般画成直角。

管道流程线上应用箭头表示物料的流向。图中的管道与其他图样有关时,应将其端点绘制在图的左方或右方,并用空心箭头标出物料的流向(进或出),在空心箭头内注明与其相关图纸的图号或序号,在其上方注明来或去的设备位号或管道号或仪表位号。空心箭头的画法如图 3-6 所示。

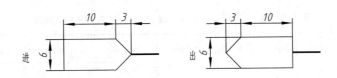

图 3-6 进出装置或主项的管道或仪表信号线的图纸接续标记

3.4.2.2 管道的标注

施工流程图中的每条管道都要标注管道组合号。管道组合号包括四个部分,即管段号(由三个单元组成)、管径、管道等级(下文也称管道材料等级代号)和绝热(或隔声)代号。管段号和管径为一组,用一短横线隔开;管道等级和绝热(或隔声)为另一组,用一短横线隔开。两组间留适当的空隙。水平管道宜平行标注在管道的上方,竖直管道宜竖直标注在管道的左侧。在管道密集、无处标注处,可用细实线引至图纸空白处水平(竖直)标注。标注内容及形式如图 3-7a 所示。第 1 单元为物料代号,按 HG/T 20519.2—2009 标准中的规定注写,见表 3-2。第 2 单元为主项编号,采用两位数字,从 01 开始,至 99 为止。第 3 单元为管道序号,相同类别的物料在同一主项内以流向先后为序,顺序编号,采用两位数字,从 01 开始,至 99 为止。以上三个单元组成管段号。第 4 单元为管道规格即管径,一般标注公称直径,以 mm 为单位,只注数字,不注单位。如 DN200 的公制管道,只需标注"200",2 英寸的英制管道,则表示为"2"。第 5 单元为管道等级,详见 HG/T 20519.6—2009 中的相关规定,如图 3-8、表 3-4、表 3-5 所示。第 6 单元为绝热或隔声代号,详见 HG/T 20519.2—2009 中的相关规定,如表 3-6 所示。

也可将管段号、管径、管道等级和绝热(或隔声)代号分别标注在管道的上下(左右)方,如图 3-7b 所示。

当工艺流程简单、管道品种规格不多时,则管道组合号中的第 5、6 两单元可省略。第 4 单元管道尺寸可直接填写管子的外径×壁厚,并标注公称规定的管道材质类别代号。

$$PG \quad 13 \quad 10 - 300 - A1A - H$$

第1单元 第2单元 第3单元 第4单元 第5单元 第6单元

(a)

$$\frac{PG1310-300}{A1A-H}$$

(b)

图 3-7 管道的标注方法

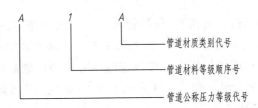

图 3-8 管道材料等级代号(摘自 HG/T 20519.6—2009)

表 3-4　管道材质类别代号（摘自 HG/T 20519.6—2009）

材料类别	铸铁	碳钢	普通低合金钢	合金钢	不锈钢	有色金属	非金属	衬里及内防腐
代号	A	B	C	D	E	F	G	H

表 3-5　管道公称压力等级代号（摘自 HG/T 20519.6—2009）

压力等级（用于 ASME 标准）				压力等级（用于国内标准）					
代号	公称压力/LB	代号	公称压力/LB	代号	公称压力/MPa	代号	公称压力/MPa	代号	公称压力/MPa
A	150	E	900	L	1.0	Q	6.4	U	22.0
B	300	F	1 500	M	1.6	R	10.0	V	25.0
C	400	G	2 500	N	2.5	S	16.0	W	32.0
D	600			P	4.0	T	20.0		

表 3-6　绝热及隔声代号（摘自 HG/T 20519.2—2009）

代号	功能类别	备注
H	保温	采用保温材料
C	保冷	采用保冷材料
P	人体防护	采用保温材料
D	防结露	采用保冷材料
E	电伴热	采用电热带和保温材料
S	蒸汽伴热	采用蒸汽伴管和保温材料
W	热水伴热	采用热水伴管和保温材料
O	热油伴热	采用热油伴管和保温材料
J	夹套伴热	采用夹管套和保温材料
N	隔声	采用隔声材料

3.4.3　阀门等管件的画法与标注

　　管道上的管道附件有阀门、管接头、异径管接头、弯头、三通、四通、法兰、盲板等。这些附件可以使管道改换方向、变化口径,可以连通和分流以及调节和切换管道中的流体。

　　在施工流程图中,管道附件用细实线按规定的符号在相应处画出。常用阀门的图形符号见表 3-7,阀门图形符号尺寸一般长为 4 mm、宽为 2 mm 或长为 6 mm、宽为 3 mm。其他常用管件的图形符号见表 3-8。

　　用于安装和检修等目的所加的法兰、螺纹连接件等也应在施工流程图中画出。

表 3-7 常用阀门的图形符号(摘自 HG/T 20519.2—2009)

名称	符号	名称	符号
截止阀		节流阀	
闸阀		球阀	
旋塞阀		碟阀	
隔膜阀		减压阀	
直流截止阀		疏水阀	
角式截止阀		底阀	
角式节流阀		呼吸阀	
角式球阀		四通截止阀	
三通截止阀		四通球阀	
三通球阀		四通旋塞阀	
三通旋塞阀		角式弹簧安全阀	
升降式止回阀		角式重锤安全阀	
旋启式止回阀			

表 3-8   管件的表示法(摘自 HG/T 20519.2—2009)

名称	符号	名称	符号
螺纹管帽		法兰连接	
管端盲板		管端法兰(盖)	
管帽		鹤管	

管道上的阀门、管件应按需要进行标注。当它们的公称通径同所在管道公称通径不同时,要注出它们的尺寸。当阀门两端的管道等级不同时,应标出管道等级的分界线,阀门的等级应满足高等级管的要求。对于异径管须标注大端公称通径乘以小端公称通径。

3.4.4   仪表控制点的画法与标注

在施工流程图上要画出所有与工艺有关的检测仪表、调节控制系统、分析取样点和取样阀(组),仪表控制点用符号表示,并从其安装位置引出。符号包括图形符号和字母代号,它们组合起来表达仪表功能、被测变量及测量方法。

3.4.4.1   图形符号

检测、显示与控制等仪表的图形符号是一个细实线圆圈,其直径约为 10 mm。圈外用一条细实线指向工艺管线或设备轮廓线上的检测点,如图 3-9 所示。表示仪表安装位置的图形符号见表 3-9。

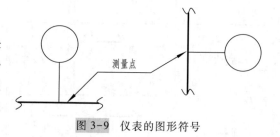

图 3-9   仪表的图形符号

测量点

表 3-9   仪表安装位置的图形符号

安装位置	图形符号	安装位置	图形符号
就地安装仪表	○	就地仪表盘面安装仪表	⊖
集中仪表盘面安装仪表	⊖	集中进计算机系统	⊖

3.4.4.2   仪表位号

在检测系统中,构成一个回路的每个仪表(或元件)都有自己的仪表位号。仪表位号由字母代号组合与阿拉伯数字编号组成。其中,第一位字母表示被测变量,后继字母表示仪表的功能,数字编号表示工段号和回路顺序号,一般用三位或四位数字表示,如图 3-10 所示。

仪表位号的标注方法是把字母代号填写在圆圈的上半圆中,数字编号填写在圆圈的下半圆中,如图 3-11 所示。常见的被测变量及仪表功能字母组合示例见表 3-10。

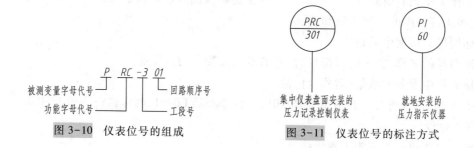

图 3-10　仪表位号的组成　　　　　　　图 3-11　仪表位号的标注方式

表 3-10　常见被测变量及仪表功能字母组合示例

仪表功能	被测变量										
	温度	温差	压力或真空	压差	流量	流量比率	分析	密度	位置	速率或频率	黏度
指示	TI	TdI	PI	PdI	FI	FfI	AI	DI	ZI	SI	VI
指示、控制	TIC	TdIC	PIC	PdIC	FIC	FfIC	AIC	DIC	ZIC	SIC	VIC
指示、报警	TIA	TdIA	PIA	PdIA	FIA	FfIA	AIA	DIA	ZIA	SIA	VIA
指示、开关	TIS	TdIS	PIS	PdIS	FIS	FfIS	AIS	DIS	ZIS	SIS	VIS
记录	TR	TdR	PR	PdR	FR	FfR	AR	DR	ZR	SR	VR
记录、控制	TRC	TdRC	PRC	PdRC	FRC	FfRC	ARC	DRC	ZRC	SRC	VRC
记录、报警	TRA	TdRA	PRA	PdRA	FRA	FfRA	ARA	DRA	ZRA	SRA	VRA
记录、开关	TRS	TdRS	PRS	PdRS	FRS	FfRS	ARS	DRS	ZRS	SRS	VRS
控制	TC	TdC	PC	PdC	FC	FfC	AC	DC	ZC	SC	VC
控制、变送	TCT	TdCT	PCT	PdCT	FCT	FfCT	ACT	DCT	ZCT	SCT	VCT
报警	TA	TdA	PA	PdA	FA	FfA	AA	DA	ZA	SA	VA
开关	TS	TdS	PS	PdS	FS	FfS	AS	DS	ZS	SS	VS
指示灯	TL	TdL	PL	PdL	FL	FfL	AL	DL	ZL	SL	VL

3.4.5　图幅和附注

　　施工流程图一般采用 A1 图幅,横幅绘制,特别简单的用 A2 图幅,不宜加宽和加长。附注的内容是对流程图上所采用的所有图例、符号、代号作出的说明(除设备外)。

3.4.6　施工流程图的阅读

　　由于施工流程图是设计、绘制设备布置图和管道布置图的基础,又是施工安装和生产操作时的参考依据,因此读懂施工流程图很重要。施工流程图中给出了物料的工艺流程以及为实现这一工艺流程所需设备的数量、名称、位号,管道的编号、规格,以及阀门和控制点的部位、名称等。阅读施工流程图的任务就是要完全了解图中所给出的所有信息,以便在管道安装和工艺操作中做到心中有数。下面以图 3-5 某物料残液蒸馏处理系统的施工流程图为例,介绍阅读施工流程图的一般方法和步骤。

（1）读标题栏和图例中的说明

了解所读图样的名称,各种图形符号、代号的意义及管道的标注等。

（2）掌握系统中设备的数量、名称及位号

从图 3-5 可知,该系统有一台蒸馏釜 R0401,一台冷凝器 E0401,两台真空受槽 V0408A、V0408B,共有 4 台设备。

（3）了解主要物料的工艺施工流程线

从图 3-5 可知,在该物料残液蒸馏处理系统中,物料残液从贮残槽 V0406 沿 PL0401 管路进入蒸馏釜 R0401,通过夹套内的蒸汽加热,使物料蒸发成为蒸汽。为了提高效率,蒸发器内装有搅拌装置;为了控制温度,釜上装有温度指示仪表 TI0401。釜中产生的气态物料沿 PG0401-57×3.5-B 管进入冷凝器 E0401 冷凝为液体,液态物料沿管 PL0402-32×3.5-B 进入真空受槽 V0408B 中,然后通过管 PL0403-32×3.5-B 到物料贮槽 V0409 中。本系统为间断操作,蒸馏釜 R0401 中蒸馏后留下的物料残渣加水（水由 CWS0401-57×3.5 进入）稀释后,进入蒸馏釜 R0401,再加热生成蒸汽,进入冷凝器 E0401,冷凝后的物料经真空受槽 V0408A 进入物料贮槽 V0410。

（4）了解其他物料的工艺施工流程线

从图 3-5 可知,蒸馏釜 R0401 夹套内的加热蒸汽由蒸汽总管 LS0401 流入夹套内,把热量传递给物料后变成冷凝水从 SC0401 管流走。蒸馏釜 R0401、真空受槽 V0408A、V0408B 上分别装了放空气的管子 VT0401、VT0402、VT0403。真空受槽 V0408A、V0408B 的抽真空由用 VE0401、VE0402-32×3.5-B 连接的真空泵 P0402 完成。为控制真空排放,在真空排放气管 VE0401、VE0402-32×3.5-B 上装有压力指示仪表 PI0401、PI0402。

在实际生产中,为了便于操作,常将各种管线按规定涂成不同颜色。因此,在生产车间实地了解工艺流程或进行操作时,应注意颜色的区别。

第 4 章

设备布置图

在工艺流程图中所确定的全部设备,必须根据生产工艺的要求在车间内合理地布置与安装。化工装置设备布置设计文件,应包括如下内容:设计文件目录、分区索引图、设备布置图、设备安装图。本章重点介绍设备布置图,并对与其相关的建筑制图做一些简单介绍。

4.1 概述

设备布置图是在简化了的厂房建筑图上增加设备布置的内容,用来表示设备与建筑物、设备与设备之间的相对位置,并能直接指导设备的安装。设备布置图是化工设计、施工、设备安装、绘制管路布置图的重要技术文件。

图 4-1 为某物料残液蒸馏处理系统的设备布置图。从中可以看出,设备布置图一般包括以下几方面内容。

(1)一组视图

视图按正投影法绘制,一般包括平面图和剖面图,用以表示厂房建筑的基本结构和设备在厂房内外的布置情况。由于设备布置图通常都是画在厂房建筑图上的,所以这里所述的平面图和剖面图是按《房屋建筑制图统一标准》(GB/T 50001—2017)和《建筑制图标准》(GB/T 50104—2010)中所述的图名称呼的,而本书 4.3 节以后的内容是按化工行业标准编写的,故称为剖视图。平面图和剖面图的内容和表达方法将在后面的 4.2.2 节中讲述。

(2)尺寸和标注

设备布置图中,一般要在平面图中标注与设备定位有关的建筑物尺寸,建筑物与设备之间、设备与设备之间的定位尺寸(不注设备的定形尺寸);在剖面图中标注设备、管口以及设备基础的标高;还要注写厂房建筑定位轴线的编号、设备的名称及位号以及必要的说明等。

(3)安装方向标

安装方位标是确定设备安装方位的基准,一般画在图纸的右上方。

(4)标题栏

标题栏中要注写图名、图号、比例、设计者等内容。

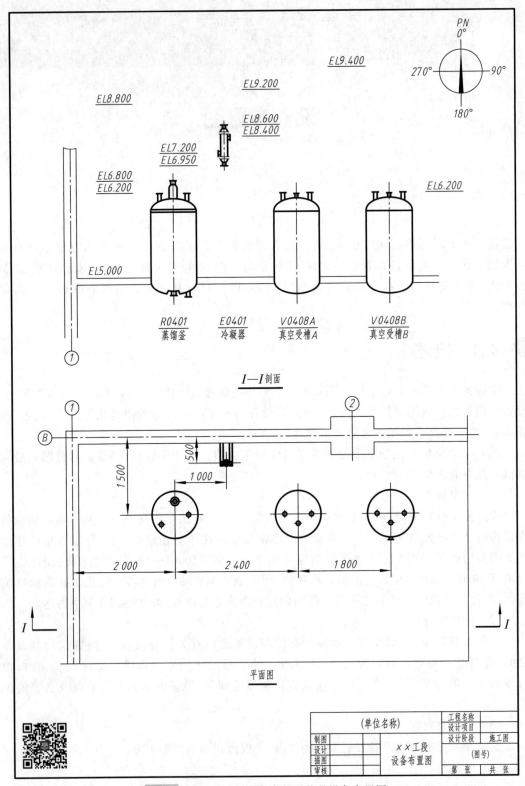

图 4-1　某物料残液蒸馏处理系统的设备布置图

4.2 建筑制图简介

在工艺流程设计中所确定的全部设备,必须在厂房建筑内外进行合理布置。表示一个车间(装置)或一个工段(工序)的生产和辅助设备在厂房内外布置安装的图样,称为设备布置图,主要表示设备与建筑物,设备与设备之间的相对位置。图4-2为某工段的设备布置图。

设备布置图主要表示厂房建筑的基本结构以及设备在厂房内外的布置情况,所以设备布置图主要表达两部分内容,一是设备,二是建筑物及其构件。为此,先对房屋建筑图作一简单介绍。

房屋建筑图与设备(机械)图一样,都采用正投影法绘制。由于房屋建筑的形状、大小、结构以及材料要求与设备(机械)差异较大,故其表达也另有特点,建筑图样遵照建筑制图国家标准绘制。工程技术人员在读及画房屋建筑图时,必须在了解建筑制图国家标准的基础上才能进一步掌握房屋建筑图的表达特点和规律。

4.2.1 房屋建筑图基本知识

4.2.1.1 房屋建筑图的基本表达形式

图4-3是一幢机房,如用正投影法将此机房的各个方向形状画成视图,同时,又分别假设沿水平和垂直两个方向将房屋剖切开来画出剖面图,这样就可以把整个房屋的外形和内部情况基本表达清楚。用以上的方法可以得到房屋建筑图的几种基本表达形式,如图4-3所示。

(1)立面图

从正面观察房屋所得的视图称为正立面图(图4-3b),从侧面观察房屋所得的视图称为侧立面图,立面图有时也按朝向分别称为东立面图、南立面图、西立面图和北立面图。

(2)平面图

假设用一个水平面(或阶梯平面)通过门窗把房屋切开,移去上半部,从上向下投射而得的水平剖视图,称为平面图(图4-3e)。如果是多层房屋而各层的布置又不同,则需分别沿各层门窗切开,依次得到底层平面图、二层平面图、……。平面图主要用以反映房屋的平面形状及室内房间的布局、墙厚、门窗位置等。

(3)剖面图

假设用正平面或侧平面(也可用阶梯平面)将房屋切开,移去一边,向另一边投射而得的剖视图,称为剖面图(图4-3c)。剖面图表达了房屋室内垂直方向的室内空间划分以及房屋的构造。

4.2.1.2 建筑制图国家标准简介

将建筑制图国家标准与机械制图国家标准对照可知,比例、图线、尺寸注法和材料图例等内容有所不同。另外,如标高、指北针、建筑图比例等,是建筑制图国家标准中特有的,现摘要介绍如下。

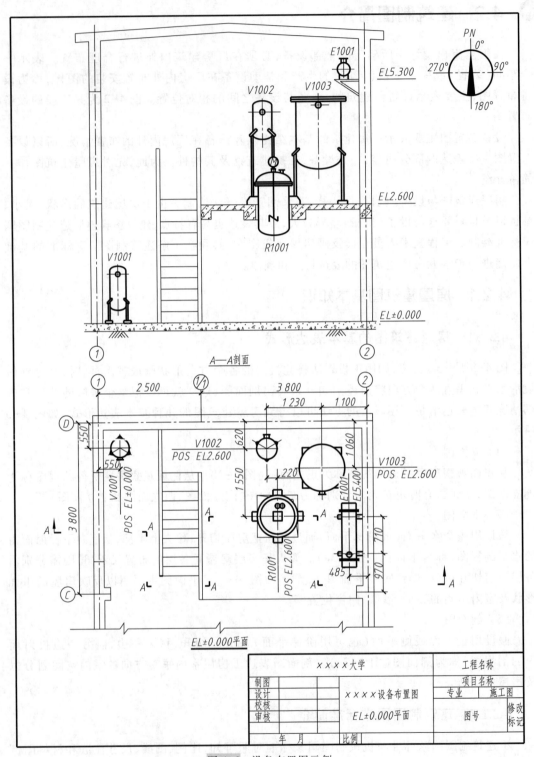

图 4-2 设备布置图示例

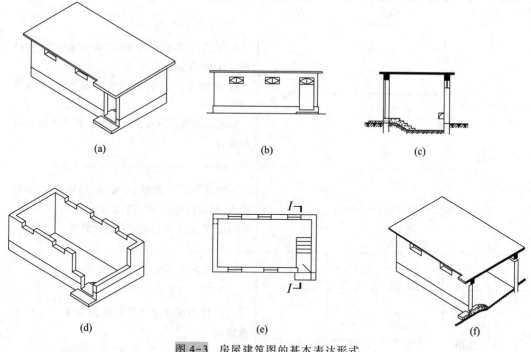

(a) (b) (c)

(d) (e) (f)

图 4-3 房屋建筑图的基本表达形式

（1）比例与图名

房屋建筑图常用比例如下：

总平面图 1：500，1：1 000，1：2 000

平、立剖面图 1：50，1：100，1：150，1：200

详图 1：1，1：2，1：5，1：10，1：15，1：20，1：25，1：30，1：50

图名写在视图下方，并在图名下方画一粗实线；比例写在图名右方，字号比图名小一号或两号。如<u>平面图</u> 1：100。

（2）图线

房屋建筑图的线型及主要用途见表 4-1。

表 4-1 图线线型及主要用途

名称		线型	线宽	用途
实线	粗	——————	d	1．平、剖面图中被剖切的主要建筑构造（包括构配件）的轮廓线； 2．建筑立面图或室内立面图的外轮廓线； 3．建筑构造详图中被剖切的主要部分的轮廓线； 4．建筑构配件详图中的外轮廓线； 5．平、立、剖面的剖切符号

续表

名称		线型	线宽	用途
实线	中粗	————	0.7d	1. 平、剖面图中被剖切的次要建筑构造（包括构配件）的轮廓线； 2. 建筑平、立、剖面图中建筑构配件的轮廓线； 3. 建筑构造详图及建筑构配件详图中的一般轮廓线
	中	————	0.5d	小于0.7d的图形线、尺寸线、尺寸界线、索引符号、标高符号、详图材料做法引出线、粉刷线、保温层线、地面及墙面的高差分界线等
	细	————	0.25d	图例填充线、家具线、纹样线等
虚线	中粗	– – – – – –	0.7d	1. 建筑构造详图及建筑构配件不可见的轮廓线； 2. 平面图中的起重机（吊车）轮廓线； 3. 拟建、扩建建筑物轮廓线
	中	– – – – – –	0.5d	投影线、小于0.5b的不可见轮廓线
	细	– – – – – –	0.25d	图例填充线、家具线等
单点长画线	粗	—— · —— · ——	d	起重机（吊车）轨道线
	细	— · — · — · —	0.25d	中心线、对称线、定位轴线
折断线	细	——／\———	0.25d	部分省略表示时的断开界线
波浪线	细	∿∿∿∿∿	0.25d	部分省略表示时的断开界线，曲线形构间断开界线； 构造层次的断开界线

注：地坪线线宽可用1.4b。

（3）尺寸注法

房屋建筑图的尺寸注法如图4-4所示。尺寸线两端用45°斜短画表示起止点，尺寸单位除总平面图以m（米）为单位外，其余一律以mm（毫米）为单位。

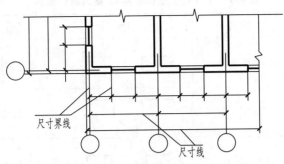

图 4-4　房屋建筑图的尺寸标注

（4）标高

建筑物各部分的高度用标高表示,单位为 m(米),一般注出至小数点以后三位数,符号及标注方法如图 4-5 所示。

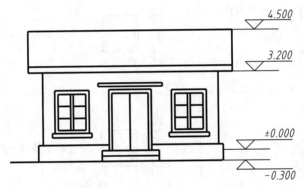

图 4-5　房屋建筑图的标高标注

（5）定位轴线

建筑物的承重墙、柱子等主要承重构件都应画上轴线以示其位置,这些定位轴线是施工定位放线的重要依据。非承重的分隔墙、次要的承重构件则有时用附加定位轴线表示。

定位轴线用细点画线画出,并予编号。轴线端部画直径为 8~10 mm 的细实线圆圈。编号宜注写在图的下方或左侧,横向自左向右顺序书写阿拉伯数字 1,2,3,…,竖向则由下而上顺序书写大写拉丁字母 A,B,C,…。

在两个轴线之间,如需附加定位轴线,则编号用分数表示。分母表示前一轴线的编号,分子表示附加轴线的编号(用 1,2,3,…)。如图 4-2 中的轴线 ① 表示 1 号轴线后附加的第一条轴线。

（6）指北针

建筑平面图旁需画上方向符号"指北针",画法如图 4-6 所示。指北针用细实线画出,圆的直径一般为 24 mm,指针尾部宽度为直径的 1/8。

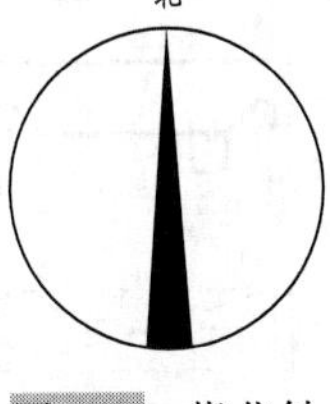

（7）图例

常见的建筑结构和构件、建筑材料等图例见表 4-2。

图 4-6　指北针

表4-2 常见建筑结构和构件、建筑材料图例

图例	说明	图例	说明	
	自然土壤		空门洞	1. 门的名称代号用 M 表示。
	夯实土壤		单面开启单扇门	2. 立面图中的斜线表示窗扇开启方向,虚线表示内开。
	混凝土		双面开启单扇门	3. 平、剖面图中的细虚线表示开关方式,设计图中可不画
	钢筋混凝土		单层开启双扇门	
	普通砖(包括砌体)		单层固定窗	
	孔洞			
	底层		单层外开上悬窗	1. 窗的名称代号用 C 表示。
	中间层 楼梯		单层中悬窗	2. 立面图中的斜线表示窗扇开启方向,实线表示外开,虚线表示内开。
	顶层		单层外开平开窗	3. 平、剖面图中的虚线表示开关方式,设计图中可不画。
	桥式起重机		悬臂起重机	

4.2.2 房屋建筑施工图

建筑房屋要有施工图。由于专业不同,施工图又分为建筑施工图、结构施工图和设备施工图(如给排水、采暖通风、电气等)。现以某车间为例,介绍建筑施工图的基本内容。

4.2.2.1 建筑平面图

建筑平面图用以表示建筑平面形状,内部各房间大小、用途和布置,以及墙的厚度、门窗位置等。可沿水平方向通过门窗将建筑剖切开,如图 4-7a 所示。剖开后由上而下投射时,被剖切到的构件轮廓画粗实线,未剖到但可见的轮廓线画成稍细的实线,线型见表 4-1。平面图中主要表达了下列内容:

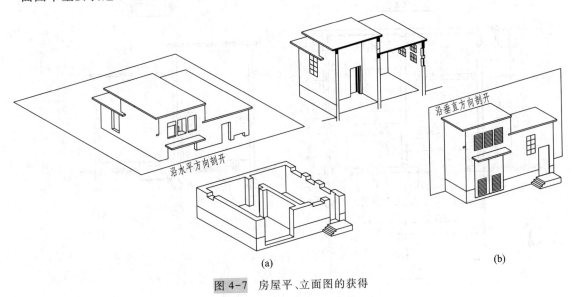

图 4-7 房屋平、立面图的获得

(1)建筑内部各房间的布置、名称、用途及相互间的联系。

(2)定位轴线。用来表达墙、柱位置。

(3)各部分尺寸。平面图中,所有外墙一般注三道尺寸:第一道尺寸是外墙门窗洞宽度和洞间墙的尺寸(从轴线注起);第二道尺寸是轴线间距尺寸;第三道尺寸是建筑两端外墙间的总尺寸。另外尚有某些局部尺寸,如内、外墙厚度,柱、砖墩断面尺寸等。

(4)地面标高。注出楼地面、台阶顶面及室外地面等的标高。

(5)门窗图例和编号。门的位置、开关方向及窗的位置、开关方向在立面图上表示。门、窗的代号和编号,常以 M1、M2、C1、C2、… 表示。

(6)剖面图、详图位置及编号。剖面位置在平面图中用剖切位置线(简称剖切线,是断开的两段粗实线)表示,并画出剖视方向线(简称视向线,是垂直于剖切线的短粗实线),再注明剖面的编号。如图 4-8 中平面图上的 $I - I$ 剖切线和视向线,表示了剖切位置和观看方向是由前向后。

(7)建筑物朝向。图 4-8 中左下方的指北针,表明该车间正立面朝向是正南。

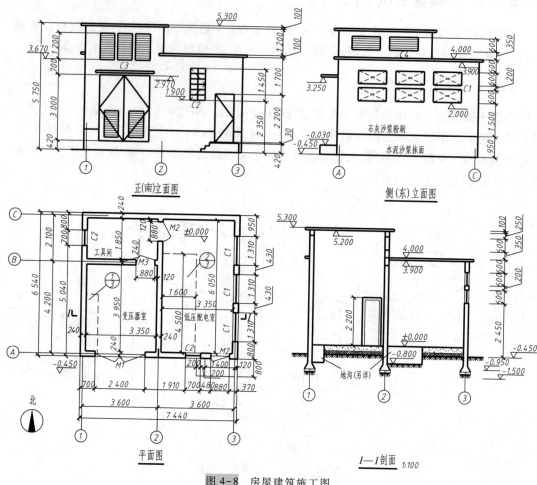

图 4-8　房屋建筑施工图

4.2.2.2　建筑立面图

　　建筑立面图用以表示建筑立面形状,内部各房间大小、用途和布置,以及墙的厚度、门窗位置等。立面图是沿垂直方向将建筑剖切开绘制的,如图 4-7b 所示。立面图表示建筑外貌,通常画出东、南、西、北四个方向的立面图。对于外形简单的建筑,仅画主要的立面图。如图 4-8 所示的车间,画出了正(南)、侧(东)立面图。立面图主要表达:

　　(1)两端的定位轴线及编号。

　　(2)门窗位置和形式。门窗的开关方式一般在立面图上表示:向外开的用斜细实线表示,向内开的用斜虚线表示,斜线相交点位于窗的铰链或转轴所在一边。

　　(3)房屋各部位的标高及局部尺寸。立面图上通常注出室外地坪、室内地坪、窗台、窗口上沿、站口、檐口等处的标高。标高以室内地坪为±0.000,高于它的为"正",不注"+";低于它的为"负",要注出"−"。

　　(4)外装饰材料及做法一般都用文字说明。

　　(5)其他构件(台阶等)的位置和标高。

4.2.2.3 建筑剖面图

建筑剖面图表示建筑物内部垂直方向高度、分层、垂直空间的利用及简要结构、构造等情况。剖面的位置、编号和剖视方向标注于平面图上。

剖面图的主要内容还有：

（1）外墙（或柱）的定位轴线及其间距尺寸。

（2）剖切到的室内外地面、内外墙等和未剖切到的可见部分。剖到的墙身轮廓用粗实线绘制，未剖切到的可见的轮廓如门窗洞等用中粗实线绘制，门窗扇等用细实线绘制。

（3）垂直方向的尺寸和标高。垂直方向尺寸一般也注三道：第一道为门窗洞及洞间墙高度尺寸，第二道为层高尺寸；第三道尺寸为室外地面以上的总高尺寸。另外还有某些局部尺寸，如内墙上的门窗洞高度尺寸等。

4.2.2.4 建筑详图

当屋檐、墙身、门窗、地沟等构造在建筑平、立、剖面图中因采用的比例较小，无法表达清楚时，为方便施工，将局部用较大的比例另外画出的图样，称为建筑详图。

4.2.2.5 表达方法

（1）在平面图及剖面图上，建（构）筑物（如墙、柱、地面、楼、板、平台、栏杆、楼梯、安装孔、地坑、吊车梁、设备基础）按规定画，图例用细实线画出。常用的建筑结构和构件的图例可参见化工行业标准 HG/T 20519.3—2009，本书第 4 章的表 4-2 进行了部分摘录。

（2）承重墙、柱等结构，用细点画线画出其定位轴线。

（3）门窗等构件一般只在平面图上画出，剖面图中可不表示。

4.2.2.6 标注方法

（1）平面图上标注的尺寸，单位一般为 mm（毫米）。

（2）以定位轴线为基准，注出厂房建筑长、宽总尺寸，柱、墙定位轴线间距尺寸，设备安装预留孔洞及沟坑等的定位尺寸。

（3）高度尺寸以标高形式标注，单位为 m（米），小数点后取三位数注出。

（4）注出室内外地坪、管沟、明沟、地面、楼板、平台屋面等主要高度尺寸，与设备安装定位有关的建（构）筑物的高度尺寸。

（5）标高可用一水平细线作为所需注高度的界线，在该界线上方注写 EL×××.×××。

（6）有的图形也采用▽——等形式的标高符号，见图 4-8。

4.3 设备布置图的视图表达

设备布置图应以管道及仪表流程图、土建图、设备表、设备图、管道走向和管道图及制造厂提供的有关产品资料为依据绘制。绘制时，设备布置图的内容表达及画法应遵守化工设备布置设计的有关规定（HG/T 20546—2009）。

4.3.1　设备布置图的一般规定

4.3.1.1　分区

设备布置图是按工艺主项绘制的,当装置界区范围较大而其中需要布置的设备较多时,设备布置图可以分成若干个小区绘制。可利用装置总图制作分区索引图。在分区索引图中表明各区的相对位置,分区范围线用粗双点画线表示。对各个小区的设备布置图(首层),应在图纸的右下方(一般位于标题栏上方)放置缩制的分区索引图,将所在区域用阴影线表示出来。

4.3.1.2　图幅

设备布置图一般采用 A1 图幅,不加长加宽。特殊情况也可采用其他图幅。

图纸内框的长边和短边的外侧,以 3 mm 长的粗线划分等分,在长边等分的中点自标题栏侧起依次书写 A、B、C、D、…,在短边等分的中点自标题栏侧起依次书写 1、2、3、4、…。

A1 图幅长边分 8 等份,短边分 6 等份,A2 图幅长边分 6 等份,短边分 4 等份。如图 4-9 所示。

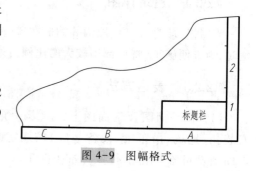

图 4-9　图幅格式

4.3.1.3　比例

绘图比例视装置的设备布置疏密情况(大小和规模)而定。常采用 1∶100,也可采用 1∶200 或 1∶50。

4.3.1.4　线宽

图线宽度参见标准 HG/T 20519.1—2009。

4.3.1.5　尺寸单位

设备布置图中标注的标高、坐标以 m 为单位,小数点以后应取三位数至 mm 为止。其余的尺寸一律以 mm 为单位,只注数字,不注单位。

采用其他单位标注尺寸时,应注明单位。

4.3.1.6　图名

标题栏中的图名一般分成两行,上行写"××××设备布置图",下行写"EL×××.×××平面"或"×—×剖视"等。

4.3.1.7　编号

每张设备布置图均应单独编号。同一主项的设备布置图不得采用一个编号,并应加上"第　张　共　张"。

4.3.2 设备布置图的视图内容及表达方法

设备布置图一般只绘平面图。对于较复杂的装置或有多层建筑物、构筑物的装置,当平面图表示不清楚时,可绘制剖视图。

平面图是表达厂房某层上设备布置情况的水平剖视图,它还能表示出厂房建筑的方位、占地大小、分隔情况,及与设备安装、定位有关的建筑物和构筑物的结构形状和相对位置。当厂房为多层建筑时,应按楼层或不同的标高分别绘制平面图,并标注设备位号。各层平面图是以上一层的楼板底面水平剖切的俯视图。平面图可以绘制在一张图纸上,也可绘在不同的图纸上。当在同一张图纸上绘几层平面图时,应从最底层平面开始,在图中由下至上或由左至右按层次顺序排列,并在图形下方注明"EL×××.×××平面"等。

剖视图是假想将厂房建筑物用平行于正立投影面或侧立投影面的剖切平面剖开后,沿垂直于剖切平面的方向投射得到的剖视图,用来表达设备沿高度方向的布置安装情况。画剖视图时,规定设备按不剖绘制,其剖切位置及投射方向应按 GB/T 50104—2010《建筑制图标准》规定在平面图上标注清楚,并在剖视图的下方注明相应的名称。

平面图和剖视图可以绘制在同一张图纸上,也可以单独绘制。平面图与剖视图画在同一张图纸上时,应按剖视顺序从左到右、由上而下地排列;若分别画在不同的图纸上,可对照剖切符号的编号和剖视图(即剖视)名称,找到剖切位置及剖视图。

4.3.2.1 图面布置

设备布置图图面应布局合理、整洁、美观,整个图形应尽量布置在图纸中心位置,详图布置在周围空间。在一般情况下,图形应与图纸左侧及顶部边框线留有 70 mm 净空距离。在标题栏的上方不宜绘制图形,应依次布置缩制的分区索引图、设计说明、设备一览表等,如图 4-10 所示。

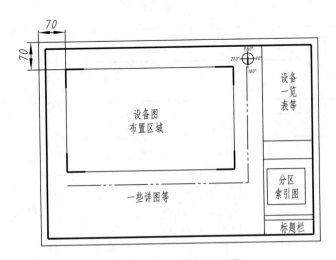

图 4-10 设备布置图的图面布置

4.3.2.2　设备布置图中应表达装置的界区范围,以及界区内建筑的形式和结构

在一般情况下,只画出厂房建筑的空间大小、内部分隔以及与设备安装定位有关的基本结构,如墙、柱、地面、地坑、地沟、安装孔洞、楼板、平台、栏杆、楼梯、吊车、吊车梁及设备基础等。与设备定位关系不大的门、窗等构件,一般只在平面图上画出它们的位置、门的开启方向等,在剖视图上一般不予表示。

设备布置图中的承重墙、柱等结构用细点画线画出其建筑定位轴线,建筑物及其构件的轮廓用细实线绘出。设备布置图中的建筑物、构筑物的简化画法及图例见表 4-3。

表 4-3　设备布置图图例及简化画法

名称	图例或简化画法	备注
坐标原点		圆直径为 10 mm
方向标		圆直径为 20 mm
砾石(碎石)地面		
素土地面		
混凝土地面	涂红	
钢筋混凝土		涂红色,也适用于素混凝土
安装孔、地坑		剖面涂红色或填充灰色

名称	图例或简化画法	备注
吊车轨道及安装梁	平面 ———·——·——— *T.B.*	
旋臂起重机	立面　　　　　　平面	
电动机	*M*	
圆形地漏		
仪表盘、配电箱		
双扇门		剖面涂红色或填充灰色
单扇门		剖面涂红色或填充灰色
空门洞		剖面涂红色或填充灰色
窗		剖面涂红色或填充灰色

续表

名称	图例或简化画法	备注
栏杆	平面　　　　　　　　立面	
花纹钢板	局部表示网格线	
箅子板	局部表示箅子	
楼板及混凝土梁		剖面涂红色
钢梁		混凝土楼板涂红色
铁路	平面	线宽为 0.9 mm
直梯	平面　　　　　　　　立面	
地沟混凝土盖板		

续表

名称	图例或简化画法		备注
柱子	混凝土柱	钢柱	剖面涂红色或填充灰色
管廊			小圆直径为 3 mm,也允许按柱子截面形状表示
单轨吊车	平面	立面	

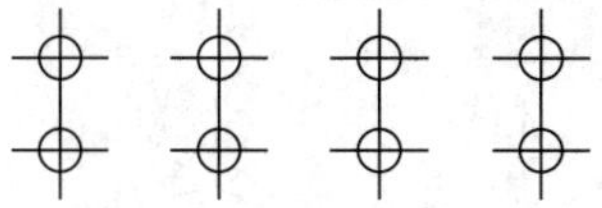

4.3.2.3　根据设备表所列出的全部设备按比例表示出它们的初步位置和高度,并标上设备位号

设备布置图中设备的类型和外形尺寸,可根据工艺专业提供的设备数据表中给出的有关数据和尺寸来绘制。设备数据表中未给出有关数据和尺寸的设备,应按实际外形简略画出。设备的外形轮廓及其安装基础用粗实线绘制。

对于外形比较复杂的设备,如机、泵,可以只画出基础外形。

对于同一位号的设备多于三台的情况,在图上可以只画出首末两台设备的外形,中间的可以只画出基础或用双点画线的方框表示。

非定形设备可适当简化画出其外形,包括附属的操作台、梯子和支架(注出支架图号)。卧式设备,应画出其特征管口或标注固定端支座。

动设备可只画基础,表示出特征管口和驱动机的位置,如图 4-11 所示。

当一个设备穿过多层建筑物、构筑物时,在每层平面上均需画出设备的平面位置,并标注设备位号。各层平面图是以上一层的楼板底面水平剖切的俯视图。

对于设备较多、分区较多的主项,此主项的设备布置图,应在标题栏的正上方列一设备表(图 4-12),便于识图。

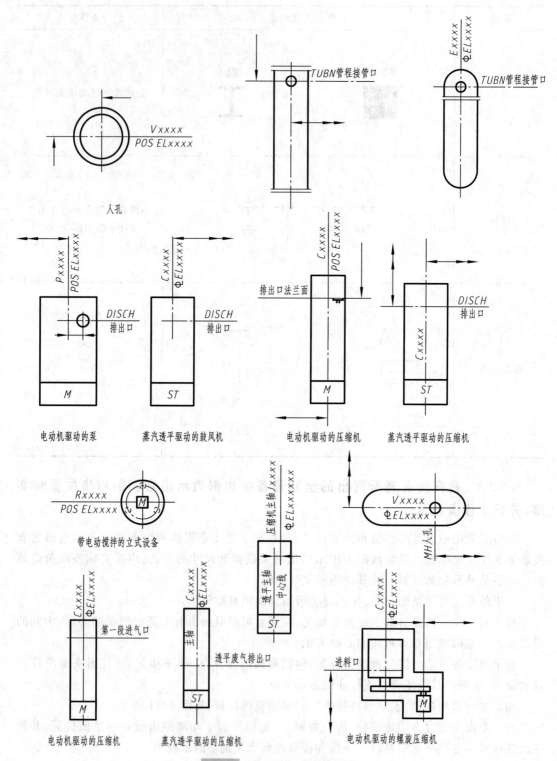

图 4-11　典型设备的绘制格式

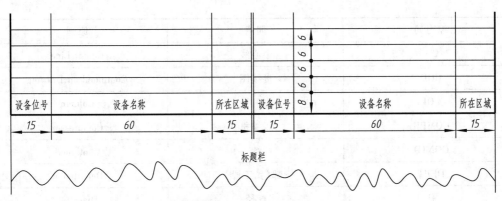

图 4-12　设备表的格式和尺寸

4.3.2.4　在绘制平面图的图纸的右上角,应画一个指示工厂北向的方向标

4.3.3　方向标表示方法

安装方向标也称为设计北向标志,是确定设备安装方位的基准。一般将其画在图纸的右上方。方向标的画法目前各部门无统一的规定,有的设备布置图中有方向标,有的因在建筑图中或供审批的初步设计中已确定了方位,设备布置图中则不再标注。

方向标由粗实线画出的直径为 20 mm 的圆和水平、垂直两轴线构成,并分别注以 0°、90°、180°、270°等字样,如图 4-1 中右上角所示。一般采用建筑北向(以"PN"表示)作为零度方向基准。该方位一经确定,凡必须表示方位的图样均应统一。

4.3.4　设备布置图用缩写词

在设备布置图中,设备表达的常见缩写词见表 4-4。

表 4-4　设备布置图用缩写词(摘自 HG/T 20546.1—2009)

缩写词	词意	原词
ABS	绝对的	Absolute
ATM	大气压	Atmosphere
BBP	(机器)底盘、底面标高	Bottom Base Plate
BL	装置边界	Battery Limit
BLDG	建筑物	Building
BOP	管底	Bottom of Pipe
C-C	中心到中心	Center to Center
C-E	中心到端面	Center to End
C-F	中心到面	Center to Face
CHKD PL	网纹板	Checkered Plate

续表

缩写词	词意	原词
C.L	中心线	Center Line
COD	接续图	Continued on Drawing
COL	柱、塔	Column
COMPR	压缩机	Compressor
CONTD	续	Continued
DEPT	部门、工段	Department
D	直径	Diameter
DIA	直径	Diameter
DISCH	排出口	Discharge
DWG	图纸	Drawing
E	东	East
EL	标高	Elevation
EQUIP	设备、装备	Equipment
EXCH	换热器	Exchanger
FDN	基础	Foundation
F-F	面至面	Face to Face
FL	楼板	Floor
F.P	固定点	Fixed Point
GENR	发电机、发生器	Generator
HC	软管接头	Hose Connection
HH	手孔	Hand Hole
HOR	水平的、卧式的	Horizontal
HS	软管站	Hose Station
ID	内径	Inside Diameter
IS.B.L	装置边界内侧	Inside Battery Limit
LG	长度	Length
MATL	材料	Material
MAX	最大	Maximum
MFR	制造厂、制造者	Manufacture, Manufacturer
MH	人孔	Manhole
MIN	最小	Minimum
M.L	接续线	Match Line

续表

缩写词	词意	原词
N	北	North
NOM	公称的、额定的	Nominal
NOZ	管口	Nozzle
NPSH	净正吸入压头	Net Positive Suction Head
N.W	净重	Net Weight
OD	外径	Outside Diameter
PID	管道及仪表流程图	Piping and Instrument Diagram
PL	板	Plate
PN	工厂北向	Plant North
PF	平台	Platform
POS	支承点	Point of Support
QTY	数量	Quantity
R	半径	Radius
REF	参考文献	Reference
REV	版次	Revision
RPM	转/分	Revolutions per Minute
S	南	South
STD	标准	Standard
SUCT	吸入口	Suction
T	吨	Ton
TB	吊车梁	Trolley Beam
THK	厚	Thick
TOB	梁顶面	Top of Beam
TOP	管顶	Top of Pipe
TOS	架顶面或钢的顶面	Top of Support(steel)
VERT	垂直的、立式的	Vertical
VOL	体积、容积	Volume
W	西	West
WT	重量	Weight

4.4　设备布置图的标注

设备布置图的标注包括厂房建筑定位轴线的编号、建(构)筑物及其构件的尺寸、设备的定位尺寸和标高、设备的名称及位号以及其他说明等。

4.4.1　厂房建筑的标注

参见前面已经述述的有关建筑制图相关规定,按土建专业图样标注建筑物和构筑物的轴线号及轴线间尺寸,并标注室内外的地坪标高。

4.4.2　设备的标注

1) 设备的平面定位尺寸标注。设备布置图中一般不注设备定形尺寸,而只注定位尺寸,如设备与建筑物之间、设备与设备之间的定位尺寸等。设备的定位尺寸标注在平面图上。设备的平面定位尺寸尽量以建筑物、构筑物的轴线或管架、管廊的柱中心线为基准线进行标注,要尽量避免以区的分界线为基准线标注尺寸,也可采用坐标系进行定位尺寸标注,如图 4-13 所示。

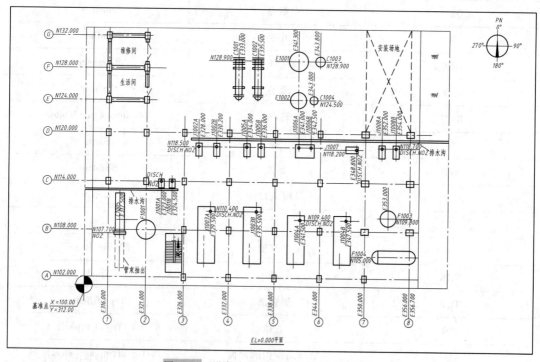

图 4-13　设备布置图坐标定位尺寸的标注

2) 对于卧式容器和换热器,标注建筑定位轴线与容器的中心线间和建筑定位轴线与设备的固定端支座间(如果需要,也可以为设备封头切线)的距离为定位尺寸,如图 4-14a 所示。当换热器等设备的管束、内件等需要抽出时,用虚线表示出设备的安装、检修空间,如图 4-14c 所示。

3）对于立式反应器、塔、槽、罐和换热器，标注建筑定位轴线与中心线间的距离为定位尺寸，如图 4-14b 所示。

4）对于板式换热器，标注建筑定位轴线与中心线间和建筑定位轴线与某一出口法兰端面间的距离为定位尺寸，如图 4-14d 所示。

5）离心式泵标注建筑定位轴线与中心线间和出口法兰中心线间的距离为定位尺寸，如图 4-14d 所示。压缩机标注建筑物、构筑物定位轴线与主机中心线间的距离为定位尺寸。当活塞需要抽芯检修时，用双点画线及对角线表示其范围，如图 4-14e 所示。鼓风机、蒸汽透平也以中心线和出口管中心线为基准。

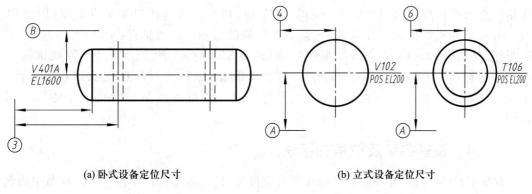

(a) 卧式设备定位尺寸　　　　　　　(b) 立式设备定位尺寸

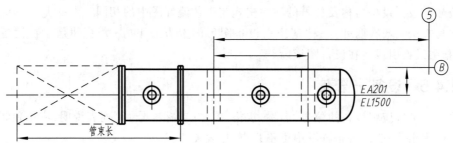

(c) 卧式设备管束、内件抽出空间的表示

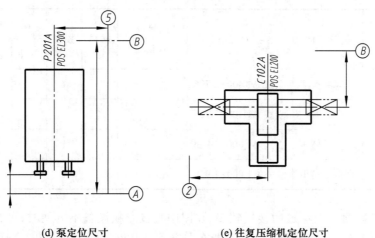

(d) 泵定位尺寸　　　　　(e) 往复压缩机定位尺寸

图 4-14　设备平面定位尺寸标注

6) 往复式泵、活塞式压缩机以缸中心线和曲轴(或电动机轴)中心线为基准。

4.4.3　设备标高的标注

设备高度方向的尺寸以标高来表示。设备布置图中一般要注出设备、设备管口等的标高。

标高标注在剖视图上。标高基准一般选择厂房首层室内地面,以确定设备基础面或设备中心线的高度尺寸。标高以 m 为单位,数值取至小数点后三位,首层室内地面设计标高为 EL±0.000。

通常,卧式换热器、卧式罐槽以中心线标高表示(φ EL××××);立式换热器、板式换热器以支承点标高表示(POS EL××××);反应器、塔和立式罐槽以支承点标高(POS EL××××)或下封头切线焊缝标高表示;泵和压缩机以主轴中心线标高(φ EL××××)或底盘底面标高(BBP EL××××)或基础顶面标高(POS EL××××)表示;对管廊、管架则应注出架顶的标高(TOS EL××××);对于一些特殊设备,如有支耳的以支承点标高表示;无支耳的卧式设备以中心线标高表示,无支耳的立式设备以某一管口的中心线标高表示。

4.4.4　设备名称及位号的标注

设备布置图中的所有设备均应标注名称及位号,且该名称及位号与工艺流程图中的名称及位号一致。设备名称及位号的注写格式与工艺流程图中的相同。

注写方法一般有两种:一种是注在设备图形的上方或下方;另一种是注在设备图形附近,用指引线指引或注在设备图形内。

4.4.5　设备一览表

设备一览表应将设备的位号、名称、规格、图号(或标准号)等列表说明,应单独制表在设计文件中附出,一般设备布置图中可不列出,见表 4-5。

表 4-5　设备一览表

序号	设备位号	设备名称	技术规格	图号或标准号	材料	数量	质量/kg		备注
							单件	总计	
1	R0401	蒸馏釜	立式 ϕ1 400×2 706			1			
2	E0401	冷凝器	立式 ϕ1 400×2 706			1			
3	V0408A	真空受槽 A	立式 ϕ1 000×1 936			1			
4	V0408B	真空受槽 B	立式 ϕ1 000×1 936			1			

当设备的数量、种类及穿过的楼层较多,在图中直接查找设备不方便时,可在设备布置图中设置简单的设备一览表。此表一般布置在图中的右上角,以设备位号的字母顺序、数字顺序自上而下进行排列。参考格式见表 4-6。

表 4-6　在设备布置图中的设备一览表

设备位号	设备名称	支承点标高
C1001	氢气压缩机	300
T1001	二氧化碳吸收塔	300
V1001	氮气缓冲罐	300
E1010	一段气体换热器	600
E1050	T1001 塔顶分馏器换热器	300
P1001AB	T1001 塔釜液泵	300

4.5　设备布置图的绘制

4.5.1　绘图前的准备工作

4.5.1.1　了解有关图纸和资料

绘制设备布置图时,应以工艺施工流程图、厂房建筑图、设备设计条件单等原始资料为依据。通过这些图样资料,充分了解工艺过程的特点和要求、厂房建筑的基本结构等。

4.5.1.2　考虑设备布置的合理性

设备布置设计是化工工程设计的一个重要阶段。设备平面布置必须满足工艺、经济及用户要求,还有操作、安装、检修、安全、外观等方面的要求。

（1）满足工艺要求

设备布置设计中要考虑工艺流程和工艺要求。例如,由工艺流程图中物料流动顺序来确定设备的平面位置;在真空下操作的设备、必须满足重力位差的设备、有催化剂需要置换等要求而必须抬高的设备,必须按管道仪表说明图的标高要求布置等。与主体设备密切相关的设备,可直接连接或靠近布置。

（2）符合经济原则

设备布置在满足工艺要求的基础上,应尽可能做到合理布置,节约投资。例如,在满足相关规范的要求下要尽量缩小占地面积,避免管道不必要的往返,减少能耗及操作费用。贵重及大口径管道要尽可能短,以节省材料和投资费用。应尽量采用经济合理的典型线性布置方式,即在装置中央设架空管廊,管廊下方布置泵及检修通道,泵排后方作载重的汽车道,管廊上方布置空冷器,管廊两侧按流程顺序布置所有的塔、贮槽、容器、换热器等。压缩机或泵房宜集中布置。在装置中央通道之外是载重汽车道路,可供热交换管束的抽芯和作设备的检修通道。控制柜、压缩机房及其他特别大型的设备应安装在远离载重汽车道路的另一边。跨越道路的设备配管应编排成组,并尽量少交叉。

（3）便于操作、安装和检修

设备布置应为操作人员提供良好的操作条件，如必要的操作及检修通道，合理的设备通道和净空高度，必要的平台、楼梯和安全出入口等。设备布置应考虑在安装或检修时有足够的场地、拆卸区及通道。为满足大型设备的吊装，建筑物、构筑物在必要时可设置活梁或活墙。设备的端头和侧面与建（构）筑物的间距、设备之间的间距，应考虑拆卸和设备检修的需要。建（构）筑物内吊装孔的尺寸应满足最大设备外形尺寸（包括设备支耳或支架外缘尺寸）的要求。要考虑吊装孔的共用性，建（构）筑物各层楼面的开孔位置要尽量相互对应。要考虑换热器、加热炉等管束抽芯的区域和场地，此区域不应布置管道或设置其他障碍物。应考虑压缩机等转动设备的零部件的堆放和检修场地。压缩机厂房、泵房应设置起重设备如桥式吊车或单轨吊等。对塔板或塔内部件、填料以及人孔盖应设置吊柱等。

（4）符合安全、卫生的生产要求

设备布置应考虑安全生产要求。在化工生产中，易燃、易爆、高温、有毒的物品较多，其设备、建（构）筑物之间的距离应符合安全规范要求；火灾危险性分类相近的设备宜集中布置在一起；若场地受到限制，则要求在危险设备的周围设置防火或防爆的混凝土墙，需要泄压的敞开口一侧应对着空地；高温设备与管道应布置在操作人员不能触及的地方或采用保烫保温措施；明火设备要远离泄漏可燃气体的设备，集中布置在装置一侧的上风处（全年最小频率风向的下风向）；较重及振动较大的设备应布置在建（构）筑物底层；建筑物的安全疏散门应向外开启；对承重的钢结构如管廊、框架等应设置耐火保护；装置周围应设置必要的消防和安全疏散通道。

注意保护环境，防止污染物扩散，有毒、易燃、易爆物料不应随意放空、排净，应密闭排放。对生产和事故状态下的污染物排放要有搜集和处理装置或设施。对含有腐蚀性物料的设备应布置在有防腐地面、带有围堰或隔堤的区域。要防止噪声污染，对产生噪声的设备要有隔声、防噪设施，并布置在远离人员密集的区域。

（5）其他

在满足以上要求的前提下，设备布置应尽可能整齐、美观、协调。如泵、换热器群排列要整齐；成排布置的塔、人孔方位应一致，人孔的标高尽可能取齐；所有容器或贮罐，在基本符合流程的前提下，尽量以直径大小分组排列。

如图 4-1 所示，工艺要求物料应自流到真空受槽 V0408A 和 V0408B 中，就需要将 E0401 架空，其物料出口的管口高于真空受槽 V0408A 和 V0408B 的进料口。为便于 E0401 的支承和避免遮挡窗户，将其靠墙并在建筑轴线②附近布置。为满足操作维修要求，各设备之间留有必要的间距。

4.5.2   绘图方法与步骤

4.5.2.1   确定视图配置

详见 4.1 节相应内容的介绍。

4.5.2.2   选定比例与图幅

详见 4.3 节相应内容的介绍。

4.5.2.3　绘制设备布置平面图

1）用细点画线画出建筑物定位轴线；再用细实线画出厂房平面图，表示厂房的基本结构，如墙、柱、门、窗、楼梯等；注写厂房定位轴线编号。

2）用细点画线画出设备的中心线，用粗实线画出设备、支架、基础、操作平台等的基本轮廓。若有多台规格相同的通用设备，可只画出一台，其余则用粗实线简化画出其基础的矩形轮廓。

3）标注厂房定位轴线间的尺寸；标注设备基础的定位尺寸；注写设备位号与名称（应与工艺流程图一致）。

4）标注设备支承点标高。

4.5.2.4　绘制设备布置剖视图

剖视图应完全、清楚地反映设备与厂房高度方向的关系。在表达充分的前提下，剖视图的数量应尽可能少。

1）用细实线画出厂房剖视图。与设备安装定位关系不大的门窗等构件和表示墙体材料的图例，在剖视图上则一概不予表示。注写厂房定位轴线编号。

2）用粗实线按比例画出具有管口的设备立面示意图，被遮挡的设备轮廓一般不予画出，并加注设备位号及名称（应与工艺流程图一致）。

3）标注厂房定位轴线间的尺寸；标注厂房室内外地面标高（一般以首层室内地面为基准作为零点进行标注，单位为 m，数值取到小数点后三位）；标注厂房各层标高；标注设备基础标高；必要时，标注主要管口中心线、设备最高点等标高。

4.5.2.5　绘制方向标

详见 4.3.3 节相应内容的介绍。

4.5.2.6　制作设备一览表

注出必要的说明，见 4.4.5 节。

4.5.2.7　完成图样

填写标题栏，再进行检查、校核，最后完成图样。

4.6　设备布置图的阅读

设备布置图主要关联两方面的知识：一是厂房建筑图的知识，二是与化工设备布置有关的知识。设备布置图与化工设备图不同，阅读设备布置图不需要对设备的零部件投影进行分析，也不需要对设备定形尺寸进行分析。它主要是确定设备与建筑物结构、设备间的定位问题。阅读设备布置图的步骤如下。

4.6.1　明确视图关系

设备布置图由一组平面图和剖视图组成，这些图样不一定在一张图纸上，看图时要首先清点设备布置图的张数,明确各张图纸上平面图和剖视图的配置,进一步分析各剖视图在平面图上的剖切位置,弄清各个视图之间的关系。

如图 4-1 所示,某物料残液蒸馏处理系统设备布置图包括一个平面图和一个剖视图。平面图表达了各个设备的平面布置情况,蒸馏釜 R0401 和真空受槽 V0408A、V0408B 布置在距⑧轴 1 500,距①轴分别串联为 2 000、2 400、1 800 的位置上;冷凝器 E0401 距⑧轴 500,与蒸馏釜 R0401 的距离为 1 000。剖视图表达了室内设备在立面上的位置关系,其剖切位置很容易在平面图上找到(I—I 处),蒸馏釜 R0401 和真空受槽 V0480A、V0480B 布置在标高为 5 m 的楼面上,冷凝器 E0401 布置在标高为 6.95 m 处。

4.6.2　读懂建筑结构

阅读设备布置图中的建筑结构主要是以平面图、剖视图分析建筑物的层次,了解各层厂房建筑的标高,每层中的楼板、墙、柱、梁、楼梯、门、窗及操作平台、坑、沟等结构情况,以及它们之间的相对位置。由厂房的定位轴线间距可得厂房大小。

从图 4-1 中的平面图可以看出,厂房总长超过 6 200,总宽大于 1 500。

4.6.3　分析设备位置

先从设备一览表了解设备的种类、名称、位号和数量等内容,再从平面图、剖视图中分析设备与建筑结构、设备与设备的相对位置及设备的标高。

读图的方法是根据设备在平面图和剖视图中的投影关系、设备的位号明确其定位尺寸,即在平面图中查阅设备在长度方向及宽度方向上的定位尺寸,在剖视图中查阅设备在高度方向上的定位尺寸。长度方向及宽度方向上的定位尺寸基准一般是建筑物的定位轴线,高度方向上的定位尺寸基准一般是厂房室内地面,从而确定设备与建筑物结构、设备间的相对位置。

如图 4-1 所示,设备蒸馏釜 R0401 布置在平面图的左前方,在长度方向及宽度方向上的定位尺寸分别是 2 000 和 1 500。根据投影关系和设备位号很容易在 I—I 剖视图的左下方找到相应的投影,蒸馏釜 R0401 与真空受槽 V0408A、V0408B 并排安装在标高为 5 m 的基础上。

其他各层平面图中的设备都可按此方法进行阅读。在阅读过程中,可参考有关的建筑施工图、工艺施工流程图、管道布置图以及其他的设备布置图,以确保读图的准确性。

第 5 章

管道布置图

5.1 概述

管道的布置和设计是以管道及仪表流程图(PID)、设备一览表及外形图、设备布置图及有关土建、仪表、电气、机泵等方面的图样和资料为依据的。设计首先应满足工艺要求,使管道便于安装、操作及维修,另外应合理、整齐和美观。管道布置设计的图样包括管道布置图、管架布置平面图、管道轴测图、伴热管道布置图和管道非标准配件制造图等。本章重点介绍管道布置图。

管道布置图又称管道安装图或配管图,主要表达车间或装置内管道和管件、阀、仪表控制点的空间位置及尺寸和规格,以及与有关机器、设备的连接关系。管道布置图是管道安装施工的重要依据,一般包括以下内容:

1) 一组视图   视图按正投影法绘制,包括一组平面图和剖视图,用以表达整个车间(装置)的建筑物和设备的基本结构以及管道、管件、阀门、仪表控制点等的安装及布置情况。

2) 尺寸和标注   管道布置图中,一般要标注出管道以及有关管件、阀、仪表控制点等的平面位置尺寸和标高,并标注建筑物的定位轴线编号、设备名称及位号、管段序号、仪表控制点代号等。

3) 管口表   位于管道布置图的右上角,填写该管道布置图中的设备管口。

4) 分区索引图   在标题栏上方画出缩小的分区索引图,并用阴影线在其上表示本图所在的位置。

5) 方向标   表示管道安装方位基准的图标,一般放在图面的右上角。

6) 标题栏   注写图名、图号、比例、设计阶段等。

不同设计单位绘制的管道布置图,其内容差别不大,但难易程度及表示方法会有所不同。本章叙述的内容是按一般的行业标准要求的,具体应用时可根据实际情况变通处理。

5.2   管道布置图的视图

5.2.1   绘制管道布置图的一般要求

5.2.1.1   图幅

管道布置图的图幅应尽量采用 A1,较简单的也可采用 A2,较复杂的可采用 A0。同区的图应采用同一种图幅。图幅不宜加长或加宽。

5.2.1.2   比例

管道布置图一般采用的比例为 1∶50,也可采用 1∶25 或 1∶30。同区的或各分层的平面图,应采用同一比例。剖视图的绘制比例应与平面图一致。

在管道布置图中,除了按比例绘制时图形过小外,原则上均应按比例绘制,这样可正确表达管道所占据的空间,避免碰撞或间距过小。

5.2.1.3   图线

管道布置图中的所有图线都要清晰光洁、均匀,宽度应符合要求。图线宽度分为以下三种:

粗线　　　　　　　　0.6~0.9 mm

中粗线　　　　　　　0.3~0.5 mm

细线　　　　　　　　0.15~0.25 mm

图中单线管道用粗线(实线或虚线)表示,双线管道用中粗线(实线或虚线)表示,法兰、阀门及其他图线均用细线表示。

平行线间距至少要大于 1.5 mm,以保证复制件上的图线不会分不清或重叠。

5.2.1.4   字体

图样和表格中的所有文字(包括数字)应符合国家现行标准《技术制图　字体》(GB/T 14691—1993)中的要求。图中常用的字体高度建议如下:

图名、图标中的图号、视图符号　　　　　　　　　　　　　　　　　5~7 号字

工程名称、文字说明及轴线号、表格中的文字　　　　　　　　　5 号字

数字及字母、表格中的文字(格子小于 6 mm 时)　　　　　　　3 号字

5.2.1.5   视图的配置

管道布置图一般只绘平面图。对于多层建(构)筑物的管道布置平面图,需要按楼层或标高分别绘出各层的平面图,以避免平面图上图形和线条重叠过多,造成表达不清晰。各层的平面图可以绘制在一张图纸上,也可分画在几张图纸上。当各层平面的绘图范围较大而图幅有限时,也可将各层平面上的管道布置情况分区绘制。当在同一张图纸上绘制几层平面图时,应从最底层起,在图纸上由下至上或由左至右依次排列,并在各平面图的下方注明

图名,例如"EL±0.000 平面"或"EL×××.×××平面"。

　　管道布置图应按设备布置图或按分区索引图所划分的区域绘制。区域分界线用粗双点画线表示,在区域分界线的外侧标注分界线的代号、坐标和与该图标高相同的相邻部分的管道布置图的图号。如图 5-1 所示。

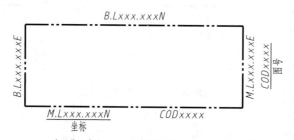

B.L—表示装置边界;　M.L—表示接续线;　COD—表示接续图

图 5-1　区域分界线的表示方法

　　当平面图中局部表示不够清楚时,可绘制剖视图或轴测图。剖视图或轴测图可画在管道布置平面图边界线以外的空白处(不允许在管道布置平面图内的空白处再画小的剖视图或轴测图),或绘在单独的图纸上。剖视图应按比例绘制,可根据需要标注尺寸。轴测图可不按比例绘制,但应标注尺寸,且相对尺寸正确。剖切符号规定用 A—A、B—B 等大写英文字母表示,在同一小区内符号不得重复。平面图上要表示出剖切面的位置、投射方向和名称,并在剖视图的下方注明相应的图名。

5.2.2　管道及附件的图示方法

5.2.2.1　管道画法

　　管道是管道布置图表达的主要内容,为突出管道和简便画图,对于公称直径(DN)大于和等于 400 mm 或 16 in 的管道,用双线表示,小于和等于 350 mm 或 14 in 的管道用单线表示。如大口径的管道不多时,公称直径(DN)大于和等于 250 mm 或 10 in 的管道可用双线表示,小于和等于 200 mm 或 8 in 的管道用单线表示。

　　在管道的中断处画上断裂符号,如图 5-2 所示。当地下管道与地上管道合画一张图时,地下管道用虚线(粗线)表示(图 5-2c)。预定要设置的管道和原有的管道用双点画线表示。

　　在适当位置用箭头表示物料的流向(双线管道箭头画在中心线上)。

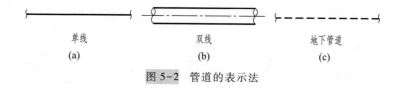

单线　　　　　双线　　　　地下管道
(a)　　　　　(b)　　　　　(c)

图 5-2　管道的表示法

5.2.2.2　管道交叉

　　当两管道交叉时,可把被遮住的管道的投影断开,如图 5-3a 所示。也可将上面的管道的投影断开表示,以便看见下面的管道,如图 5-3b 所示。

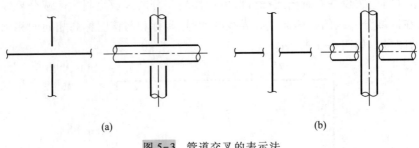

(a)   (b)

图 5-3 管道交叉的表示法

5.2.2.3 管道重叠

当管道投影重叠时,将上面(或前面)管道的投影断开表示,下面管道的投影画至重影处,稍留间隙断开,如图 5-4a 所示。当多条管道投影重叠时,可将最上(或最前)的一条用"双重断开"符号表示,如图 5-4b 所示,也可在投影断开处注上 a、a 和 b、b 等小写字母,如图 5-4d 所示。当管道转折后投影重叠时,将下面的管道画至重影处,稍留间隙断开,如图 5-4c 所示。

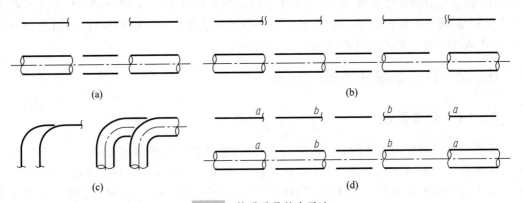

(a)   (b)

(c)   (d)

图 5-4 管道重叠的表示法

5.2.2.4 管道转折

管道转折的一般表示方法如图 5-5 所示。公称直径小于和等于 40 mm 或 1½ in 的管道的转折一律用直角表示。

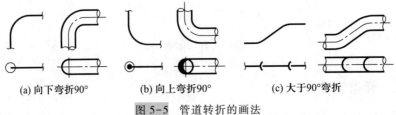

(a) 向下弯折90°   (b) 向上弯折90°   (c) 大于90°弯折

图 5-5 管道转折的画法

5.2.2.5　管件及阀门

管道中的其他附件,如弯头、三通、四通、异径管、法兰、软管等管道连接件,简称管件。各种管件的连接形式一般有螺纹连接、承插焊连接、对焊连接和法兰连接,如图 5-6 所示。当管道用三通连接时,可能形成三个不同方向的视图,其画法如图 5-7 所示。

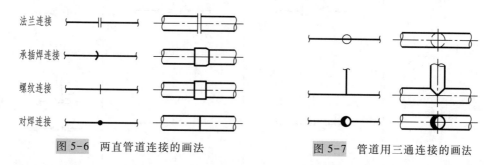

法兰连接　　　　　　　　　　　　　　　　　　　　　　　　　　　　　　　　　　　　　

承插焊连接

螺纹连接

对焊连接

图 5-6　两直管道连接的画法　　　　　图 5-7　管道用三通连接的画法

在管道中常用阀门来调节流量,切断或切换管道,并对管道起安全控制作用。管道中的阀门可用简单的图形和符号表示,其规定符号与工艺流程图的画法相同,见表 3-7。

在管道布置图中应按比例画出管道上的管件和阀门,表 5-1 所示为几种常用管件及阀门在管道布置图中的表达方法。

表 5-1　常用管件及阀门的表达图例

	螺纹或承插焊连接	对焊连接	法兰连接
法兰盖			
90°弯头			
同心异径管（举例）	C.R40×25	C.R80×50　C.R80×50	C.R80×50　C.R80×50
三通			

续表

	螺纹或承插焊连接	对焊连接	法兰连接
闸阀			
截止阀			

5.2.2.6　传动结构

如图 5-8 所示,传动结构的形式一般有电动式、气动式、液压或气压缸式等,适用于各种类型的阀门。传动结构应按实物的尺寸比例画出,以免与管道或其他附件相碰。如图 5-8 所示。

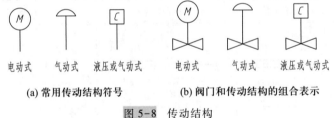

(a) 常用传动结构符号   (b) 阀门和传动结构的组合表示

图 5-8　传动结构

5.2.2.7　控制点

管道上的检测元件(压力、温度、流量、液面、分析、料位、取样、测温点、测压点等)在管道布置图上用直径为 10 mm 的圆圈表示,并用细实线将圆圈和检测点连接起来。圆圈内按PID 检测元件的符号和编号填写,一般画在能清晰表达其安装位置的视图上。其规定符号与工艺流程图中的画法相同。

5.2.2.8　管道支架

管道支架是用来支承和固定管道的,其位置一般在平面图上用符号表示,如图 5-9 所示。

固定架　　　　滑动架　　　　导向架　　　　弹簧吊架　　　　轴向限位架

图 5-9　管架的表示法

5.2.3 设备的图示内容及图示方法

在管道布置平面图中,应以设备布置图所确定的位置按比例用细实线画出所有设备的简略外形和基础、平台、梯子(包括梯子的安全护圈),各类设备的外形图参见表3-1,还应表示出吊车梁、吊杆、吊钩和起重机操作室。另外,应按比例画出卧式设备的支承底座,标注固定支座的位置,支座下如为混凝土基础时,应按比例画出基础的大小,不需标注尺寸。对于立式容器还应表示出裙座人孔的位置及标记符号。对于工业炉,凡是与炉子和其平台有关的柱子及炉子外壳等的外形、风道、烟道等均应表示出。

5.3 管道布置图的标注

5.3.1 标注基本要求

5.3.1.1 尺寸单位

管道布置图中标注的标高、坐标以 m 为单位,小数点后取三位数,其余的尺寸一律以 mm 为单位,只注数字,不注单位。管子公称直径一律用 mm 表示。

基准地坪面的设计标高为 EL±0.000 m。

5.3.1.2 尺寸数字

尺寸数字一般写在尺寸线的上方中间,并且平行于尺寸线。不按比例画图的尺寸应在尺寸数字下面画一道横线。

5.3.1.3 管道的标注

按 PID 在管道上方(双线管道在中心线上方)标注介质代号、管道编号、公称直径、管道等级及隔热形式、流向,下方(双线管道在中心线下方)标注管道标高(标高以管道中心线为基准时只需标注数字,如 EL×××.×××;以管底为基准时,在数字前加注管底代号,如 BOP EL ×××.×××)。例如:

$$\overrightarrow{\underset{\text{EL×××.×××}}{\text{SL1305-100-B1A-H}}} \qquad \overrightarrow{\underset{\text{BOP EL×××.×××}}{\text{SL1305-100-B1A-H}}}$$

其中,管道尺寸一般标注公称直径。管道尺寸也可直接填写管子外径×壁厚。

5.3.1.4 图名

标题栏中的图名一般分成两行书写,上行写"管道布置图",下行写"EL×××.×××平面"或"A—A、B—B、…"。

5.3.2 标注内容

5.3.2.1 建(构)筑物

必须在管道布置平面图和剖视图中标注建(构)筑物柱网轴线的编号及柱距尺寸或坐

标,并标注地面、楼面、平台面和吊车的标高。

按设备布置图标注设备的定位尺寸。须标注建(构)筑物的轴线编号和轴线间的尺寸,并标注地面、楼面、平台面、吊车梁顶面的标高。

5.3.2.2　设备

必须在管道布置图上按设备布置图标注所有设备的定位尺寸或坐标、基础面标高。

按设备图用 5 mm×5 mm 的方块或圆圈标注设备管口符号、管口方位(或角度)、底部或顶部管口法兰面标高、侧面管口的中心线标高和斜接管口的工作点标高等,如图 5-10 所示。

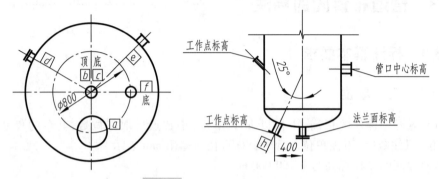

图 5-10　管口方位标注示意图

在管道布置图上的设备中心线上方标注与工艺流程图一致的设备位号,下方标注支承点的标高(如 POS EL×××.×××)或主轴中心线的标高(如 Φ EL×××.×××)。剖视图上的设备位号注在设备近侧或设备内。

5.3.2.3　管道

应在管道布置图上标注出所有管道的定位尺寸及标高、物料的流动方向和管号。在直立面剖视图上,则应注出所有的标高。与设备布置图相同,定位尺寸以 mm 为单位,而标高以 m 为单位。

在管道布置图上,根据实际情况,管道的定位尺寸可以以建筑物或构筑物的定位轴线(或墙高)、设备中心线、设备管口中心线、区域界线(或接续图分界线)等作为基准进行标注。与设备管口相连的直管段,因可用设备管口确定该段管道的位置,则不需标注定位尺寸。

管道安装标高均以 m 为单位,通常以首层室内地面±0.000 为基准,管道一般标注管中心线标高加上标高符号。与带控制点的工艺流程图一致,管道布置图上的所有管道都需要标注出公称直径、物料代号及管道编号。

对于异径管,应标出前后端管子的公称直径,如 $DN80/50$ 或 $80×50$。非 90°的弯管和非 90°的支管连接,应标注角度。

要求有坡度的管道,应标注坡度(符号为 i)和坡向,如图 5-11 所示。

在管道布置平面图上,不标注管段的长度尺寸,只标注管子、管件、阀门、过滤器、限流孔板等元件的中心定位尺寸或以一端法兰面定位。

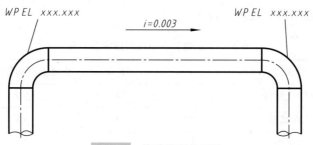

图 5-11 管道坡度的标注

5.3.2.4 管件

在管道布置图中,应按规定符号画出管件,一般不标注定位尺寸。若本区域内的管道改变方向,则管件的位置尺寸应相对于容器、设备、管口、邻近管口或管道的中心来标注。对某些有特殊要求的管件,应标注出特殊要求与说明。

5.3.2.5 阀门

管道布置图上的阀门应按规定符号画出,一般不注定位尺寸,只要在剖视图上注出安装标高。当管道中阀门类型较多时,应在阀门符号旁注明其编号及公称尺寸。

5.3.2.6 仪表控制点

仪表控制点的标注与带控制点的工艺流程图一致,用指引线从仪表控制点的安装位置引出,也可在水平线上写出规定符号。

5.3.2.7 管道支架

管道支架简称管架。水平向管道的支架标注定位尺寸,垂直向管道的支架标注支架顶面或支承面的标高。在管道布置图中每个管架应标注一个独立的管架编号。管架编号由以下 5 个部分组成:

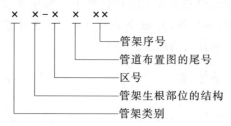

其中,管架类别及代号见表 5-2。

表 5-2 管架类别及代号

序号	管架类别	代号	序号	管架类别	代号
1	固定架	A	5	弹簧吊架	S
2	导向架	G	6	弹簧支座	P
3	滑动架	R	7	特殊架	E
4	吊架	H	8	轴向限位架	T

管架生根部位的结构及代号见表 5-3。

表 5-3　管架生根部位的结构及代号

序号	管架生根部位的结构	代号	序号	管架生根部位的结构	代号
1	混凝土结构	C	4	设备	V
2	地面基础	F	5	墙	W
3	钢结构	S			

编号中的区号及管道布置图的尾号均以一位数字表示,管架序号以两位数字表示,从 01 开始,按管架类别及生根部位的结构分别编写。图 5-12 为管架在管道布置图中的标注示例。

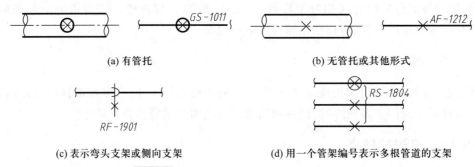

(a) 有管托　　　　　　　　　(b) 无管托或其他形式

(c) 表示弯头支架或侧向支架　　　(d) 用一个管架编号表示多根管道的支架

图 5-12　管架在管道布置图中的标注举例

5.4　管道布置图的绘制

5.4.1　绘图前的准备工作

在绘制管道布置图之前,应先从有关图样资料中了解设计说明、本项目工程对管道布置的要求以及管道设计的基本任务,并充分了解和掌握工艺生产流程、厂房建筑的基本结构、设备布置情况以及管口和仪表的配置。

5.4.2　绘图方法与步骤

5.4.2.1　拟订表达方案

参照设备布置图或分区索引图,由绘图区域的大小来确定绘图的张数,根据需要来确定是否需分层画出不同标高的管道布置平面图,并根据其复杂程度来确定是否需要画剖视图。

5.4.2.2　确定图幅与比例,合理布图

详见 5.2 节中相应内容的介绍。

5.4.2.3 绘制管道布置平面图

管道布置平面图一般应与设备布置图中的平面图一致,具体绘制步骤如下:

1) 用细实线画出分区平面图,即画出建(构)筑物的外形和门、窗位置,标注出建(构)筑物的轴线编号和轴线间的尺寸。

2) 用细实线按比例画出带有管口方位的设备布置图,此处所画的设备形状与设备布置图中的应基本相同。注写设备位号及名称。

3) 根据管道布置要求画出管道布置平面图,并标注管道代号和物料流向箭头。

4) 在设计所要求的部位按规定画出管件、管架、阀门、仪表控制点等的示意图。

5) 标注出建(构)筑物的定位轴线、设备定位尺寸、管道定位尺寸,有时在平面图上也注出标高尺寸。

5.4.2.4 绘制管道布置剖视图

对于平面图中表示不够清楚的部分,可绘出其立面剖视图,具体绘制步骤如下:

1) 用细实线画出地坪线及其以上建(构)筑物和设备基础,注写建(构)筑物轴线编号。

2) 用细实线按比例画出设备及其管口,并加注位号及名称。

3) 画出管道的剖视图,并标注管道代号、物料流向箭头。

4) 在设计所要求的部位按规定画出管件、管架、阀门、仪表控制点等的示意图。

5) 注出地面、设备基础、管道和阀门的标高尺寸。

5.4.2.5 绘制方向标

5.4.2.6 填写管口表

在管道布置图的右上角填写管口表,列出该管道布置图中的设备管口。管口表的格式见表 5-4。

表 5-4 管口表的格式

管 口 表												
设备位号	管口符号	公称通径 DN/mm	公称压力 PN/MPa	密封面形式	连接法兰标准号	长度 /mm	标高 /m	坐标/m		方位/(°)	
								N	E(W)	垂直角	水平角

5.4.2.7　绘制附表、标题栏,注写说明

5.4.2.8　校核与审定

5.5　管道布置图的阅读

　　管道布置图是在设备布置图上增加了管道布置情况的图样。管道布置图中所解决的主要问题是如何用管道把设备连接起来,阅读管道布置图应抓住这个主要问题弄清管道布置情况。

5.5.1　明确视图数量及关系

　　阅读管道布置图首先要明确视图关系,了解平面图的分区情况,平面图、剖视图的数量及配制情况。在此基础上进一步弄清各剖视图在平面图上的剖切位置及各个视图之间的对应关系。

　　从图 5-13 所示的某工段管道布置图可以看出,该图有一个平面图和一个剖视图。

5.5.2　读懂管道的分布情况

　　根据施工流程图,从起点设备开始按流程顺序、管道编号,对照平面图和剖视图,逐条弄清其投影关系,并在图中找出管件、阀门、控制点、管架等的位置。

5.5.3　分析管道位置

　　在看懂管道走向的基础上,在平面图(或剖面图)上,以建筑定位轴线或首层地面、设备中心线、设备管口法兰为尺寸基准,阅读管道的水平定位尺寸;在剖面图上,以首层地面为基准,阅读管道的安装标高,进而逐条查明管道位置。

　　由图 5-13 中的平面图和 A—A 剖视图可知,PL0401-57×3.5-B 物料管道从标高 9.4 m 处由南向北拐弯向下进入蒸馏釜。另一根水管 CWS0401-57×3.5 也由南向北拐弯向下,然后分为两路,一路向西拐弯向下再拐弯向南与 PL0401 相交;另一路向东再向北转弯向下,然后又向北,转弯向上再向东接冷凝器。物料管与水管在蒸馏釜、冷凝器的进口处都装有截止阀。

　　PL0402-57×3.5-B 管是从冷凝器下部连至真空受槽 V0408A、V0408B 上部的管道,它先从出口向下至标高 6.80 m 处,向东 1 000(单位 mm,以下同)分出一路向南 1 000 再转弯向下进入真空受槽 V0408A,原管线继续向东 1 800 又转弯向南再向下进入真空受槽 V0408B,此管在两个真空受槽的入口处都装有旋塞阀。

　　VE0401-32×3.5-B 管是连接真空受槽 V0408A、V0408B 与真空泵的管道,由真空受槽 V0408A 顶部向上至标高 7.95 m 的管道拐弯向东与真空受槽 V0408B 顶部来的管道汇合,汇合后继续向东与真空泵相接。

　　VT0401-57×3.5-B 管是与蒸馏釜、真空受槽 V0408A、V0408B 相连接的放空管,标高 9.40 m,在连接各设备的立管上都装有球阀。

　　设备上的其他管道的走向、转弯、分支及位置情况,也可按同样的方法进行分析。

　　在阅读过程中,还可参考设备布置图、带控制点的工艺流程图、管道轴测图等,以全面了解设备、管道、管件、控制点的布置情况。

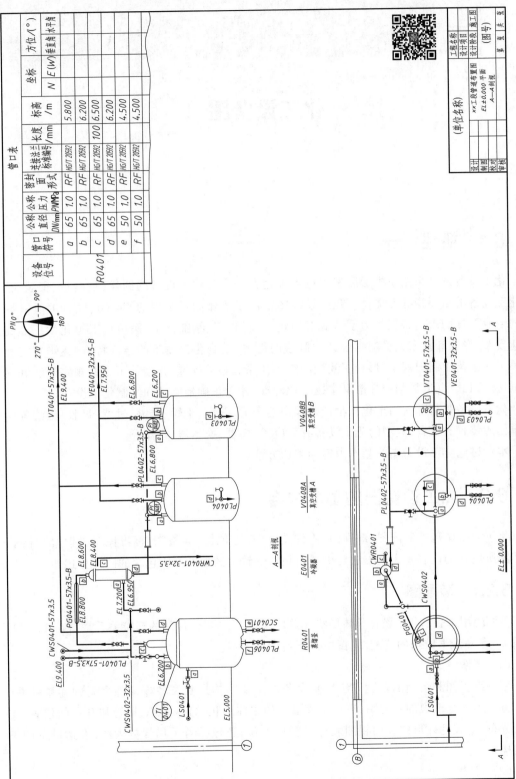

图 5-13 某工段管道布置图

第 **6** 章

化工设备图

▣ 6.1 概述

化工设备图是采用正投影原理和适当表达方法表达化工设备的图样,是制造、安装、检修化工设备的重要指导性文件。化工设备图沿用了机械图样常用的表达方法,同时具有明显的专业图样的表达特征。为了适应石油化工、轻化工、精细化工、医药化工等化学工业的快速发展,专家和技术人员根据设计和制造的需要,结合化工设备的结构特点,逐步制定和完善了一套化工制图规范,形成了我国的绘图体系和相关标准,并增加了一些规定画法和简化画法。因此,既遵循国家标准又掌握行业标准,才能正确地阅读和绘制化工设备图。

化工设备是指那些用于化工生产过程中的合成、分离、干燥、结晶、过滤、吸收、澄清等生产单元的装置和设备,典型的化工设备有反应釜、塔器、换热器、容器等。

本章讨论化工设备图的基本内容和表达方法。

▣ 6.2 化工设备图的基本内容

化工设备图包括装配图、部件图、零件图、管口方位图、表格图、标准图等,其中零件图、标准图所包含的内容及表达方法与机械图基本一致。其他图样所包含的内容分述如下。

6.2.1 装配图

装配图用来表示化工设备整体形状、结构和尺寸及各零部件间的连接关系。图 6-1(见书后插页)是一液氨贮槽的装配图,图中有下列主要内容。

(1)视图

用一组视图和恰当的表达方法反映设备的主要结构形状及各零部件之间的连接关系。该设备采用了全剖视的主视图,表达了该设备的主体形状、筒体壁厚、接管和开孔的位置、支座的分布等;表达外形的 A 向视图表达了管口方位;还包括若干局部放大图,表达设备的细部结构。

(2)尺寸

装配图上须标注表示设备总体大小、规格、装配和安装等必要的尺寸。

（3）标题栏

按标题栏的格式填写设备名称、规格、比例、设计单位、图样编号，以及设计、制图、校审人员签字等。

（4）技术要求

用文字形式说明设备在制造、检验时应满足的要求。

（5）部件编号及明细栏

组成设备的所有零部件在图样中依次编号，同一种零部件编一个号，在明细栏中填写各零件的名称、数量、材料及图号或标准号。

（6）管口符号和管口表

设备上所有的管口均需按拉丁字母顺序编号，并在管口表中列出各管口的有关数据和用途。

（7）设计数据表

用表格形式列出设备的主要工艺特性（工作压力、工作温度、物料名称等）。

装配图各部分内容在图样上的分布遵循一定规律，除了在绘图区绘制图样和标注尺寸外，设计数据表、管口表、技术要求等放置在图纸右侧，并位于明细栏和标题栏的上方。

6.2.2　管口方位图

采用单线条示意画法表示化工设备上所开管口沿圆周的方向和位置，每一个管口用相应的小写或大写英文字母表示，用角度表示其位置，如图 6-2 所示。当两个或两个以上管口在管口方位图上重合时，只需画一个管口并标注每一管口对应的字母。管口方位图可以代替设备的一个视图（立式设备的俯视图或卧式设备的左视图），当管口方位在装配图上已表达清楚或已由化工工艺图给出时，可以不再单独绘制。

6.2.3　表格图

对于那些结构形状相同、尺寸不同的零部件，只绘制一个零部件的图样，然后用综合列表的方式表达各自的尺寸大小。表格图既表达直观又减少了不必要的重复劳动。图 6-3 所示的 U 形管外形相同，但长度和弯曲半径不同，采用了表格图的形式。

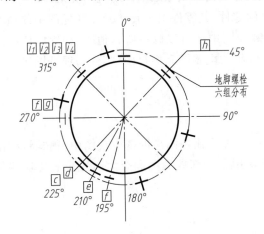

图 6-2　管口方位图

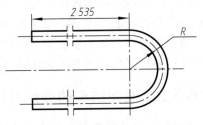

序号	1	2	3
R	30	42.5	55
根数	6	4	6
全长	5 164.2	5 203.5	5 242.7

图 6-3　表格图

6.3　化工设备图的视图特点

化工设备图的视图特点是由化工设备的结构特点所决定的。常见的化工设备有如下特点：

1. 设备主体多为回转体

化工设备中有许多化工容器，要求承受一定压力，制造方便，其外形多为回转体，如圆柱、圆锥、球等。

2. 各部分结构尺寸相差悬殊

有些化工设备特别是塔设备和卧式容器的高（长）、直径、外形尺寸同容器壁厚及其他细部结构尺寸相差较大。

3. 开孔多

为了方便储存介质的流入、流出、观察、清理、检修以及温度压力的测量，常在容器壳体上开一些直径不等的孔，这些孔多为回转结构。

4. 焊接结构多

化工设备各部分结构的连接广泛采用焊接的方法，筒体由钢板卷焊而成，筒体与封头、管口、支座、人孔的连接也采用焊接方法。

5. 标准化、通用化、系列化零部件多

为了制造方便，化工设备中广泛采用标准零部件和通用零部件，如液面计、管法兰、封头、螺栓、螺柱、螺母等。

基于上述原因，在化工设备的表达方法上形成了相应的图示特点。

6.3.1　视图配置灵活

由于化工设备的主体结构多为回转体，通常采用两个基本视图，立式设备一般通过主、俯视图，卧式设备一般通过主、左视图，就可以表达设备的主体结构。当设备较高或较长时，由于图幅有限，俯、左（右）视图难以与主视图按投影关系配置，可以将其布置在图纸的空白处，注明视图的名称，也允许画在另一张图纸上，分别在两张图纸上注明视图关系即可。

某些结构简单，在装配图上易于表达清楚的零件，其零件图可直接画在装配图中的适当位置，注明件号××的零件图。如果幅面允许，装配图中还可以画一些其他图，如支座底板尺寸图、容器的单线条结构示意图、管口方位图、气柜的配置图和标尺图、零件的展开图等。总之，化工设备的视图配置及表达比较灵活。

6.3.2　细部结构的表达方法

由于化工设备的各部分结构尺寸相差悬殊，按缩小比例画出的基本视图中，很难将细部结构都表达清楚。因此，化工设备图中较多地使用了局部放大图和夸大画法来表达这些细部结构并标注尺寸。

6.3.2.1　局部放大图

用局部放大的方法表达细部结构，可画成局部视图、剖视等形式。放大的比例尽可能选择推荐值,也可以自选,但都要标注。标注的内容包括局部放大图的编号(罗马数字)、比例,如图 6-1 所示。

6.3.2.2　夸大画法

化工设备图的总体比例缩小后,设备和管道的壁厚、垫片、管法兰等细部结构很难在图样中表达清楚,通常缩小成单线条。为了阅读方便,在不改变这些结构实际尺寸又不致引起误解的前提下,在图样中可以作适当的夸大,即画成双线条。夸大画法在化工设备图中经常用到,图 6-1 中的壳体壁厚、接管壁厚、垫片及管法兰等,均采用了夸大画法。

6.3.3　断开画法、分层画法及整体图

对于过高或过长的化工设备,如塔、换热器及贮槽等,为了采取较大的比例清楚地表达设备结构和合理地使用图幅,常使用断开画法,即用双点画线将设备中重复出现的结构或相同结构断开,使图形缩短,简化作图。

对于较高的塔设备,如果使用了断开画法,其内部结构仍然未表达清楚,则可将某塔节(层)用局部放大的方法表达。若由于断开和分层画法造成设备总体形象表达不完整,则可用缩小比例、单线条画出设备的整体外形图或剖视图。在整体图上,应标注总高尺寸、各主要零部件的定位尺寸及各管口的标高尺寸。塔盘应按顺序从下至上编号,且应注明塔盘间的尺寸。

6.3.4　多次旋转的表达方法

化工设备壳体上分布有众多的管口、开口及其他附件,为了在主视图上表达它们的结构形状及位置高度,可使用多次旋转的表达方法。多次旋转即假想将设备周向分布的接管及其他附件,按《机械制图》国家标准中规定的旋转法,分别按不同方向旋转到与正立投影面 V 平行的位置,得到反映它们实形的视图(图 6-4)。人孔 b 假想沿逆时针方向旋转 45° 后在主视图中画出;管口 c 的轴线与筒体轴线构成的平面平行于投影面 V,不需要旋转;管口 d、c,人孔 b 的轴线在同一圆周上,若 d 旋转将会与 b 或 c 重叠,此时可用 A-A 斜剖视的局部放大图单独表达。

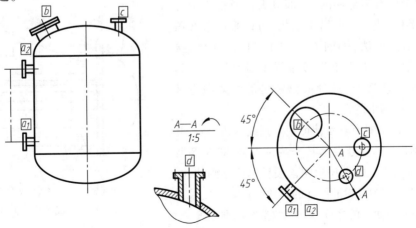

图 6-4　多次旋转的表达方法

为了避免混乱,在不同的视图中同一接管或附件应用相同的小写或大写英文字母编号。图中规格、用途相同的接管或附件可共用同一字母,用阿拉伯字母作脚标,以示个数。

6.3.5　管口方位的表达方法

化工设备壳体上众多的管口和附件方位的确定,在安装、制造等方面都是至关重要的,有的设备图中已将各管口的方位表达清楚了(立式设备的俯视图、卧式设备的左视图)。当化工设备仅用一个基本视图和一些辅助视图就已将其基本结构形状表达清楚时,往往用管口方位图来表达设备的管口及其他附件分布的情况。管口方位图的具体画法可见 6.2.2 节。

6.4　化工设备图的简化画法

在绘制化工设备图时,为了减少一些不必要的绘图工作量,提高绘图效率,在既不影响视图正确、清晰地表达结构形状,又不致使读图者产生误解的前提下,大量地采用了各种简化画法。

1)一些标准化零部件已有标准图,它们在化工设备图中不必详细画出,只需按比例画出反映其特征外形的简图(图 6-5),并在明细栏中注写其名称、规格、标准等。

2)外购部件在化工设备图中,可以只画其外形轮廓简图(图 6-6),但要求在明细栏中注写名称、规格、主要性能参数和"外购"字样等。

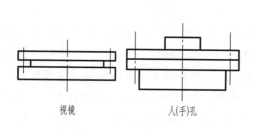

视镜　　人(手)孔

图 6-5　标准件的简化画法

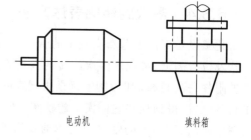

电动机　　填料箱

图 6-6　外购部件的简化画法

3)对于已有零部件图、局部放大图及规定记号表达的零部件,或者一些简单结构,可以采用单线条(粗实线)示意画法,如图 6-7 中的封头、筒体、接管、折流板、挡板、法兰、波形膨胀节及补强圈等都是用单线条示意表达的,各种塔盘和塔的整体图也是用单线条示意画出的。

4)化工设备图中液面计可用点画线示意表达,并用粗实线画出"+"符号表示其安装位置,如图 6-8 所示。图 6-8a 为立式容器中单组液面计的简化画法,图6-8b 为立式容器中双组液面计的简化画法。但要求在明细栏中注明液面计的名称、规格、数量及标准号等。

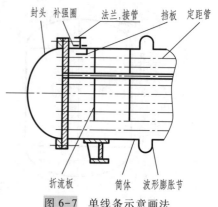

封头　补强圈　法兰,接管　挡板　定距管

折流板　　筒体　　波形膨胀节

图 6-7　单线条示意画法

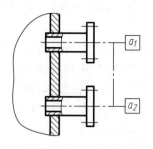
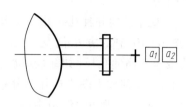

(a) 单组液面计

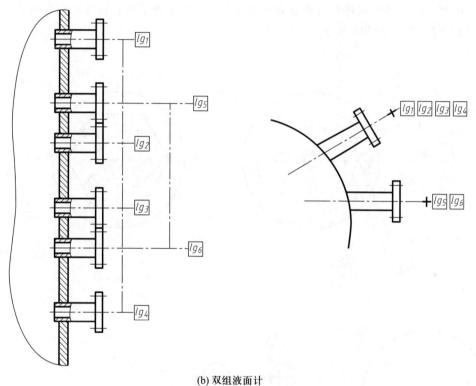

(b) 双组液面计

图 6-8　液面计的简化画法

5) 化工设备中有规律分布的重复结构的简化表达。

① 对于螺纹连接件组,可不画出这组零件的投影,一般的螺栓孔只用点画线表示其位置。设备法兰的螺栓连接,点画线两端用粗实线画"×"或"+"符号,如图 6-9 所示。在明细栏中应注写其名称、标准号、数量及材料。

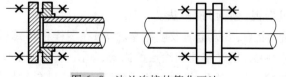

图 6-9　法兰连接的简化画法

② 按一定规律排列的管束,可只画一根,其余的用点画线表示其安装位置,如图 6-7 中接管的简化画法。

③ 按一定规律排列并且孔径相同的孔板,如换热器中的管板、折流板及塔器中的塔板等,可以按图 6-10 中的方法简化表达。图 6-10a 为圆孔按同心圆均匀分布的管板;图 6-10b 为要求不高的孔板(如筛板塔盘)的简化画法;图 6-10c 为对孔数不做要求,只要画出钻孔范围,用局部放大图表达孔的分布情况,并标注孔径及孔间定位尺寸;在剖视图中,多孔板眼的轮廓线可不画出,仅用中心线表示其位置,如图 6-10d 所示。设备(主要是塔器)中规格、材质和堆放方法相同的填料,如各类环(瓷环、玻璃环、铸石环、钢环及塑料环等)、卵石、塑料球、波纹瓷盘及木格子等,均可在堆放范围内用交叉细实线示意表达,如图 6-11a 所示。必要时可用局部剖视表达其细部结构。木格子填料还可用示意图表达各层次的填放方法,如图 6-11b 所示。

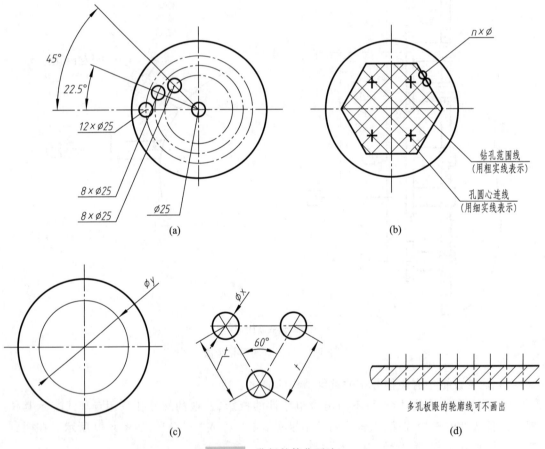

图 6-10 孔板的简化画法

6) 设备涂层、衬里剖视(断面)的画法。

① 薄涂层(指搪瓷、涂漆、喷镀金属及喷涂塑料等)在图样中不编件号,仅在涂层表面侧面画与表面平行的粗点画线,用文字注明涂层的内容,如图 6-12a 所示。

② 薄衬层(指衬橡胶、衬石棉板、衬聚氯乙烯薄膜、衬铅、衬金属板等),在薄衬层表面侧面画与表面平行的细实线,如图 6-12b 所示。

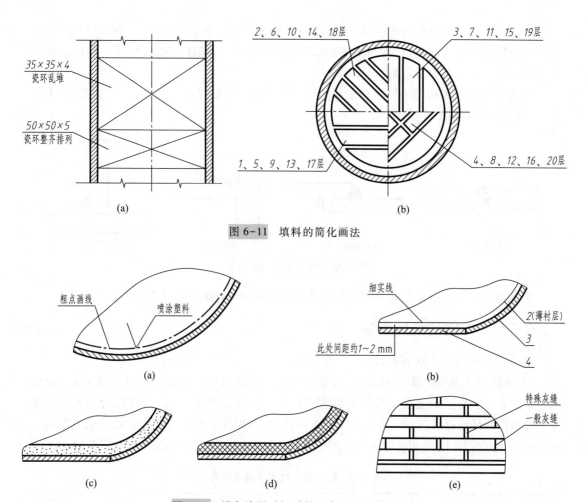

图 6-11　填料的简化画法

图 6-12　设备涂层、衬里剖视（断面）的简化画法

两层或两层以上的薄衬层，仍只画一条细实线。当衬层材料相同时，在明细栏的备注栏注明厚度和层数，只编一个件号；当衬层材料不同时，在明细栏的备注栏注明各层厚度和层数，应分别编件号。

③ 厚涂层（指各种胶泥、混凝土等）和厚衬层（指耐火砖、耐酸板和塑料板等）在装配图中是用局部放大图来表示其结构和尺寸的，如图 6-12c、d 所示。厚衬层中一般结构的灰缝以单粗实线表示，特殊要求的灰缝用双粗实线表示，如图 6-12e 所示。

其他简化画法参考中华人民共和国行业标准 HG/T 20668—2000《化工设备设计文件编制规定》。

6.5　化工设备中焊缝的表示方法

6.5.1　概述

焊接是化工设备制造过程中不可拆卸部分的主要连接方式。焊接通过在连接处加热熔化金属，使完全独立的两部分牢固地连接在一起，具有工艺简单、强度高等优点。

在图样上表达焊缝应按照国家标准 GB/T 12212—2012 和 GB/T 324—2008 中对焊缝的画法、符号、尺寸标注等规定,将焊接件的结构、焊接的方式、焊缝的形状和尺寸通过示意图和符号或必要的文字表示清楚。

常见的焊缝形式有对接焊缝和角接焊缝,其焊接接头形式有对接接头、搭接接头、T 形接头和角接接头,如图 6-13 所示。

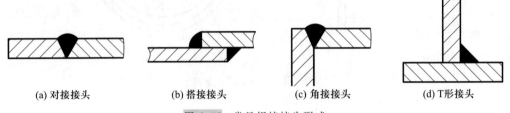

(a) 对接接头　　　　(b) 搭接接头　　　　(c) 角接接头　　　　(d) T形接头

图 6-13　常见焊接接头形式

常见的焊接方法有电弧焊、电阻焊、气焊和钎焊等,以电弧焊应用最广。

6.5.2　焊缝的规定画法

焊接图中焊缝的画法有两种。

1) 焊缝可见面用沿焊缝方向的一组细实线圆弧表示,焊缝不可见面用粗实线表示。焊缝的断面涂黑。当焊缝的宽度或焊脚高度在图样中按缩小比例画出后,当图线间的实际距离≥3 mm 时,焊缝轮廓线(粗线)应按实际焊缝形状画出,焊缝断面用交叉的细实线或涂黑表示。图 6-1 用局部放大图表达焊缝时采用了此方法。表 6-1 中的示意图为常见的焊接接头的画法。

表 6-1　焊缝的示意图及基本符号

序号	名称	示意图	符号	序号	名称	示意图	符号
1	卷边焊缝(卷边完全熔化)		⅛	6	带钝边单边 V 形焊缝		Ⱶ
2	I 形焊缝		‖	7	带钝边 U 形焊缝		Ｙ
3	V 形焊缝		∨	8	带钝边 J 形焊缝		Ⱶ
4	单边 V 形焊缝		Ⅴ	9	封底焊缝		◡
5	带钝边 V 形焊缝		Ｙ	10	角焊缝		◺

续表

序号	名称	示意图	符号	序号	名称	示意图	符号
11	塞焊缝或槽焊缝	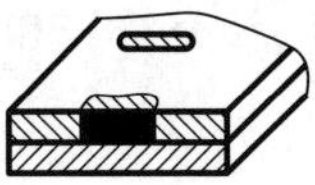	⊔	13	缝焊缝	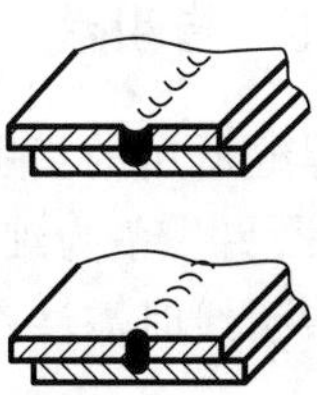	⊖
12	点焊缝	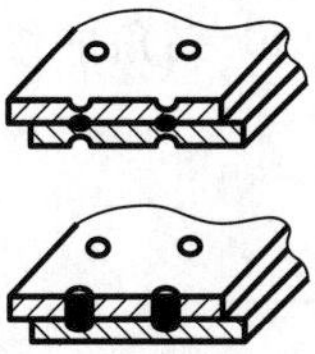	○				

2）当焊缝的宽度或焊脚高度在图样中经缩小比例画出后，当图线间的实际距离<3 mm 时，焊缝可见面与不可见面均用粗实线表示，通过焊缝的标注加以区别，见表 6-2。

表 6-2　焊缝的图示及标注方法

序号	焊缝名称	图　示	标 注 方 法
1	I 形焊缝 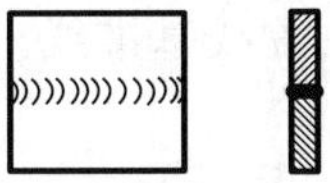  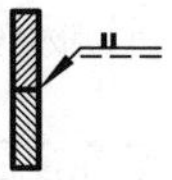		
2	V 形焊缝 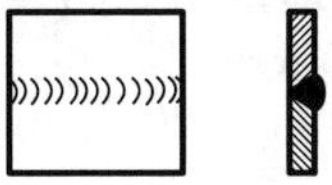  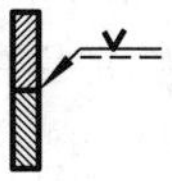		
3	角焊缝 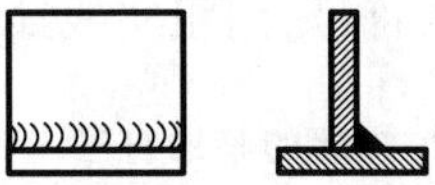  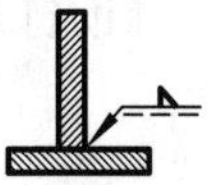		
4	点焊缝 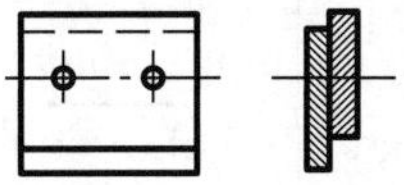  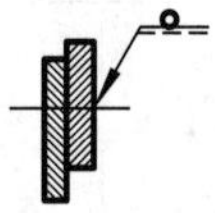		
5	双面 V 形焊缝 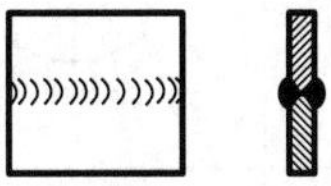  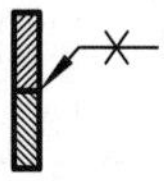		
6	双面角焊缝 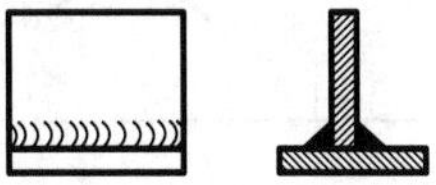  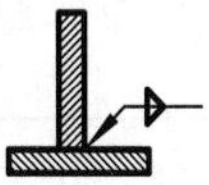		

6.5.3　焊缝符号及其标注

为了简化画图,图样中常采用焊缝画法,并通过标注焊缝符号来表示焊缝。焊缝符号通常由指引线和基本符号组成,必要时还可以加上辅助符号、补充符号和焊缝尺寸符号。

6.5.3.1　指引线

标注焊缝所用的指引线采用细实线绘制,由带箭头的线段(箭头线)和两条基准线(一条为细实线,另一条为细虚线)组成,必要时可加上尾部(90°夹角的细实线),如图 6-14 所示。使用指引线时需注意:

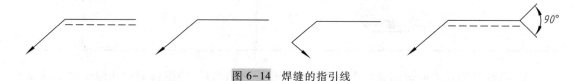

图 6-14　焊缝的指引线

1) 基准线一般应与图样标题栏的长边平行,必要时也可与标题栏长边垂直,虚线可画在实线任一侧。

2) 当箭头直接指向焊缝时,焊缝基本符号标注在基准线实线侧;当箭头指向焊缝的另一侧时,基本符号应标注在基准线的虚线侧。

3) 标注对称焊缝及双面焊缝时,可省去虚线基准线。

6.5.3.2　基本符号

基本符号是表示焊缝横断面形状的符号,近似于焊缝横断面形状。基本符号用粗实线绘制,常用的焊缝基本符号见表 6-1 的符号一栏。

6.5.3.3　辅助符号

辅助符号是表示焊缝表面形状特征的符号,用粗实线绘制,见表 6-3。

表 6-3　焊缝的辅助符号

序号	名称	示意图	符号	说　　明
1	平面符号			焊缝表面平齐(一般通过加工)
2	凹面符号			焊缝表面凹陷
3	凸面符号			焊缝表面凸起

不需要确切说明焊缝表面形状时可以不加辅助符号。

6.5.3.4 补充符号

补充符号是为了补充说明焊缝的某些特征而采用的符号,见表6-4。

表6-4 焊缝的补充符号

序号	名称	示意图	符号	说　　明
1	带垫板符号		$M(或MR)$	表示焊缝底部有垫板
2	三面焊缝符号			表示三面有焊缝
3	周围焊缝符号		○	表示沿着工件周边施焊的焊缝,标注位置为基准线与箭头线的交点处
4	现场焊缝符号			在现场或工地焊接的焊缝
5	尾部符号		<	参考 GB/T 5185—2014 标注焊接工艺方法等

6.5.3.5 焊缝尺寸符号及其标注位置

常见焊缝尺寸如坡口角度、焊缝高度、长度等可以不按尺寸标注的方法而在焊缝符号上加以标注,见表6-5。

表6-5 焊缝的完整标注

序号	焊缝形式	标注示例	说　　明
1			对接 V 形焊缝,坡口角度为70°,焊缝有效厚度为 6 mm,手工电焊弧
2			搭接角焊缝,焊脚高度为 4 mm,在现场沿工件周围施焊

续表

序号	焊缝形式	标注示例	说　明
3	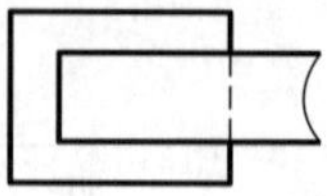	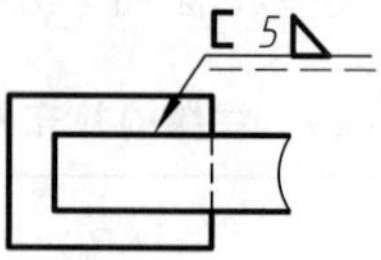	搭接角焊缝,焊脚高度为 5 mm,三面焊接
4	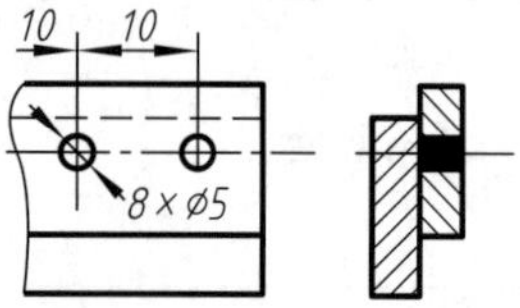	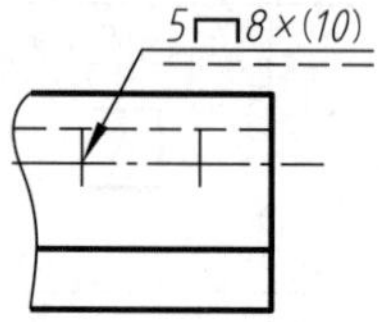	孔径为 5 mm 的塞焊缝,共有 8 个,焊缝孔中心距为 10 mm
5	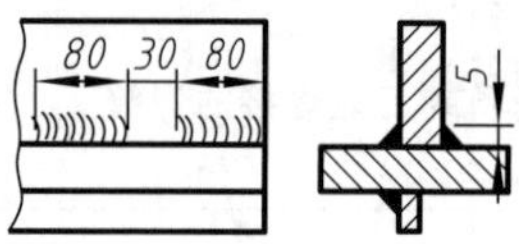	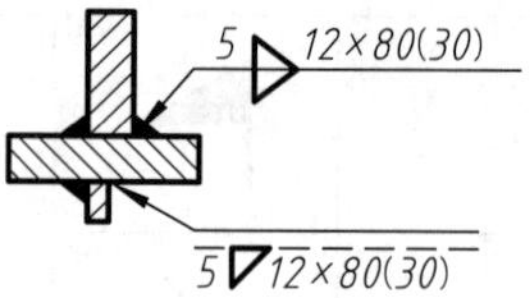	断续三角焊缝,焊脚高度为 5 mm,焊缝长度为 80 mm,焊缝间距为 30 mm,3 处共有 12 段

6.5.4　图例

图 6-15 为焊接件实例。该焊件由 7 个零件采用手工电弧焊焊接而成,焊缝要求均在主视图中注明,各处焊缝意义如下:

1) 主视图右上角的两处焊缝符号表明:大法兰(件 1)与大圆柱壳体(件 3)之间,用焊脚高度为 5 mm 的角焊缝沿内、外圆周施焊。

2) 在大法兰(件 1)与大圆柱壳体(件 3)之间焊接 4 块肋板(件 2)加强。主视图左上角的焊缝符号表明:用焊脚高度为 4 mm 的对称角焊缝与上述两零件焊接。肋板沿直角两个方向正反两面施焊,这样的焊缝共四处(四块相同的肋板)。

3) 主视图右侧中部的焊缝符号表明:大圆柱壳体(件 3)与锥形壳体(件 4)之间采用 I 形焊缝沿结合面在装配现场施焊。

4) 锥形壳体(件 4)与小圆柱壳体(件 6)之间也采用 I 形焊缝沿结合面施焊。

5) 小圆柱壳体(件 6)与小法兰(件 7)之间采用焊脚高度为 5 mm 的角焊缝沿内、外圆周施焊。

6) 小圆柱壳体(件 6)与小法兰(件 7)之间采用四块肋板(件 5)加强,采用焊脚高度为 4 mm 的双面角焊缝与上述两零件焊接,沿箭头所指的三个方向正反两面施焊。这样的焊缝共有四处(该肋板共四块)。

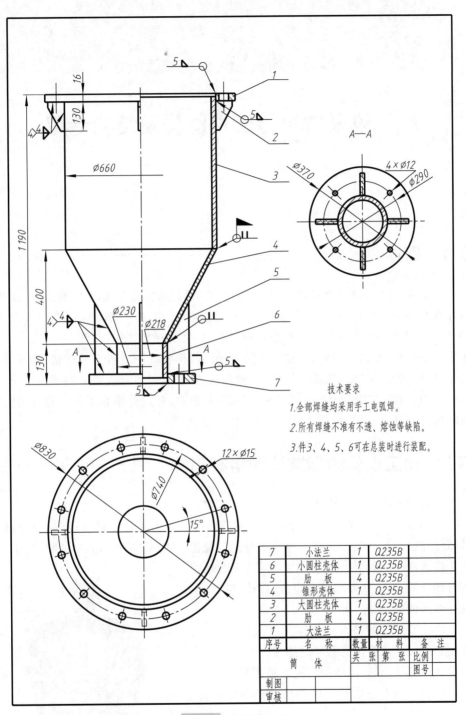

技术要求

1.全部焊缝均采用手工电弧焊。

2.所有焊缝不准有不透、熔蚀等缺陷。

3.件3、4、5、6可在总装时进行装配。

7	小法兰	1	Q235B	
6	小圆柱壳体	1	Q235B	
5	肋板	4	Q235B	
4	锥形壳体	1	Q235B	
3	大圆柱壳体	1	Q235B	
2	肋板	4	Q235B	
1	大法兰	1	Q235B	
序号	名称	数量	材料	备注
筒 体		共 张 第 张	比例	
			图号	
制图				
审核				

图 6-15　筒体装配图

第 **7** 章

化工设备常用零部件图样及结构选用

◉ 7.1 概述

化工设备零部件的种类和规格较多,工艺要求不同,结构形状也各有差异,但这些设备有一些作用相同的零部件,如设备的支座、人孔、连接管孔的法兰等。这些零部件总体可以分为两类:一类是通用零部件,另一类是各种典型化工设备的常用零部件。

为了便于设计、制造和检修,把这些零部件的结构形状统一成若干种规格,相互通用,称为通用零部件。经过多年的实践,对结构比较先进、符合生产和制造要求的通用零部件进行了规格的系列化和标准化工作,经过国家有关部、局批准,制定并颁布了相关标准,这类零部件称为标准化零部件,符合标准规格的零部件称为标准件。

◉ 7.2 化工设备的标准化通用零部件

化工设备中常使用一些作用和结构相同的零部件,如图 7-1 所示的反应罐,它包含筒体、封头、支座、法兰、人(手)孔、接管及补强圈等零部件。为了便于设计、互换及批量生产,这些零部件都已经标准化、系列化,并在各种化工设备上通用。在标准中分别规定了这些零部件在各种条件(如压力大小、使用要求等)下的结构形状和各部分尺寸,这些零部件的设计、制造、检验、使用都以标准为依据。

熟悉这些零部件的基本结构以及有关标准,有助于提高绘制和阅读化工设备图样的能力。对于这些零部件的设计计算及选用,请参阅有关专业书籍和手册,本书附录中引入其中一些零部件的尺寸系列标准,供参考。

图 7-1 反应罐

7.2.1 筒体

筒体为化工设备的主体结构,以圆柱形筒体应用最广。筒体通常采用钢板卷焊制成(特殊或高压设备的筒体除外），其大小是由工艺要求确定的。直径小于 500 mm 的容器，可直接使用无缝钢管制成。筒体较长时，可由多个筒节焊接组成，也可用设备法兰连接组装。

筒体的主要尺寸是直径、高度（或长度）和壁厚，壁厚由强度计算决定，直径和高度（或长度）应考虑满足工艺要求确定，而且筒体公称直径应符合 GB/T 9019—2015《压力容器公称直径》中所规定的尺寸系列，公称直径以筒体直径表示，按内、外径分两个系列。以内径为基准的筒体的公称直径见表 7-1（部分），此表中的公称直径指筒体内径。以外径为基准的筒体的公称直径见表 7-2。

表 7-1 压力容器公称直径（内径为基准）　　　　　mm

公称直径										
300	350	400	450	500	550	600	650	700	750	800
850	900	950	1 000	1 100	1 200	1 300	1 400	1 500	1 600	1 700
1 800	1 900	2 000	2 100	2 200	2 300	2 400	2 500	2 600	2 700	2 800
2 900	3 000	3 100	3 200	3 300	3 400	3 500	3 600	3 700	3 800	

表 7-2 压力容器的公称直径（外径为基准）　　　　　mm

公称直径	150	200	250	300	350	400
外径	168	219	273	325	356	406

标记示例：

公称直径为 1 000 mm 的容器，其标记为：公称直径 DN1000 GB/T 9019。

在明细栏中往往采用如下的标记方法：

"筒体 DN1 000×10, $H=2\ 000$" 表示筒体内径为 1 000 mm，壁厚为 10 mm，高为 2 000 mm（若为卧式容器，则用 L 代替 H，表示筒长）。

7.2.2 封头

封头是设备的重要组成部分，它与筒体一起构成设备的壳体。封头与筒体可以直接焊接，形成不可拆卸的连接，也可以分别焊上法兰，用螺栓、螺母锁紧，与筒体构成可拆卸的连接。

常见的封头形式有半球形（HHA）、椭圆形（EHA、EHB）、蝶形（THA、THB）、锥形[CHA(30)、CHA(45)、CHA(60)]、平底形（FHA）及球冠形（SDH）等，部分如图 7-2 所示，它们多数已标准化。

中、低压压力容器封头形式应优先采用标准型椭圆形封头，必要时也可采用蝶形、锥形等封头。球冠形封头一般只用作两独立受压空间的中间封头或端封头。当采用地坪或钢架平台上底部仅承受液体自重的直立容器时，可采用平板作为其底封头。

标记示例：

封头类型代号　公称直径×封头名义厚度（设计图样上标注的封头最小成形厚度）-封头材料牌号　标准号

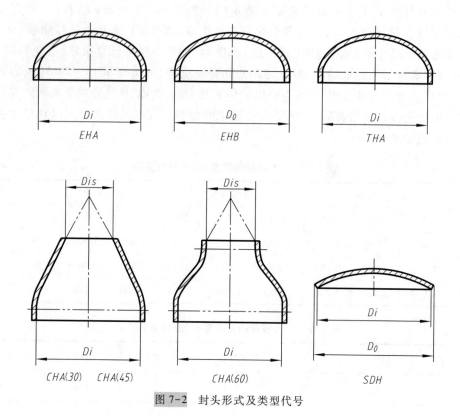

图 7-2　封头形式及类型代号

公称直径 325 mm、封头名义厚度 12 mm、封头最小成形厚度 10.4 mm、材质为 Q345R、以外径为基准的椭圆形封头,标记为:

EHB 325×12(10.4)-Q345R GB/T 25198

公称直径 2 400 mm、封头名义厚度 20 mm、封头最小成形厚度 18.2 mm、$R_i = 1.0 D_i$、$r_i = 0.10 D_i$、材质为 Q345R、以内径为基准的蝶形封头,标记为:

THA 2400×20(18.2)-Q345R GB/T 25198

7.2.3　支座

设备支座用来支承设备的重量并固定设备。支座一般分为立式设备支座、卧式设备支座两大类。每类又按设备的结构形状、安放位置、材料和载荷情况而有多种形式。

下面介绍三种典型的标准化支座:耳式支座、支承式支座和鞍式支座。

7.2.3.1　耳式支座

耳式支座一般用于支承在钢架、墙体或梁上的以及穿越楼板的立式容器,支脚板上有螺栓孔,用螺栓固定设备,其结构形式如图 7-3、图 7-4 所示。为了改善支承的局部应力情况,在肋板与筒体之间加一垫板,以增加受力部分的面积。一般采用四个均匀分布的支座,安装后使设备成悬挂状。但当容器直径小于或等于 700 mm 时,支座数量允许采用两个。

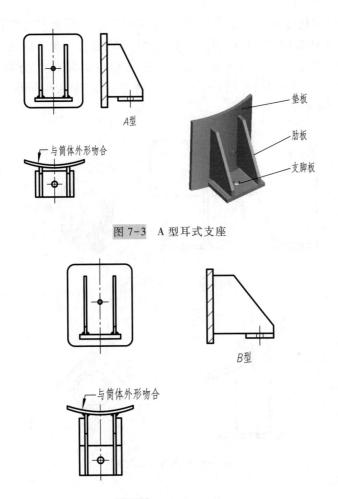

图 7-3 A 型耳式支座

图 7-4 B 型耳式支座

耳式支座有 A 型、B 型、C 型结构,带垫板。A 型(图 7-3)带有短臂,适用于一般立式设备;B 型(图 7-4)带有长臂,适用于带保温层的立式设备;C 型带有加长臂。

标记示例:

标准号 支座型号 支座号-材料代号

支座的肋板和底板材料代号:Ⅰ—Q235B,Ⅱ—S30408,Ⅲ—15CrMoR

A 型,3 号耳式支座,支座材料为 Q235B,垫板材料为 Q245R,标记为:

NB/T 47065.3—2018,耳式支座 A3-Ⅰ

材料:Q235B/Q245R

B 型,3 号耳式支座,支座材料为 S30408,垫板材料为 S30408,垫板厚 12 mm,标记为:

NB/T 47065.3—2018,耳式支座 B3-Ⅱ,$\delta_3 = 12$

材料:S30408/S30408

7.2.3.2 支承式支座

支承式支座多用于安装在距地坪或基准面较近的具有椭圆形封头的立式容器上。其结构如图 7-5 所示。它是由两块竖板、一块垫板及一块底板组成,竖板焊于设备的下封头上,底板搁在地基上,并用地脚螺栓加以固定。支承式支座的数量一般采用三个或四个均布。

支承式支座结构有 A 型、B 型两种。A 型(图 7-5)由钢板焊制,分为用于承载 16、27、54、70、180、250 kN 6 个支座号;B 型(图 7-6)由钢管制作,分为用于承载 32、49、95、173、220、270、312、366 kN 8 个支座号。

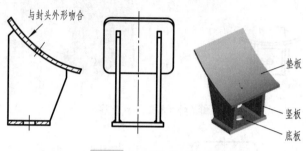

图 7-5　A 型支承式支座

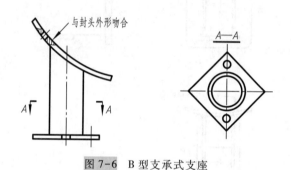

图 7-6　B 型支承式支座

标记示例:

标准号 支座型号 支座号

钢板焊制的 3 号支承式支座,支座材料和垫板材料为 Q235B 和 Q245R,标记为:

NB/T 47065.4—2018,支承式支座 A3

材料:Q235B/Q245R

钢管制作的 4 号支承式支座,支座高度为 600 mm,垫板厚度为 12 mm。钢管材料为 10号钢,底板材料为 Q235B,垫板材料为 S30408,标记为:

NB/T 47065.4—2018,支承式支座 B4,$h=600$,$\delta_3=12$

材料:10,Q235B/S30408

7.2.3.3　鞍式支座

鞍式支座(简称鞍座)可作为卧式容器的支座。其结构如图 7-7 所示,主要由一块竖板支承着一块弧形板(与设备外形相贴合),竖板焊在底板上,中间焊接若干块肋板,组成鞍式支座,以承受设备的负荷。弧形板起着垫板的作用,可改善受力分布情况。但当设备直径较大、壁厚较薄时,还需另衬加强板。

卧式设备一般用两个鞍座支承。当设备过长,超过两个支座允许的支承范围时,应增加支座数目。

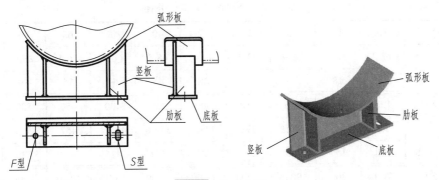

图 7-7 鞍式支座

同一直径的鞍式支座分为 A 型(轻型)和 B 型(重型)两种,每种类型又分为 F 型(固定式)和 S 型(滑动式)两类。F 型和 S 型的主要区别在于地脚螺孔不同:F 型是圆形孔,S 型是长圆孔。F 型和 S 型常配对使用,其目的是在容器因温差膨胀或收缩时,S 型滑动式支座可以滑动调节两支座间距,而不致使容器受附加应力作用。鞍式支座的主要性能参数为公称直径 DN(mm)、鞍座高度(mm)和结构形式,可参看标准 NB/T 47065.1—2018。

标记示例:

标准号 鞍座型号 公称直径-鞍座类型

DN325 mm,120°包角,重型,不带垫板的标准尺寸的弯制固定式鞍式支座,支座材料为 Q345R,标记为:

NB/T 47065.1—2018,鞍式支座 BV325-F

材料栏内注:Q345R

DN1600 mm,重型滑动鞍座,支座材料为 Q235B,垫板材料为 S30408,支座高度为 400 mm,垫板厚度为 12 mm,滑动长孔长度为 60 mm,标记为:

NB/T 47065.1—2018,鞍式支座 B II 1600-S,$h = 400$,$\delta_4 = 12$,$l = 60$

材料栏内注:Q235B/S30408

7.2.4 法兰

法兰连接是可拆连接的一种。由于法兰连接有较好的强度和密封性,适用范围也较广,因而在化工企业中应用较为普遍。

法兰连接是由一对法兰、密封垫片和螺栓、螺母、垫圈等零件组成的一种可拆卸连接。法兰是法兰连接中的一个主要零件。

化工设备用的标准法兰有两类:管法兰和压力容器法兰(又称设备法兰)。前者用于管道的连接,后者用于设备筒体(或封头)的连接。标准法兰的主要参数是公称直径(DN)和公称压力(PN),管法兰的公称直径应与所连接管子的公称直径相一致。管子的公称直径 DN 和钢管外径按表 7-3 的规定。压力容器法兰的公称直径应与所连接筒体(或封头)的公称直径(通常是指内径)相一致。所以,这两类标准法兰即使公称直径相同,它们的实际尺寸也是不一样的,选用时必须注意区别,相互并不通用。如果设备筒体系由无缝钢管制成,则应选用管法兰的标准。

表 7-3　公称直径和钢管外径

mm

公称直径 DN		10	15	20	25	32	40	50	65	80	100
钢管外径	A	17.2	21.3	26.9	33.7	42.4	48.3	60.3	76.1	88.9	114.3
	B	14	18	25	32	38	45	57	76	89	108
公称直径 DN		125	150	200	250	300	350	400	450	500	600
钢管外径	A	139.7	168.3	219.1	273	323.9	355.6	406.4	457	508	610
	B	133	159	219	273	325	377	426	480	530	630
公称直径 DN		700	800	900	1 000	1 200	1 400	1 600	1 800	2 000	
钢管外径	A	711	813	914	1 016	1 219	1 422	1 626	1 829	2 032	
	B	720	820	920	1 020	1 220	1 420	1 620	1 820	2 020	

注:A 系列为国际通用系列(俗称英制管),B 系列为国内沿用系列(俗称公制管)。

7.2.4.1　管法兰

管法兰用于管道间以及设备上的接管与管道的连接。管法兰按其与管子的连接方式分为平焊法兰、对焊法兰、整体法兰、承插焊法兰、螺纹法兰、环松套法兰、法兰盖、衬里法兰盖等,如图 7-8 所示。

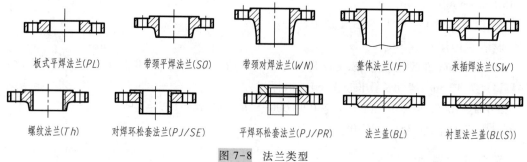

板式平焊法兰(PL)　带颈平焊法兰(SO)　带颈对焊法兰(WN)　整体法兰(IF)　承插焊法兰(SW)

螺纹法兰(Th)　对焊环松套法兰(PJ/SE)　平焊环松套法兰(PJ/PR)　法兰盖(BL)　衬里法兰盖(BL(S))

图 7-8　法兰类型

法兰密封面形式主要有突面(代号为 RF)、凹(FM)凸(M)面、榫(T)槽(G)面、全平面(FF)和环连接面(RJ)等,如图 7-9 所示。突面型密封的密封面为平面,在平面上制有若干圈三角形小槽,以增加密封效果;凹凸型密封的密封面由一凸面和凹面配对,凹面内放置垫片,密封效果比平面型好;榫槽型密封的密封面由一榫形面和一槽形面配对,垫片放在榫槽中,密封效果最好,但加工和更换要困难些。

管法兰的标准为 HG/T 20592~20635—2009《钢制管法兰、垫片、紧固件》。管法兰的主要参数为公称压力、公称直径、密封面形式和法兰形式等,公称压力系列为 PN2.5、PN6、PN10、PN16、PN25、PN40、PN63、PN100、PN160 共 9 个等级,公称直径根据公称压力的不同有不同的系列。

标记示例:

标准号 法兰(或法兰盖)类型代号 公称直径-公称压力 密封面形式代号 钢管壁厚 材料牌号

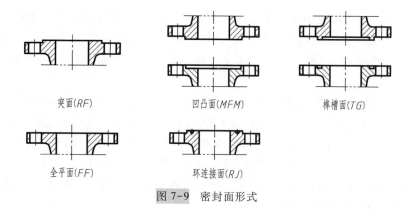

图 7-9　密封面形式

公称直径为 1 200 mm、公称压力为 0.6 MPa(PN6)、配用公制管的突面板式平焊钢制管法兰,材料为 Q235B,标记为:

HG/T 20592　法兰　PL1200(B)-6　RF　Q235B

公称直径为 100 mm、公称压力为 10.0 MPa(PN100)、配用英制管的凹面带颈对焊钢制管法兰,材料为 16 Mn,钢管壁厚为 8 mm,标记为:

HG/T 20592　法兰　WN100-100　FM　$S=8$ mm　16Mn

7.2.4.2　压力容器法兰

压力容器法兰用于设备筒体与封头的连接。压力容器法兰分为甲型平焊法兰、乙型平焊法兰和长颈对焊法兰三种。压力容器法兰密封面形式有平面密封面(RF)、榫(T)槽(G)密封面、凹(FM)凸(M)密封面三种,另外还有三种相应的衬环密封面(代号为"C-"加上相应的密封面代号)。

压力容器法兰的标准为 NB/T 47020~47027—2012《压力容器法兰、垫片、紧固件》。压力容器法兰的主要性能参数为公称压力(MPa)、公称直径(mm)、密封面形式、材料和法兰结构形式等。

标记示例:

法兰名称及代号-密封面形式代号 公称直径-公称压力/法兰厚度-法兰总高度 标准号

公称压力 1.60 MPa(PN16),公称直径为 800 mm 的榫槽密封面乙型平焊法兰的榫面法兰,标记为:

法兰 T　800-1.60　NB/T 47022—2012

若上述法兰为带衬环型,则标记为:

法兰 C-T　800-1.60　NB/T 47022—2012

7.2.5　手孔与人孔

需进行内部清理或安装制造以及检查的容器,必须开设手孔与人孔。手孔通常是在容器上接一短管并盖一盲板构成,其基本结构如图 7-10 所示。手孔直径一般为 150~250 mm,应使工作人员戴上手套并握有工具的手能很方便地通过,标准化手孔的公称直径有 DN150、DN250 两种。

当容器的公称直径大于或等于 1 000 mm 且筒体与封头为焊接连接时,容器应至少设置一个人孔。公称直径小于 1 000 mm 且筒体与封头为焊接连接时,容器应单独设置人孔或手孔。人孔的大小及位置应考虑工作人员进出方便。人孔的形状有圆形和椭圆形两种,圆形人孔制造方便,应用较为广泛;椭圆形人孔制造较困难,但对壳体强度削弱较小。

为减小对壳体强度的削弱和减少密封面,人孔尺寸要求尽量小。圆形人孔最小尺寸为 400 mm,椭圆形人孔的最小尺寸为 400 mm×300 mm。直径较大、压力较高的设备,一般选用直径为 400 mm 的人孔;压力不大的设备可选取直径为 450 mm 的人孔;严寒地区的室外设备或有较大内件更换要从人孔取出的设备,可选用直径为 500 或 600 mm 的人孔。

人孔、手孔结构形式的选择应根据孔盖的开启频繁程度、安装位置、密封性要求、盖的重量及开启时占据的空间等因素决定。

孔盖需要经常开闭时,宜选用快开式人孔、手孔结构。图 7-11 是一种碳素钢椭圆形回转盖快开人孔的结构。其主要特点是盖的一端有铰链,可以自由回转启闭,还采用了活节螺栓,为快速启闭提供了方便。

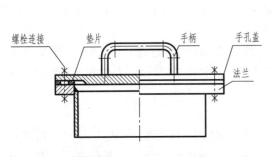

图 7-10　手孔的基本结构

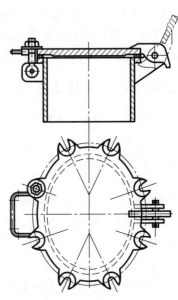

图 7-11　椭圆形回转盖快开人孔

人孔和手孔的种类较多,若选用标准件,碳素钢和低合金钢人孔、手孔标准则选用 HG/T 21514~21535—2014《钢制人孔和手孔》;不锈钢人孔、手孔可查阅标准 HG/T 21594~21604—2014《不锈钢人孔和手孔》。人孔、手孔的主要性能参数为公称压力、公称直径、密封面形式及人孔、手孔结构形式等。

标记示例:

名称 密封面代号 材料类别代号 紧固螺栓(柱)代号(垫片(圈)代号)　非快开回转盖人孔和手孔盖轴耳形式代号 公称直径-公称压力 非标准高度 非标准厚度 标准号

公称直径 DN450、$H_1=160$,采用石棉橡胶板垫片的常压人孔,标记为:

人孔(A-XB350)　450　HG/T 21515—2014

若 $H_1=190$(非标准尺寸)的上例人孔,标记为:

人孔(A-XB350)　450　$H_1 = 190$　HG/T 21515—2014

公称压力 PN6、公称尺寸 450×350、$H_1 = 200$，采用石棉橡胶板垫片的椭圆形回转盖快开人孔，标记为：

人孔(A-XB350)　450×350-6　HG/T 21526—2014

7.2.6　视镜

视镜主要用来观察设备内物料及其反应情况，也可以作为料面指示镜。供观察用的视镜玻璃夹紧在接缘和压紧环之间，用双头螺柱连接，构成视镜装置。视镜与容器的连接方式有两种。一种是视镜座外缘直接与容器的壳体或封头相焊，如图 7-12 所示；另一种是视镜座由配对管法兰(或法兰凸缘)夹持固定，如图 7-13 所示。

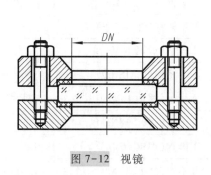

图 7-12　视镜

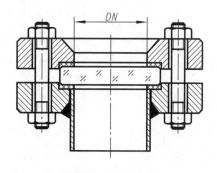

图 7-13　带颈视镜

在选择视镜时，尽量采用不带颈视镜，因为不带颈视镜结构简单，不易结料，窥视范围大。当视镜需要斜装、设备直径较小或受容器外部保温层限制时，采用带颈视镜。压力容器视镜用于公称压力较大的场合(大于 0.6 MPa)。

标记示例：

公称压力为 2.5 MPa、公称直径为 50 mm、材料为不锈钢、不带射灯、带冲洗装置的视镜，标记为：

视镜　PN2.5　DN50　Ⅱ-W　NB/T 47017—2011

7.2.7　液面计

液面计是用来观察设备内部液面位置的装置。液面计结构有多种形式，最常用的有玻璃管(G 型)液面计、透光式(T 型)玻璃板液面计、反射式(R 型)玻璃板液面计，其中部分已经标准化。性能参数有公称压力、使用温度、主体材料、结构形式等，见表 7-4。

图 7-14 所示为玻璃管液面计。主要由三部分组成：玻璃管、保护罩及上下端与设备连通并可控制的一对阀门。阀门可以是针形阀，也有用旋塞。保护罩分保温型(W)和普通型两种，图中示出了它们的结构形状。标准的玻璃管液面计的标记，必须注明阀门的法兰密封面形式、材料类别、结构形式、公称压力、液面计的公称长度及标准号。

图 7-15 为反射式玻璃板液面计的基本形状。玻璃板为长条形，用双头螺柱夹紧在接缘和压板之间，压紧面用衬垫防漏。接缘可直接焊在设备上，也可接一短管构成带颈式。主体材料分为Ⅰ(碳钢)、Ⅱ(不锈钢)两类。标准号为 HG 21590—1995。

表 7-4　液面计系列标准

名称	型号	公称压力/MPa	使用温度/℃	结 构 特 性		标准号
				结构形式	液面计主体材料	
玻璃管液面计	G	1.6	0~200	普通型	Ⅰ 碳钢（锻钢 16Mn）	HG 21592—1995
					Ⅱ 不锈钢（0Cr18Ni9）	
				保温型（W）	Ⅰ 碳钢（锻钢 16Mn）	
					Ⅱ 不锈钢（0Cr18Ni9）	
透光式玻璃板液面计	T	2.5	0~250	普通型	Ⅰ 碳钢（锻钢 16Mn）	HG 21589.1—1995
					Ⅱ 不锈钢（0Cr18Ni9）	
				保温型（W）	Ⅰ 碳钢（锻钢 16Mn）	
					Ⅱ 不锈钢（0Cr18Ni9）	
		6.3	0~250①	普通型	Ⅰ 碳钢（锻钢 16Mn）	HG 21589.2—1995
					Ⅱ 不锈钢（0Cr18Ni9）	
				保温型（W）	Ⅰ 碳钢（锻钢 16Mn）	
					Ⅱ 不锈钢（0Cr18Ni9）	
反射式玻璃板液面计	R	4.0	0~250①	普通型	Ⅰ 碳钢（锻钢 16Mn）	HG 21590—1995
					Ⅱ 不锈钢（0Cr18Ni9）	
				保温型（W）	Ⅰ 碳钢（锻钢 16Mn）	
					Ⅱ 不锈钢（0Cr18Ni9）	

注：① 当使用温度超过 200 ℃时，应按规定降压使用。

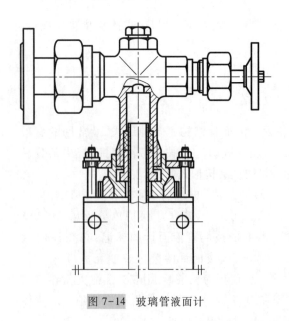

图 7-14　玻璃管液面计

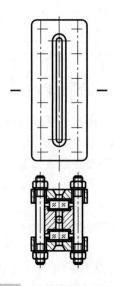

图 7-15　反射式玻璃板液面计

标记示例：

公称压力为 2.5 MPa、碳钢材料（Ⅰ）、保温型（W）、排污口配阀门（V）、突面法兰连接（按 HGJ 50 标准）（A）、透光式（T）、公称长度 $L = 1\,450$ mm 的玻璃板液面计，标记为：

液面计　AT2.5-ⅠW-1450V

公称压力为 4.0 MPa、不锈钢材料（Ⅱ）、普通型、凸面法兰连接（B）、反射式（R）、配螺塞、公称长度 $L = 850$ mm 的玻璃板液面计，标记为：

液面计　BR4.0-Ⅱ-850P

公称压力为 1.6 MPa、碳钢材料（Ⅰ）、保温型（W）、法兰标准为 HGJ 46（A）、公称长度 $L = 500$ mm 的玻璃管液面计，标记为：

液面计　AG1.6-ⅠW-500

说明：

1）法兰连接面：A 型——突面法兰，按 HGJ 50 标准；

B 型——凸面法兰，按 HGJ 51 标准；

C 型——突面法兰，按 ANSI B16.5 标准。

2）排污口代号：V——配阀门；

P——配螺塞。

7.2.8　补强圈

补强圈用来弥补设备壳体因开孔过大而造成的强度损失，其结构如图 7-16 所示。补强圈形状应与补强部分相符（图 7-17），使之与设备壳体密切贴合，焊接后能与壳体同时受力，否则起不了补强作用。补强圈上有一小螺纹孔（M10），焊后通入 0.4~0.5 MPa 的压缩空气，以检查补强圈连接焊缝的质量。

图 7-16　补强圈结构示意图

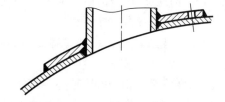

图 7-17　补强圈与设备壳体

补强圈厚度随设备壁厚不同而异，由设计者决定，一般要求补强圈的厚度和材料均与设备壳体相同。

补强圈的参照标准为 JB/T 4736—2002《补强圈》，其主要性能参数是公称直径（即接管公称直径）、厚度和坡口形式。公称直径系列为 50,65,80,100,125,150,175,200,225,300,350,400,450,500,600；厚度系列为 4,6,8,10,12,14,16,18,20,22,24,26,28,30；按照补强圈焊接接头结构的要求，补强圈坡口形式有 A、B、C、D、E 五种，设计者也可根据结构要求自行设计坡口形式。

标记示例：

接管公称直径 $d_N = 100$ mm、补强圈厚度为 8 mm、坡口形式为 D 型，材质为 Q345R 的补强圈，标记为：

$d_N100\times8-D-Q345R$ JB/T 4736—2002

7.3 典型化工设备部分常用零部件

在化工设备中,除上节介绍的通用零部件外,还有一些在典型化工设备中应用的零部件,这些零部件已经标准化和系列化。

本节介绍反应罐、换热器和塔设备中部分常用的零部件结构和标准,帮助读者更好地绘制和阅读这些零部件和相应设备的图样。

7.3.1 反应罐中的常用零部件

反应罐是化学工业中的典型设备之一,供原料在其间进行化学反应。它广泛应用于医药、农药、基本有机合成、有机染料及三大合成材料(合成橡胶、合成塑料和合成纤维)等化工行业中。

图 7-18 为带搅拌的反应罐结构示意图,通常由以下几部分组成:

1)罐体部分。由筒体及上、下封头焊接组成,是物料的反应空间,上封头也可用法兰结构与筒体组成可拆式连接。

2)传热装置。通过直接或间接的加热或冷却方式,以提供化学反应所需的热量或带走化学反应生成的热量,其结构通常有夹套和蛇管两种。图示为间接式夹套传热装置,夹套由筒体和封头焊成。

3)搅拌装置。为了使参与化学反应的各种物料混合均匀,加速反应进行,通常需要在反应罐内设置搅拌装置。搅拌装置由搅拌轴和搅拌器组成。

4)传动装置。用来带动搅拌装置,由电动机和减速器(带联轴器)组成。

5)轴封装置。由于搅拌轴是旋转件,而反应罐容器的封头是静止的,在搅拌轴伸出封头之处必须进行密封,以阻止罐内介质泄漏。常用的轴封有填料箱密封和机械密封两种。

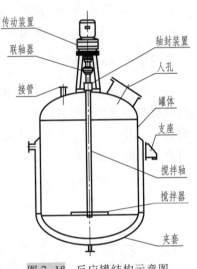

图 7-18   反应罐结构示意图

6)其他结构。各种接管、人(手)孔、支座等附件。

从上述介绍可知,反应罐除了一些通用零部件和不属于本行业的标准部件(电动机、减速器等)外,还有搅拌器、轴封装置和传热装置等常用零部件。

7.3.1.1 搅拌器

搅拌器用于提高传热、传质作用,增加物料化学反应速率。由于物料性质、搅拌速度和工艺要求的不同,设计了各种形式的搅拌器,常用的有桨式、涡轮式、推进式、锚框式、螺带式等搅拌器,图 7-19 为一桨式搅拌器的结构。这几种搅拌器大部分已经标准化,搅拌器主要性能参数有搅拌装置直径(350~2 100 mm,共 16 种)和轴径(30,40,50,60,70,80,90,100,110,120,130,140 mm 等)。

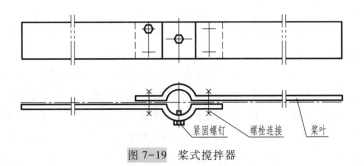

图 7-19 桨式搅拌器

标记示例:

四斜叶可拆开启涡轮搅拌器,搅拌器类型 XCK,直径 800 mm,轮毂内孔直径 65 mm,材质 0Cr18Ni9,标记为:

XCK800-65S3

三窄叶可拆板式旋桨式搅拌器,搅拌器类型 ZCK,直径 1 000 mm,轮毂内孔直径 80 mm,材质碳钢(Q235A),衬橡胶,标记为:

ZCX1000-80T1/LR

7.3.1.2 轴封装置

反应罐的密封有两种:一种是静密封,如筒体与封头用法兰连接时的密封,设备的管口法兰以及人孔、视镜等处的密封等,这些问题可采用垫片等方法解决;另一种是动密封,如搅拌轴伸入设备处的密封(轴封)即属于一种动密封,这类运动部件接触面间的密封问题,必须根据不同的物料、压力、温度等条件,采用不同的结构和相应措施,以解决泄漏问题。

反应罐中应用的轴封结构主要有两大类:填料箱密封和机械(端面)密封。

(1)填料箱密封

填料箱密封的结构简单,制造、安装、检修均较方便,因此应用较为普遍。其基本结构如图 7-20 所示,在箱体与搅拌轴之间充满填料(一般用软质材料,如油浸石棉等),当旋紧螺母时,就能通过压盖将软性填料逐步挤紧而达到密封的效果。

填料箱密封的种类很多,例如有带衬套的、带油环的和带冷却水夹套的等多种结构,以满足不同的性能要求。

填料箱标准为 HG/T 21537—1992《填料箱》。标准中填料箱的主体材料有铸铁、碳钢和不锈钢三种,公称压力有 $PN<0.1$ MPa、$PN\leqslant0.6$ MPa 和 $PN\leqslant1.6$ MPa 三个等级,公称直径 DN 系列为 30,40,50,60,70,80,90,100,110,120,130,140 和 160 mm。

标记示例:

公称直径 $\phi50$ mm 的常压碳钢填料箱,标记为:

填料箱 DN50 HG 21537.3—1992-3

公称直径 $\phi90$ mm 的不锈钢填料箱,材料

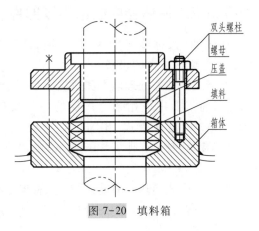

图 7-20 填料箱

为 0Cr18Ni11Ti，标记为：

填料箱 PN0.6　DN90　Ⅰ型 HG 21537.2—1992-7

（2）机械密封

机械密封又称端面密封，是一种比较新型的密封结构。它的泄漏量少，使用寿命长，摩擦功率损耗小，轴或轴套不受磨损，耐振性能好，常用于高低温、易燃易爆、有毒介质的场合。但它的结构复杂，密封环加工精度要求高，安装技术要求高，装拆不方便，成本高。

机械密封的基本结构形式如图 7-21 所示。机械密封一般有四个密封处；A 处是静环座与设备间的密封（属静密封），通常采用凹凸密封面加垫片的方法处理；B 处是静环与静环座间的密封（属静密封），通常采用各种形状的弹性密封圈来防止泄漏；C 处是动环与静环的密封，是机械密封的关键部分（动密封），动静环接触面靠弹簧给予一合适的压紧力，使这两个磨合端面紧密贴合，达到密封效果，这样可以将原来极易泄漏的轴向密封改变为泄漏的端面密封；D 处是动环与轴（或轴套）的密封（静密封），常用的密封元件是 O 形圈。

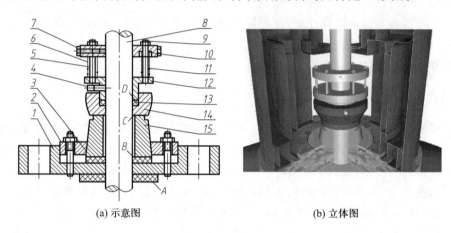

(a) 示意图　　　　　　　　　　(b) 立体图

图 7-21　机械密封

1—静环座；2—静环压板；3—垫圈；4—固定螺钉；5—双头螺钉；6、11—弹簧；7—紧固螺钉；
8—搅拌轴；9—固定柱；10—紧圈；12—弹簧压板；13—密封圈；14—动环；15—静环

为适应不同条件的需要，机械密封有多种结构形式，但其主要元件和工作原理是基本相同的，其结构和形式的具体内容可查阅有关书籍和资料。

7.3.2　换热器中的常用零部件

换热器（又称热交换器）是石油、化工生产中重要的化工设备之一，它是用来完成各种不同换热过程的设备。

管壳式换热器处理能力和适应性强，能承受高温、高压，易于制造，生产成本低，清洗方便，是目前工业中应用最为广泛的一种换热器。管壳式换热器有浮头式（代号为 AES、BES）、立式固定管板式（BEM）、U 形管式（BEU）、双壳程填料函式（AFP）、釜式重沸器（AKT、AKU）、分流壳体填料函式（AJM）等多种形式。图 7-22 为一固定管板式换热器的结构图。

有关管壳式换热器的设计、制造、检验等标准可查阅 GB/T 151—2014《热交换器》。

下面对管壳式换热器中的管板、折流板、拉杆、定距管以及膨胀节等常用零部件作一介绍。

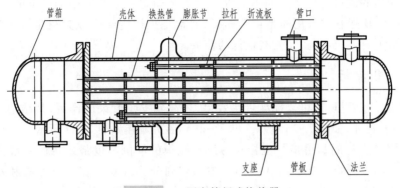

图 7-22　固定管板式换热器

7.3.2.1　管板

管板是管壳式换热器的主要零件,绝大多数管板是圆形平板,如图 7-23 所示,板上开有很多管孔,每个孔固定连接着换热管,板的周边与壳体的管箱相连。板上管孔(换热管)的排列形式应考虑流体性质、结构紧凑等因素,有正三角形、转角正三角形、正方形、转角正方形四种排列形式,如图 7-24 所示。

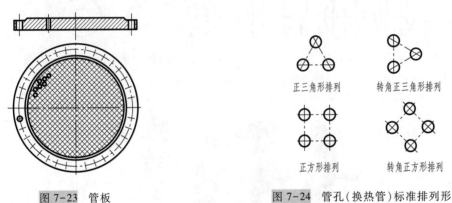

图 7-23　管板

图 7-24　管孔(换热管)标准排列形式

换热管与管板的连接,应保证充分的密封性能和足够的紧固强度,常用胀接、焊接或胀焊并用等方法,其中焊接方式的密封性最可靠,结构形式如图 7-25a 所示。采用胀接方法,当公称压力 PN>0.6 MPa 时,应在管孔中开环形槽,如图 7-25b 所示。当管板厚度>25 mm 时,可开两个环形槽,如图 7-25c 所示。

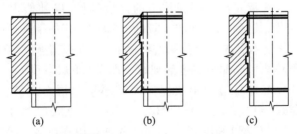

(a)　　　　　　　(b)　　　　　　　(c)

图 7-25　换热管与管板的连接形式

管板与壳体的连接有可拆式和不可拆式两类。固定管板式采用不可拆的焊接连接,浮头式、填料函式、U形管式采用的是可拆连接,通常是把固定端管板夹在壳体法兰和管箱法兰之间。管板上有四个小孔,是安装拉杆的位置。

7.3.2.2 折流板

折流板设置在壳里,它可以提高传热效果,还起到支承管束的作用,其结构形式有弓形和圆盘-圆环形两种,如图7-26所示。圆盘-圆环形折流板如图7-27所示。

目前应用最广泛的是弓形折流板。弓形折流板的缺圆高度最常用的一般为壳体内径的20%~45%。弓形折流板在卧式换热器中的排列分为圆缺口在上下方向和左右方向两种。折流板下部开有小缺口,是为了检修时能完全排除卧式换热器壳体内的残液(立式换热器不开此口)。

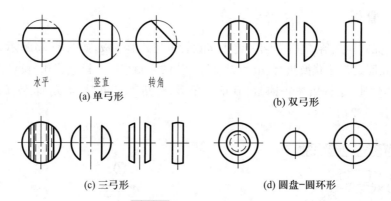

图 7-26　折流板结构形式

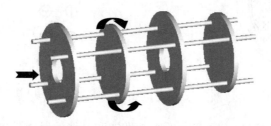

图 7-27　圆盘-圆环形折流板结构图

7.3.2.3 膨胀节

膨胀节是装在固定管板式换热器壳体上的挠性部件,以补偿由于温差引起的变形。最常用的为波形膨胀节,其标准为GB/T 16749—2018《压力容器波形膨胀节》。波形膨胀节可分为整体成形薄壁单层或多层金属波纹膨胀节(单层厚度 $t=0.5\sim3.0$ mm,层数 $n\leqslant5$),结构代号为ZX;整体成形厚薄单层金属波纹膨胀节(单层厚度 $t\geqslant3$ mm,仅适用于层数 $n=1$),结构代号为ZD;带直角边两半波焊接而成厚壁单层金属波纹膨胀节(单层厚度 $t\geqslant3$ mm,仅适用于层数 $n=1$),结构代号为HZ。使用时有立式(L型)和卧式(W型)两类,若带内衬套又分为立式(LC型)和卧式(WC型)两种。用在卧式设备上,又有 A 型-带丝堵、B 型-无丝堵两种。图7-28所示为ZDL、ZDW型结构形式。

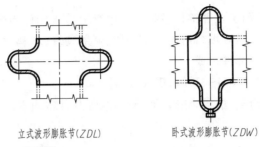

立式波形膨胀节(ZDL)　　　　卧式波形膨胀节(ZDW)

图 7-28 波形膨胀节 ZDL、ZDW 型的结构形式

标记示例:

S30408 材料卧式单层(壁厚 2.5 mm)无加强 U 形 4 波整体成形无丝堵膨胀节(采用薄壁单层),公称压力 PN0.6 MPa,公称直径 DN1000 mm,其标记为:

　　膨胀节　ZXW(Ⅱ)U 1000-0.6-1×2.5×4(S30408)　GB/T 16749—2018

上例若带内衬套(WC),其标记为:

　　膨胀节　ZXWC(Ⅱ)U 1000-0.6-1×2.5×4(S30408)　GB/T 16749—2018

7.3.3　塔设备中的常用零部件

塔设备广泛用于石油及化工生产中的蒸馏、吸收等传质过程。

塔设备通常分为板式塔和填料塔两大类,如图 7-29 所示。板式塔主要由塔体、塔盘、裙座、除沫装置、气液相进出口、人孔、吊柱、液面计(温度计)等零部件组成。为了改善气液相

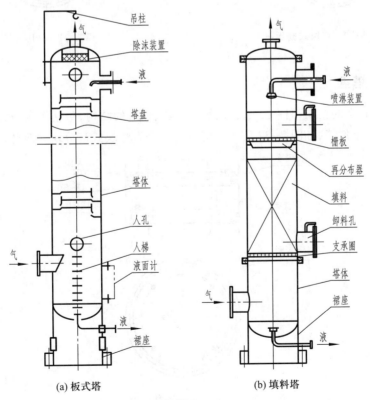

(a) 板式塔　　　　　　(b) 填料塔

图 7-29 塔设备

接触的效果,在塔盘上采用了各种结构措施。当塔盘上传质元件为泡帽、浮阀、筛孔时,分别称为泡罩塔、浮阀塔、筛板塔。填料塔主要由塔体、喷淋装置、填料、再分布器、栅板及气液相进出口、卸料孔、裙座等零部件组成。

塔设备标准为 NB/T 47041—2014《塔式容器》。

下面介绍塔设备中栅板、塔盘、浮阀、泡帽、裙座等几种常用零部件。

7.3.3.1 栅板

栅板是填料塔中的主要零件之一,它起着支承填料环的作用。栅板分为整块式和分块式,如图7-30、图7-31所示。当直径小于500 mm时,一般使用整块式;当直径为900~1 200 mm时,可分成三块;直径再大可分成宽300~400 mm的更多块,以便装拆及进出人孔。

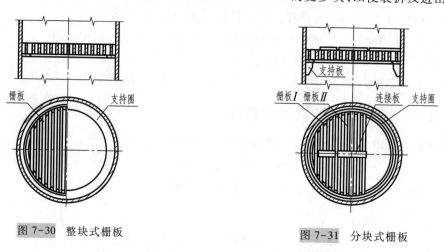

图 7-30 整块式栅板　　　　　　　　　图 7-31 分块式栅板

7.3.3.2 塔盘

塔盘是板式塔的主要部件之一,它是实现传热、传质的结构,包括塔盘板、降液管及溢流堰、紧固件和支承件等,如图7-32所示。塔盘可以分为整块式与分块式两种,一般当塔径为

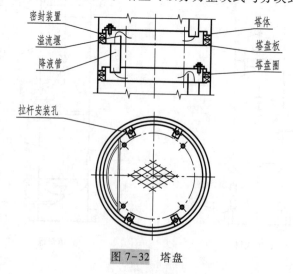

图 7-32 塔盘

$300 \sim 800$ mm 时采用整块式;当塔径大于 800 mm 时可采用分块式。分块的大小,以能在人孔中进出为限。

整块式塔盘的结构大致如图 7-32 所示。塔盘板为整块(板上开有孔眼),与塔盘圈组成盘形。盘的一端为降液管,一般成弓形,也有的用圆形管。弓形降液管的平壁伸出塔盘板若干高度,以构成溢流堰。每层塔盘与塔壁之间用填料、压板、螺栓等组成密封结构。

7.3.3.3 浮阀与泡帽

浮阀和泡帽是浮阀塔和泡罩塔的主要传质零件。

浮阀有圆盘形和条形两种。最常用的为 F1 型浮阀,它结构简单、制造方便、省材料,被广泛采用。其结构如图 7-33 所示,标准为 JB/T 1118—2001《F1 型浮阀》。F1 型浮阀分为 Q 型(轻阀)和 Z 型(重阀),材料规格为 A(0Cr13)、B(0Cr18Ni9)、C(0Cr17Ni12Mo2),主要性能还有塔盘板厚度(系列为 2、3、4)。

标记示例:

用于塔盘板,厚度为 3 mm,由 0Cr18Ni9 钢(B)制成的 F1 型重阀(Z),标记为:

浮阀 F1Z-3B JB/T 1181—2001

泡帽有圆泡帽和条形泡帽两种。圆泡帽已标准化,其标准为 JB/T 1212—1999《圆泡帽》,其结构如图 7-34 所示,使用材料分为 Ⅰ 类(Q235AF)、Ⅱ 类(0Cr18Ni9)。圆泡帽的主要性能参数有公称直径(外径)、齿缝高、材料等,其公称直径分为 80、100、150 mm 三种。

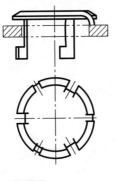

图 7-33 F1 型浮阀

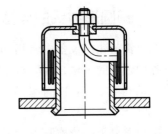

图 7-34 圆泡帽

标记示例:

外径 DN80 mm,齿缝高 $h = 25$ mm,材料为 Ⅰ 类的圆泡帽,标记为:

圆泡帽 DN80-25-Ⅰ JB/T 1212—1999

7.3.3.4 裙式支座

裙式支座简称裙座,是塔设备的主要支承结构件。

裙式支座有两种形式:圆筒形和圆锥形。圆筒形裙座的内径与塔体封头内径相等,制造方便,应用较为广泛;圆锥形裙座承载能力强、稳定性好,对于塔高与塔径比较大的塔特别适用。

图 7-35 为一圆筒形裙座的大致结构,其中人孔(检查孔)的形状有圆孔和长圆孔两种,其数量和尺寸有经验数据可查;排气管的数量、引出管的结构及尺寸有参考数据可查。地脚螺栓座的结构形状如图 7-36 的放大图所示。当螺栓数目较多时,可采用整圈盖板。

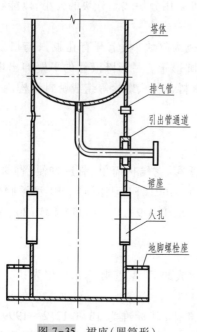

图 7-35　裙座(圆筒形)

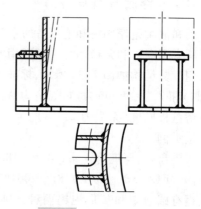

图 7-36　裙座地脚螺栓座

7.4　典型化工设备零件的画法

7.4.1　椭圆形封头的画法

椭圆形封头为化工设备中常用的零件,它的图形由半个椭圆和直边所组成。其中的半椭圆形有各种近似的画法,图 7-37 是化工制图中用得较多的由长、短轴画椭圆形封头的一种近似画法。

已知椭圆形封头的公称直径 DN(即椭圆形长轴 AB)和封头高 h(即椭圆形短轴之半 OC)。连长、短轴的端点 A、C,取 $CE_1 = CE = OA - OC$;作 AE_1 的中垂线,与两轴相交,分别得 O_1、O_2 两点,再取 O_1 的对称点 O_3;O_2、O_1 和 O_3 分别为椭圆形大圆弧 R 和小圆弧 r 的圆心,R 和 r 两圆弧的连接点在 O_1O_2 和 O_2O_3 的延长线上。在半椭圆形的两端画出直边高度,形成椭圆形封头的视图。

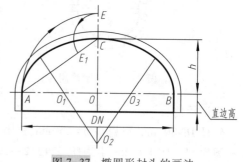

图 7-37　椭圆形封头的画法

7.4.2　蛇管(盘管)的画法

蛇管是化工设备中的一种传热结构,一般伸入设备内,作加热或冷却之用。它的形状最多见的是用管子绕圆柱盘成螺旋形,也有根据设备的结构和工艺的需要,绕成圆锥体或制成长圆形。现对蛇管的投影图做如下几点说明:

1）在平行于蛇管轴线的投影面的视图上，各圈管子的中心线及管子轮廓均画成直线，不必按螺旋线的真实投影画出。

2）蛇管两端的进出管线，可根据需要弯制成各种形状，分别由蛇管的主、俯（或其他）视图表示两端弯曲圆弧的形状和大小。图7-38a 表示管口在设备的侧壁引出，在俯视图上表示了引出部分弯曲圆弧（R）的大小；图7-38b 则表示管口由反应罐顶部封头处引出的图示形状。

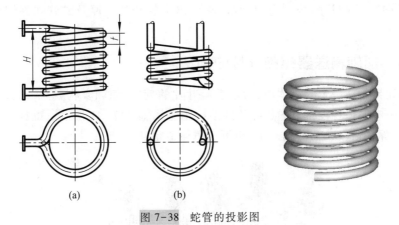

图7-38 蛇管的投影图

3）当蛇管圈数较多（一般在4圈以上）时，可只在两端面画出一两圈的投影，中间各圈可省略，而只用中心线联系，如图7-39所示。

4）在蛇管的零件图上应注出：管子的尺寸 $d×S$（直径×壁厚）、相邻两圈的间距 t（节距）、蛇管中心距 D、总高尺寸 H 等参数。同时，还应用文字注明圈数 n、展开长度 L（不包括引伸部分）。蛇管的展开长度可按下式计算：

$$L=n\sqrt{(\pi D)^2+t^2}$$

如果不画蛇管零件图，则必须在装配图上注出上述各项数据，以供现场施工。

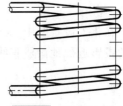

图7-39 蛇管的画法

5）蛇管的画法与机械图中弹簧的画法近似，具体作图步骤如图7-40 所示，现说明如下：

① 根据蛇管的总高尺寸 H 及蛇管中心距 D，定出蛇管主视图的中心线位置，如图7-40a 所示。

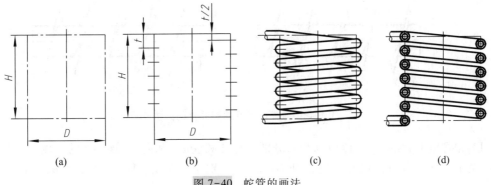

图7-40 蛇管的画法

② 按蛇管的节距 t 及圈数 n,定出各圈中心线的位置。注意左右两端的管中心要错开 $t/2$ 的距离,如图 7-40b 所示。

③ 在各圈的中心线处,按管子的外径画圆弧,并用直线画出相应圆弧的公切线,以表示蛇管的轮廓,如图 7-40c 所示。在蛇管的外形图中,被遮盖的线条(虚线)可不予画出。必要时,按主视图再画出其他视图的投影。

④ 图 7-40d 为蛇管的全剖视图画法,它示出了管子的壁厚及蛇管在剖切后各圈的轮廓线。

7.4.3   螺旋输送器螺旋叶片的画法

螺旋输送器是在一定的筒体内,通过螺旋叶片的旋转,使颗粒状、粉状或胶状物料从一端输送到另一端的一种设备。螺旋叶片的结构示意图如图 7-41 所示。螺旋叶片一般由钢板制成,然后焊在轴(实心或空心)上,也可整体铸造得到。

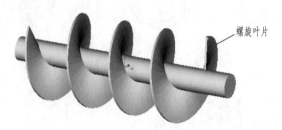

图 7-41   螺旋叶片结构示意图

在化工设备图中,无论是装配图,还是零件图,画螺旋输送器的螺旋叶片时,允许将螺旋线的投影近似地画成直线,其作图步骤如图 7-42 所示。现说明如下:

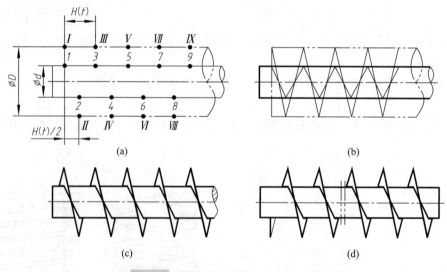

图 7-42   螺旋输送器螺旋叶片的画法

1)按螺旋叶片的导程(螺距) $H(t)$,分别在外导圆柱 ϕD 和内导圆柱 ϕd 的一侧定出 I、III、V、… 及 1、3、5、… 各点,在另一侧错开 $H(t)/2$,分别定出 II、IV、VI、… 及 2、4、6、… 各点,如

图 7-42a 所示。

2）用直线分别连接 I 、II 、III 、IV 、…和 *1*、*2*、*3*、*4*、…各点，即分别为内外两条螺旋线的近似投影，如图 7-42b 所示。

3）区别右旋和左旋，并决定可见部分，最后画成 7-42c 所示的右旋螺面，用粗、细线示意叶片厚薄。

4）当螺旋叶片较多时，还可采用折断画法，以简化和缩短图形，如图 7-42d 所示。

第 8 章

化工设备图的绘制

8.1 概述

化工设备图的绘制方法和步骤与机械图大致相似,但因化工设备图的内容和要求有其特殊之处,故其绘制方法也有相应的差别。

化工设备图的绘制有两种依据:一是对已有设备进行测绘,这种方法主要应用于仿制引进设备或对现有设备进行革新改造;二是依据化工工艺设计人员提供的设备设计条件单进行设计和绘制。本章主要介绍设计过程中绘制化工设备装配图(简称化工设备图)的有关要求和方法步骤。化工设备的零部件图,因与一般机械的零部件图类同,不再述及。

8.1.1 设备设计条件单

设备设计条件单是进行化工设备设计时的主要依据。表 8-1 为一张液氨贮槽的设备设计条件单。条件单列出了该设备的全部工艺要求,一般包含以下内容:

(1) 设备简图

用单线条绘成的简图,表示工艺设计所要求的设备结构形式、尺寸、设备上的管口及其初步方位等。

(2) 设计参数及要求

列表给出工艺要求,如设备操作压力和温度、工作介质及其状态、材质、容积、传热面积、搅拌器形式、功率、转速、传动方式以及安装、保温等各项要求。

(3) 管口表

列表注明各管口的符号、公称尺寸和公称压力、连接面形式、用途等。

设备设计条件单的格式目前尚无统一规定,表 8-1 为某设计院所用的一种格式,供参考。

8.1.2 设备机械设计

设备设计人员依据上述设备设计条件单提供的工艺要求,对设备进行机械设计,包括下列工作:

1) 参考有关图样资料,进行设备结构设计。

因本书第 8 章及第 9 章的内容主要摘自或参照 HG/T 20668—2000《化工设备设计文件编制规定》,该规定中的单位标注形式为"(单位符号)",故本书中涉及的相关部分内容及图样单位以"(单位符号)"形式标注。

表8-1 液氨贮槽的设备设计条件单

		设计参数及要求		容器零件图	
	名称	容器内(壳程)	夹套(管)内(管程)	容器内(壳程)	夹套(管)内(管程)
工作介质	名称	液氨			
	组分				
	密度(g/cm³)	0.61(暗温下)			
	特性	中度危害			
	粘度				
	工作压力(MPa)	1.6			
	设计压力(MPa)	2.16			
安全装置	位置/形式				
	开启(爆破)压力(MPa)				
	工作温度(℃)	42.5			
	设计温度(℃)	50			
	环境温度(℃)				
	壁温(℃)				
	全容积(m³)	5.6			
	操作容积(m³)	充装系数0.85			
	传热面积(m²)				
	折流板/支承板				

材料部分：

	名称	容器内(壳程)	夹套(管)内(管程)
材料	壳体材料	Q345R	
	内件材料		
	衬里防腐要求		
	保温厚度(mm)		
	材料容重(kg/m³)		
基本风压/Pa			
地震基本烈度			
场地类别			
搅拌容积/密度			
搅拌转速(r/min)			
电动机功率/kW			
密闭要求			
操作方式及要求			
静电接地		按本图	
安装检修要求			
管口方位			
其他要求			

管口表

符号	公称尺寸(mm)	公称压力	连接尺寸标准	进端型形式	用途
a	50	PN40	HG/T20592-2009	FM	液氨进口
b	20	PN40	HG/T20592-2009	FM	回流进口
c1-2	80	PN40	HG/T20592-2009	FM	链接泵计量口
d	32	PN40	HG/T20592-2009	FM	压力平衡口
e	15	PN40	HG/T20592-2009	FM	放油口
f	25	PN40	HG/T20592-2009	FM	压力表接口
g	32	PN40	HG/T20592-2009	FM	安全阀口
h	15	PN40	HG/T20592-2009	FM	放空口
j	50	PN40	HG/T20592-2009	FM	液氨出口
k1-2	20	PN40	HG/T20592-2009	FM	液位计接口
m	450	PN40	HG/T20592-2009	M	人孔
p	32	PN40	HG/T20592-2009	/	排污口

备注：规格： 数量： 排列方式： 管边位置与高度：

专业	设计	校核	审核	日期
工艺				
管道				
电控				

工程名称	
设计项目	
设计阶段	
条件编号	
位号/台数	液氨贮槽
	设备图号

简图说明

修改标记	修改内容	签字	日期
	条件内容修改		
			比例

2）对设备进行机械强度计算以确定主体壁厚等有关尺寸。

3）常用零件的选型设计。

做好上述必要的准备工作后,方可着手绘制设备图。在画图过程中,还要对某些部分的详细结构进行不断完善,才能画出一张符合要求的化工设备图。

8.1.3　绘制化工设备图的步骤

绘制化工设备图的步骤大致如下:

1）选择视图表达方案、绘图比例和图面安排。

2）绘制视图。

3）标注尺寸及焊缝代号。

4）编写零部件件号和管口符号。

5）填写明细栏和管口表。

6）填写设计数据表,编写图面技术要求。

7）填写标题栏。

8）校核、审定。

下面结合表 8-1 中液氨贮槽的设计条件,介绍绘制化工设备图的方法及步骤。

8.2　选定表达方案、绘图比例和图面安排

化工设备种类很多,但常见的典型设备主要是容器、反应器、塔器、换热器等。由它们的基本结构组成分析得出其共同的结构特点是:主体(筒体和封头)以回转体为多,主体上管口(接管口)和开孔(人孔、视镜)多,焊接结构多,薄壁结构多,结构尺寸相差悬殊,通用零部件多。这些结构特点使化工设备的视图表达有其特殊之处。

8.2.1　选择视图表达方案

与绘制机械装配图相同,在着手绘制化工设备图之前,首先应确定其视图表达方案,包括选择主视图,确定视图数量和表达方法。在选择设备图的视图方案时,应考虑化工设备的结构特点和图示特点。

8.2.1.1　选择主视图

拟订表达方案,首先应确定主视图。一般应按设备的工作位置,选用能最清楚地表达各零部件间装配和连接关系、设备工作原理及设备的结构形状的视图作为主视图。

主视图一般采用全剖视的表达方法,并结合多次旋转的画法,将管口等零部件的轴向位置及其装配关系、连接方法等表达出来。

8.2.1.2　确定其他基本视图

主视图确定后,应根据设备的结构特点及其他基本视图的选择确定基本视图数量,用以补充表达设备的主要装配关系、形状、结构等。

由于化工设备主体以回转体为多,所以一般立式设备用主、俯两个基本视图,卧式设备则用主、左两个基本视图。俯(或左)视图也可配置在其他空白处,但需在视图上方标明图名。俯(左)视图常用以表达管口及有关零部件在设备上的周向方位。

8.2.1.3　选择辅助视图和各种表达方法

在化工设备图中,常采用局部放大图、×向视图等辅助视图及剖视、断面等各种表达方法来补充基本视图的不足,将设备中零部件的连接、管口和法兰的连接、焊缝结构,以及其他由于尺寸过小无法在基本视图上表达清楚的装配关系和主要结构形状都表达清楚。

图 8-1(见书后插页)是根据表 8-1 绘制的液氨贮槽装配图。图中采用了主、左两个基本视图,左视图配置在主视图下方空白处。主视图选择设备主体轴线水平放置,采用全剖视,将筒体与封头、设备主体与各接管的内在装配关系及设备壁厚等情况表达清楚,在接管及人孔处保留局部外形,以表达其外部结构。左视图用以表达设备上各接管及支座的周向方位以及支座的左视外部形状结构,补充了主视图上对这些部分表达的不足。图中还采用了四个局部放大图分别表达接管与筒体的连接情况及焊缝结构。支座的断面结构及安装孔的形状、位置则采用 $A—A$ 剖视图表达清楚。

8.2.2　确定绘制比例、选择图幅、安排图面

视图表达方案确定后,就需确定绘图比例,选择图纸幅面大小,并进行图面安排。

8.2.2.1　绘图比例

按照设备的总体尺寸选定绘制比例,绘图比例一般应选用国家标准 GB/T 14690—1993《技术制图　比例》中规定的比例。但根据化工设备的特点,基本视图的比例还常有 $1:5$、$1:10$ 等,以 $1:10$ 为多,局部视图则常用 $1:2$ 和 $1:5$。当一张图上有些图形(如局部放大图、剖视的局部图形等)与基本视图的绘图比例不同时,必须分别注明该图形所用的比例。其标注方法如 $\dfrac{I}{1:5}$,$\dfrac{A—A}{2:1}$,即在视图名称的下方注出比例,中间用水平细实线隔开。若图形不按比例绘制,则在标注比例的部位,注上"不按比例"的字样。

8.2.2.2　图纸幅面

化工设备图的图纸幅面应按国家标准 GB/T 14689—2008《技术制图　图纸幅面和格式》中的规定选用。依据设备特点,可允许选用加长 A2 等图幅。图纸幅面大小应根据设备总体尺寸结合绘图比例相互调整选定,并考虑视图数量、尺寸配置、明细栏大小、技术要求等各项内容所占的范围及它们的间隔等因素来确定,力求使全部内容在幅面上布置得匀称、美观。

8.2.2.3　图面安排

按设备的总体尺寸确定绘图比例和图纸幅面,画好图框,接着进行图面安排。

一张化工设备的装配图通常包含以下内容:视图、标题栏、主签署栏、质量及盖章栏、明细栏、管口表、设计数据表、技术要求、注、制图签署栏、会签栏等。它们在图幅中的位置安排格式如图 8-2 所示。

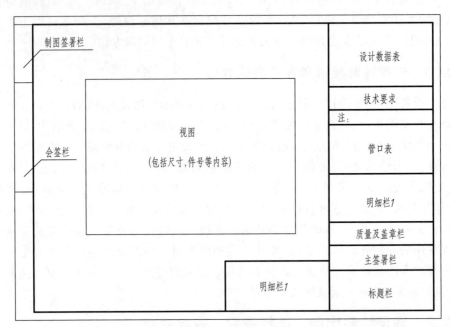

图 8-2　图面安排

■ 8.3　视图的绘制

视图是图样的主要内容,因此绘制视图是绘制化工设备图的最重要的环节。根据化工设备图的特点,视图绘制一般应按下列原则进行:先定位(画轴线、对称线、中心线、作图基准线),后定形(画视图);先画基本视图,后画其他视图;先画主体(筒体、封头),后画附件(接管等);先画外件,后画内件;最后画剖面符号、书写标注等。具体步骤介绍如下:

8.3.1　视图的布置

按先定位、后定形的原则,在绘制视图时,首先要在图幅上布置各视图的位置,即按照选定的视图表达方案,先用设备中心线、支座底线等主要基准线布置基本视图的位置,再用接管中心线或其他作图基准线定出各个支座、接管等的位置以及辅助视图的位置。

视图在图面上应做到布置合理。既考虑到各视图所占的范围及其间隔,又考虑到给尺寸标注、零部件编号留有余地;同时兼顾明细栏、技术要求等所占的范围大小,避免图面疏密不匀。

首先要布置好基本视图的位置,其他视图如局部放大图等,应选择适当比例并尽量布置在基本视图被放大部位的附近。当辅助视图的数量较多时,也可集中画在基本视图的右侧或下方,并应依次排列整齐。总之,整个图面力求布置得匀称、美观,从而使画出的图形协调、清晰和醒目。

需注意的是,化工设备图中除主视图外,其他视图在幅面中一般都可灵活安排。

绘制图 8-1 所示的液氨贮槽装配图时,最初的视图布置如图 8-3 所示。

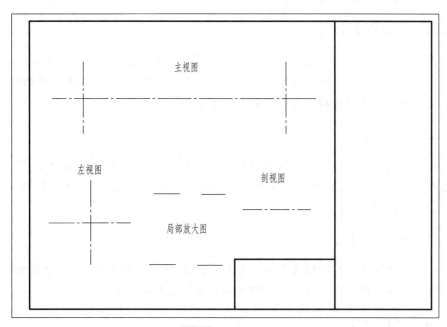

图 8-3　视图布置

8.3.2　画视图

画视图应先从主视图画起,有时要与左(俯)视图配合一起画,因为某些零部件在主视图上的投影要由它在左(俯)视图上的位置决定。初步画完基本视图后,再画必要的局部放大图等辅助视图,并加画剖面符号、焊缝符号等。

图 8-1 所示液氨贮槽就是先画筒体(件 25),接着将椭圆形封头(件 23)、支座(件 24、件 30)、人孔(件 1)按接管的顺序在两基本视图上画好,然后绘制四个局部放大图和一个剖视图,在有关视图上画好剖面符号、焊缝符号并加注视图名称等。

8.3.3　校核

在上述视图画好后,应按照设备设计条件单认真校核,待修正无误后,才算完成视图的绘制工作。

■ 8.4　尺寸和焊缝代号的标注

化工设备图的尺寸和焊缝代号的标注,除需遵守国家标准 GB/T 12212—2012《技术制图　焊缝符号的尺寸、比例及简化表示法》和 GB/T 324—2008《焊缝符号表示法》中的有关规定外,还应结合化工设备的特点,做到正确、完整、清晰、合理,以满足化工设备制造、安装、检验的需要。

8.4.1　尺寸种类

与机械装配图相同,化工设备图需要标注一组必要的尺寸,以反映设备的大小规格、装

配关系,主要零部件的结构形状及设备的安装定位等,一般应标注以下几类尺寸:

8.4.1.1　规格性能尺寸

规格性能尺寸是反映化工设备的规格、性能、特征及生产能力的尺寸,这些尺寸是设计时确定的,是设计、了解和选用设备的依据,如贮槽、反应罐内腔容积尺寸(筒体的内径、高度或长度尺寸)、换热器传热面积尺寸(列管长度、直径及数量)等。

8.4.1.2　装配尺寸

装配尺寸是表示设备各零部件间相对位置和装配关系的尺寸,是装配工作中的重要依据。如各接管的定位尺寸,液面计位置尺寸,支座的定位尺寸,塔器的塔板间距,换热器的折流板、管板间的定位尺寸等。

8.4.1.3　安装尺寸

安装尺寸是设备安装在基础或其他构件上所需要的尺寸,如安装螺栓、地脚螺栓应注出孔的直径和孔间距。例如图 8-1 中支座螺栓孔的孔径及孔中心距。

8.4.1.4　外形尺寸

外形尺寸是表示设备的总长、总高、总宽(或外径)尺寸,用以估计设备所占的空间,供设备在包装、运输、安装及厂房设计时使用。

8.4.1.5　其他尺寸

根据需要应注出的其他尺寸,一般有:
1) 通过设计计算确定而在制造时必须保证的尺寸,如主体壁厚、搅拌轴直径等。
2) 通用零部件的规格尺寸,如接管尺寸:$\phi 32 \times 3.5$,瓷环尺寸:外径×高×壁厚等。
3) 不另绘零件图的零件的有关尺寸,如人孔的规格尺寸。
4) 焊缝的结构形式尺寸,一些重要焊缝在其局部放大图中应标注横截面的形状尺寸。

8.4.2　尺寸基准

标注化工设备图的尺寸时,首先应正确地选择尺寸基准,然后从尺寸基准出发,完整、清晰、合理地标注上述各类尺寸。选择尺寸基准的原则是既要保证设备的设计要求,又要满足制造、安装时便于测量和检验。常用的尺寸基准有以下几种:
1) 设备筒体和封头的中心线和轴线。
2) 设备筒体和封头焊接时的环焊缝。
3) 设备容器法兰的端面。
4) 设备支座的底面。

如图 8-4a 所示的卧式容器,选择筒体和封头的环焊缝作为其长度方向的尺寸基准,选择设备筒体和封头的轴线及支座底面作为高度方向的尺寸基准。如图 8-4b 所示的立式设备,则以容器法兰端面及筒体和封头的环焊缝为高度方向的尺寸基准,图中的容器法兰端面为光滑密封面,当密封面形式是凸凹面或楔槽面时,选取的尺寸基准应如图 8-5 所示。

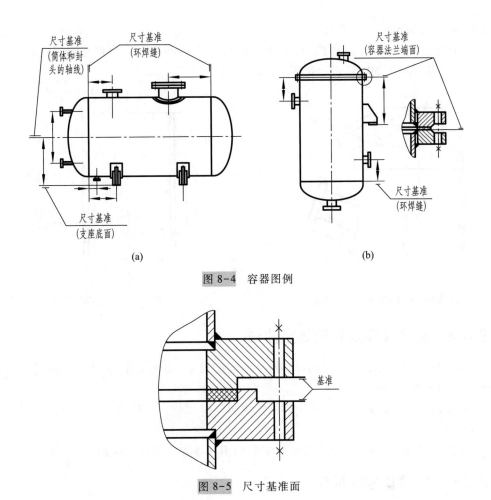

图 8-4 容器图例

图 8-5 尺寸基准面

8.4.3 几种典型结构的尺寸注法

（1）筒体尺寸

一般标注内径、壁厚和高度（或长度）。若筒体由钢管制成，则标注外径。

（2）封头尺寸

一般标注壁厚和封头高（包括直边高度）。

（3）管口尺寸

标注规格尺寸和伸出长度。

1）规格尺寸。直径×壁厚（无缝钢管为外径，卷焊钢管为内径），图中一般不标注。

2）伸出长度。管口在设备上的伸出长度，一般是标注管法兰端面到接管中心线和相接零件（如筒体和封头）外表面交点间的距离，如图 8-6 所示。

当设备上所有管口的伸出长度都相等时，图上可不标注，而在附注中写明"所有管口伸出长度为×× mm"。仅部分管口的伸出长度相等时，除在图中注出不等的尺寸外，其余可在附注中写明"除已注明者外，其余管口的伸出长度为×× mm"。

（4）夹套尺寸

一般注出夹套筒体的内径、壁厚、弯边圆角半径和弯边角度。

（5）填充物（瓷环、浮球等）

一般只标注总体尺寸（筒体内径、堆放高度），并注明堆放方法和填充物规格尺寸。如图 8-7 所示，其中"50×50×5"表示瓷环的"直径×高×壁厚"。

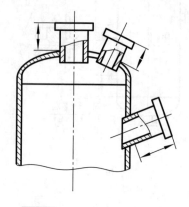

图 8-6   伸出部分的尺寸注法

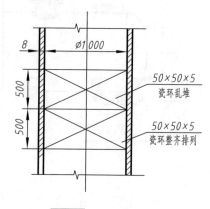

图 8-7   填充物的标注

8.4.4   标注顺序及其他规定注法

1）尺寸标注的顺序，一般按规格性能尺寸、装配尺寸、安装尺寸、其他必要的尺寸，最后是外形尺寸的顺序进行标注。

2）除外形尺寸、参考尺寸外，不允许标注成封闭链形式。外形尺寸、参考尺寸常加括号或"～"符号。

3）个别尺寸不按比例时，常在尺寸数字下加画一条细实线以示区别。

8.4.5   焊缝代号的标注

化工设备图的焊缝，除了按有关规定画出其位置、范围和剖面形状外，还需根据国家标准的有关规定代号确切清晰地标注出对焊缝的要求。有关焊缝的标注方法详见 6.5 节。

图 8-1 中的液氨贮槽为低压化工设备，其焊缝在剖视图中只需涂黑表示，所采用的焊接方法、焊接接头形式、焊条型号及焊缝检验要求等，都在图样的设计数据表中作出统一说明，而不再逐一标注焊缝代号。

8.5   零部件件号和管口号

为了便于读图和装配以及生产管理工作，化工设备图中的所有零部件都应编号，并编制相应的零部件明细栏。

8.5.1   编写零部件件号

8.5.1.1   件号的标注方法

化工设备图中，零部件的件号可按 GB/T 4458.2—2003《机械制图   装配图中零、部件序号及其编排方法》中的有关规定标注。零部件件号的标注要求是清晰、醒目,将件号排列整齐、美观。

1) 件号表示方法如图 8-8 所示,由件号数字、件号线、引线三部分组成。件号线长短应与件号数字宽相适应,引线应自所表示零件或部件的轮廓线内引出。件号数字字体常用5 号字。件号线、引线均为细线。引线不能相交,若通过剖面线,引线则不能与剖面线平行,必要时引线可曲折一次。

2) 一组紧固件(如螺栓、螺母、垫片等)或装配关系清楚的零件组以及另有局部放大图表达的一组零部件的件号,可共用一条引线,但在局部放大图上应将零部件件号分开标注。

3) 件号应尽量编排在主视图上,一般从主视图的左下方开始,按顺时针或逆时针方向连续顺序编号,整齐排列在水平和竖直方向上,尽量保持间隔均匀,并尽可能编排在图形左侧和上方以及外形尺寸的内侧。件号若有遗漏或需增添,则另在外圈编排补足,如图 8-9所示。

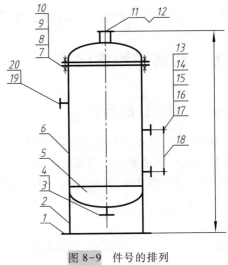

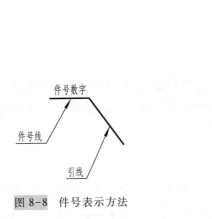

图 8-8 件号表示方法

图 8-9 件号的排列

8.5.1.2 件号的编写原则

1) 化工设备图中所有零部件都须编写件号,同一结构、规格和材料的零部件,无论数量多少以及装配位置是否相同,均编成同一件号,并且一般只标注一次。

2) 直接组成设备的零部件(如薄衬层、厚衬层、厚涂层等),不论有无零部件图,均需编写件号。

3) 外购部件作为一种部件编号。

4) 部件装配图中若沿用设备装配图中的序号,则在部件装配图上编件号时,件号由两部分组成,一部分为该部件在设备装配图中的部件件号,另一部分为部件中的零件或二级部件的顺序号,中间用横线隔开。例如,某部件在设备装配图中的件号为 4,在其部件装配图中的零件(或部件)的编号则为 4-1、4-2 等。若有二级以上部件的零件件号,则按上述原则依次加注顺序号。

8.5.2 编写管口符号

为清晰地表达开孔和管口位置、规格、用途等,化工设备图上应编写管口符号和与之对应的管口表。

1) 管口符号的标注如图 8-10 所示,由带方框或圈的管口符号组成。在装配图中,管口符号用小写或大写英文字母表示,字体为 5 号字。

2) 管口符号一律注写在各视图中管口的投影附近或管口中心线上,以不引起管口相混淆为原则。同一接管在主、左(俯)视图上应重复注写。

图 8-10 管口符号的标注

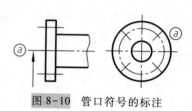

3) 规格、用途及连接面形式不同的管口,需单独编号;而规格、用途及连接面形式完全相同的管口,则编为同一个符号,但需在符号的右下角加注阿拉伯数字以示区别,如 a_1、a_2 等。

4) 管口符号一般以字母的顺序从主视图的左下方开始,按顺时针方向沿竖直和水平方向依次标注,其他视图(或管口方位图)上的管口符号,则应按主视图中的对应符号注写。

8.6 明细栏和管口表

8.6.1 明细栏的格式

明细栏是化工设备各组成部分(零部件)的详细目录,是说明该设备中各零部件的名称、规格、数量、材料、质量等内容的清单。HG/T 20668—2000《化工设备设计文件编制规定》中推荐的明细栏格式有三种,分别适用于不同情况。

8.6.1.1 明细栏 1

明细栏 1 用于总图、装配图、部件图及零件图,其内容、格式及尺寸如图 8-11 所示。

3	NB/T 47027—2012	螺母 M20	24	25	0.052	1.25	
2	NB/T 47027—2012	螺柱 M20x150-A	12	35	0.312	3.74	
1	25-EF0201-4	管箱(1)	1	—		140	
件号 PARTS.NO.	图号或标准号 DWG.NO.OR.STD.NO.	名称 PARTS.NAME	数量 QTY.	材料 MAT'L	单件 SINGLE 质量MASS(kg)	总计 TOTAL	备注 REMARKS
15	30	55	10	30	20		

180; 8; 8x3; 15

图 8-11 明细栏 1

8.6.1.2 明细栏 2

明细栏 2 用于部件图及零件图,即通常所说的简单明细栏,其内容、格式及尺寸如图 8-12 所示。

件号 PARTS.NO	名称 PARTS.NAME	材料 MAT'L	质量(kg) MASS	比例 SCALE	所在图号 DWG.NO.	装配图号 ASSY.DWG.NO.
x	平盖	16Mn	138	1:5	xxxxxx	xxxxxx
20	45	30	20	15	25	
		180				

图 8-12 明细栏 2

8.6.1.3 明细栏 3

明细栏 3 用于管口零件明细栏,其内容、格式及尺寸如图 8-13 所示。

管口符号 NOZZLES.NO.	图号或标准号 DWG.NO.OR.STD.NO.	名称 PARTS.NAME	数量 QTY.	材料 MAT'L	单件质量 SINGLE	总计 TOTAL MASS(kg)	备注 REMARKS
f		接管Ø34x4.5L=104	1	20		0.3	
		拉筋 30x4	2	Q235A		—	长度制造厂定
	HG/T 20615	法兰 WN25-20RF Sch80	3	16Mn		1.1	
15	30	55	10	30	20		
		180					

图 8-13 明细栏 3

在 HG/T 20668—2000《化工设备设计文件编制规定》中新增管口零件明细栏,这是因为管口零件特别是塔设备的管口零件很多,而设计中管口尺寸常修改,当有一个尺寸修改时将引起明细栏和图面的一系列变更,修改工作量大,易产生错误。为了简化修改工作,将所有管口零件作为一个部件编入装配图中,以一个单独的部件图存在。当管口尺寸或零件修改时只需在这张部件图的明细栏上进行修改,这样就大大地简化了修改工作,减少了管口零件统计汇总引起的错误,同时使装配图的明细栏篇幅减少,便于图面布置。

8.6.2 明细栏的填写

8.6.2.1 明细栏 1 的填写

(1)件号栏

明细栏中填写的件号应与图中零部件件号一致,并由下向上依序逐件填写。

(2)图号或标准号栏

1)填写零部件图的图号,不绘图样的零部件此栏空着不填。

2)填写标准零部件的标准号,若材料不同于标准的零部件,此栏空着不填。

3)填写通用件图号。

(3)名称栏

应采用公认和简明的术语填写零部件或外构件的名称和规格。

1)标准零部件按标准规定填写,如"封头 DN1000×10""填料箱 PN6、DN50"等。

2）不绘零件图的零件在名称后应列出规格及实际尺寸。如：① 筒体 DN1 000，$\delta = 10$，$H = 2\,000$（指以内径标注时），② 筒体 $\phi 1\,020 \times 10$，$H = 2\,000$（指以外径标注时），③ 垫片 $\phi 1\,140 / \phi 1\,030$，$\delta = 3$。

3）外购零部件按有关部门规定的名称填写，如"减速机 BLD4-3-23-F"。

（4）数量栏

1）填写设备中属同一件号的零部件的全部件数。

2）填写大量木材或填充物时，数量以 m^3 计。

3）填写各种耐火砖、耐酸砖以及特殊砖等材料时，其数量应以块计或以 m^3 计。

4）填写大面积的衬里材料如铝板、橡胶板、石棉板、金属网等时，其数量应以 m^2 计。

（5）材料栏

1）按国家标准或行业标准的规定，填写各零件的材料代号或名称。

2）无标准规定的材料，按习惯名称注写。

3）外购件或部件在本栏填写"组合件"或画斜细实线。对需注明材料的外购件，此栏仍需填写。

4）大型企业生产的标准材料或外国标准材料，标注名称时应同时注明其代号。必要时，尚需在"技术要求"中做一些补充说明。

（6）质量栏

1）质量栏分单件和总计两项，均以 kg 为单位。

2）数量为多件的零部件，单件质量及总计质量都要填写；当数量只有一件时，可将质量直接填入总计质量栏内。

3）一般零部件的质量应准确到小数点后两位（贵重金属除外）。

4）普通材料的小零件，若质量小、数量少则可不填写，用斜细实线表示。

（7）备注栏

只填写必要的参考数据和说明，如接管长度的"$L = 150$"，外购件的"外购"等，如无需说明一般不必填写。

当件号较多位置不够时，可按顺序将一部分放在主标题栏左边，此时该处明细栏 1 的表头中各项字样可不重复。

8.6.2.2　明细栏 2 的填写

1）件号、名称、材料、质量栏中的填写内容均与明细栏 1 中的相同。

2）当零件和部件中的零件或不同部件中的零件用同一零件图样时，件号栏内应分行填写清楚各个零件的件号。

3）在比例栏中填写零件或部件主要视图的比例，不按比例的图样，应用斜细实线表示。

8.6.2.3　明细栏 3 的填写

1）管口符号应按管口表中的符号依次填写。

2）同一管口符号当法兰连接尺寸相同、接管伸出长度不同时可同列一栏中。

3）同一管口符号当连接接管伸出长度相同时编同一件号。

4）管口连接由多个零件组成,如螺栓、螺母、垫片、盲板、补强板、筋板、弯头、弯头后接板等,均可编入该管口符号的零件中,在此编入件号的零件在装配图中不重复编件号。

5）当管口零件之一需绘零件图时此件编入装配图中,此处不编入,该管口其他零件仍编入此栏中。

6）其余栏填写同明细栏 1。

8.6.3 管口表的格式

管口表是说明设备上所有管口的用途、规格、连接面形式等内容的表格,在HG/T 20668—2000《化工设备设计文件编制规定》中推荐的管口表格式如图 8-14 所示。管口表一般画在明细栏上方。

管 口 表							
符号	公称尺寸(mm)	公称压力	连接标准	法兰形式	连接面形式	用途或名称	设备中心线至法兰面距离
a	250	PN2	HG/T 20615	WN	平面	气体进口	660
b	600	PN2	HG/T 20615			人孔	见图
c	150	PN2	HG/T 20615	WN	平面	液体进口	660
d	50×50				平面	加料口	见图
e	椭300×200					手孔	见图
f_{1-2}	15	PN2	HG/T 20615	WN	平面	取样口	见图

15　15　15　25　20　20　40
180

图 8-14　管口表

8.6.4 管口表的填写

8.6.4.1 符号栏

按英文字母的顺序由上而下填写,且应与视图中管口符号一一对应。当管口规格、用途、连接面形式完全相同时,可合并为一项。

8.6.4.2 公称尺寸栏

1）按管口的公称直径填写。无公称直径的管口,按管口实际内径填写,如椭圆孔填写"长轴×短轴",矩形孔填写"长×宽"。

2）带衬管的接管,按衬管的实际内径填写;带薄衬里的钢接管,按钢接管的公称直径填写,若无公称直径,则按实际内径填写。

8.6.4.3 连接标准栏

1）此栏填写对外连接管口的连接法兰标准。

2）不对外连接管口,如人孔、视镜等,在此栏内不予填写,用斜细实线表示。

3）用螺纹连接的管口,在此栏内填写螺纹规格,如"M24""G3/4"等。

8.6.4.4　连接面形式栏

填写管口法兰的连接面形式,如平面、槽面、凹面等。螺纹连接填写"内螺纹"或"外螺纹"。不对外连接管口的此栏用斜细实线表示。

8.6.4.5　用途或名称栏

应填写管口的标准名称、习惯用名称或简明的用途术语。

标准图或通用图中的对外连接管口在此栏中用斜细实线表示。

8.6.4.6　设备中心线至法兰面距离栏

法兰密封面至设备中心线距离已在此栏内填写,在图中不需注出,如需在图中标注则需填写"见图"的字样。

8.6.5　质量及盖章栏（装配图用）

设备质量是设备订货、土建安装等的重要资料,在 HG/T　20668—2000《化工设备设计文件编制规定》中专设设备质量栏,并集中表示,将它放在与盖章栏同样明显的位置上。

8.6.5.1　内容、格式及尺寸

质量及盖章栏的内容、格式及尺寸见图 8-15。

设备净质量的"其中"栏可以按需增加或减少。

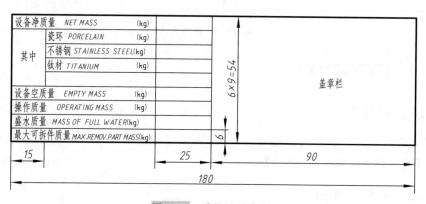

图 8-15　质量及盖章栏

8.6.5.2　填写

1）设备净质量。表示设备所有零部件、金属和非金属材料质量的总和。若设备中有特殊材料如不锈钢、贵金属、触媒、填料等,则应分别列出。

2）设备空质量。为设备净质量、保温材料质量、防火材料质量、预焊件质量、梯子平台质量的总和。

3）操作质量。设备空质量与操作介质质量之和。

4）盛水质量。设备空质量与盛水质量之和。

5）最大可拆件质量。如 U 形管管束或浮头换热器浮头管束质量等。

6）盖章栏。按有关规定盖单位的压力容器设计资格印章。

8.7 设计数据表和图面技术要求

为了适应化工行业的发展及方便国际交流与合作,国内化工设备专业所采用的相关标准在不断修订更新。在 HG/T 20668—2000《化工设备设计文件编制规定》中,将原标准中的技术特性表改为设计数据表,并明确规定为表示设计数据和通用技术要求的表。通用性的技术要求尽量数据表格化,使图样表达更加清晰、明确,有利于提高设计质量。对设计数据表中尚未包括的一般或特殊技术要求,需用文字条款的形式做详尽补充。

8.7.1 设计数据表

化工设备设计数据表是化工设备设计图样中重要的组成部分。该数据表是把设计、制造与检验各环节的主要技术数据、标准规范、检验要求汇于表中,为化工设备的设计、制造、检验、使用、维修、安全管理提供了一整套技术数据和资料。

8.7.1.1 格式及尺寸

HG/T 20668—2000《化工设备设计文件编制规定》中推荐的设计数据表的格式及尺寸如图 8-16 所示。表中字体尺寸:汉字 3.5 号,英文 2 号,数字 3 号。表格数量 n 按需确定。

8.7.1.2 填写内容及方法

设计数据表应包括三个方面的内容:规范、设计参数、制造与检验要求。图 8-16 所示设计数据表适用于搅拌器(另有适用于塔器及换热器的设计数据表,可查阅 HG/T 20668—2000),其内容设计者可按需要增减,其余结构类型设备的填写内容由设计者按需确定。

（1）规范

即设计、制造与检验标准,应根据容器类型、材料类别等实际情况选择,标注规范的标准号或代号,当规范、标准无代号时注全名。如对于卧式压力容器,应填写 TSG 21—2016《固定式压力容器安全技术监察规程》、NB/T 47042—2014《卧式容器》。

（2）压力容器类别

按《固定式压力容器安全技术监察规程》中的确定,根据压力容器的压力等级、品种、介质毒性程度和易爆介质的划分,将压力容器划分为Ⅰ、Ⅱ和Ⅲ类压力容器。

（3）介质

对易爆及有毒介质的混合物,要填写各组分的质量(或体积)比。在"介质特性"栏中主要标明介质的易爆性、渗透性及毒性程度等与选材、容器类别划定及同容器检验有密切关系的特性。

设 计 数 据 表 DESIGN SPECIFICATION							
规范 CDDE							
	容器 VESSEL	夹套 JACKET	压力容器类别 PRESS VESSEL CLASS				
介质 FLUID			焊条型号 WELDING ROD TYPE	按NB/T 47015—2011规定			
介质特性 FLUID PERFORMANCE			焊接规程 WELDING CODE	按NB/T 47015—2011规定			
工作温度　　（℃） WORKING TEMP.IN/OUT			焊缝结构 WELDING STRUCTURE	除注明外采用全焊透结构			
工作压力　（MPaG） WORKING PRESS			除注明外角焊缝腰高 THICKNESS OF FILLET WELD EXCEPTNOTED				
设计温度　　（℃） DESIGN TEMP			管法兰与接管焊接标准 WELDING BETW.PIPE FLANGE AND PIPE				
设计压力　（MPaG） DESIGN PRESS			焊接接头类别 WELDED JOINT CATEGORY		方法-检测率 EX.METHOD%	标准-级别 STD-CLASS	
腐蚀裕量　　（mm） CORR.ALLOW			无损 检测 N.D.E	A,B	容器 VESSEL		
焊接接头系数 JOINTEFF					夹套 JACKET		
热处理 PWHT				C,D	容器 VESSEL		
水压试验压力卧试/立试　（MPaG） HYDRO.TESTPRESS					夹套 JACKET		
气密性试验压力（MPaG） GAS LEAKAGE TESTPRESS			全容积　　　（m³） FULL CAPACITY				
加热面积　　（m²） TRANS SURFACE			搅拌器形式 AGITATOR TYPE				
保温层厚度/防火层厚度(mm) INSULATION/FIRE PROTECTION			搅拌器转速（r/min） AGITATOR SPEED				
表面防腐要求 REQUIREMENT FOR ANTI-CORROSION			电动机功率/防爆等级 B.H.P/ENCLOSURE TYPE				
其他 OTHER			管口方位 NOZZLE ORIENTATION				

图 8-16　搅拌器设计数据表

（4）其他

工作温度、工作压力、设计温度、设计压力、腐蚀裕量、焊接接头系数等项均按 GB 150—2011《压力容器》及其他相关规定填写。

（5）根据设备的不同类型增填有关内容

容器类需填写全容积。换热器类要将"无损检测"项内容按壳程、管程分别填写,还应增填换热面积。带搅拌的反应器类,需填写全容积,必要时还填写操作容积、搅拌器形式、搅拌器转速、电动机功率等。有换热装置的还应填写换热面积等有关内容。塔器类需填写基本风压、地震烈度等。其他类需按设备具体情况填写。

（6）焊条型号

常用焊条型号按 NB/T 47015—2011《压力容器焊接规程》规定,不必注出。焊条的酸、碱性及特殊要求的焊条型号,按需注出。

（7）无损检测

用以检验焊缝质量,检测方法以"RT"表示射线检测,"UT"表示超声检测,"MT"表示磁粉检测,"PT"表示渗透检测。

（8）水压试验压力

容器的压力试验一般采用液压试验,并首选水压试验,其试验压力按 GB 150—2011 中的要求确定。试验方法和要求超出 GB 150—2011 规定的应在文字条款中另行说明。若需采用其他介质作液压试验,应在表中注明介质名称和压力,并需将试验方法及条件在文字条款中另作说明。因特殊需要,压力试验须采用气压试验时,该项内容应改为气压试验压力,试验要求和安全事项应在文字条款中特别注明。

（9）气密性试验压力

一般采用压缩空气进行试验,试验压力按 GB 150—2011 中的要求确定。当设计压力为常压时,应改为盛水试漏。

（10）热处理

主要填写容器整体或部件焊后消除应力热处理或固熔化处理等要求,一般按《固定式压力容器安全技术监察规程》、GB 150—2011 和其他相关标准中的规定填写。对于采用高强度或厚钢板制造的压力容器壳体,其焊接预热、保温、消氢及焊后热处理的要求,应通过焊接评定试验做出详细规定。具体要求应在文字条款中说明。

8.7.2 图面技术要求

8.7.2.1 格式

在图中规定的空白处采用长仿宋体汉字,并以阿拉伯数字 1、2、3、… 的顺序依次编号书写。

8.7.2.2 填写内容

1）对装配图,在设计数据表中未列出的技术要求,需以文字条款表示。当设计数据表中已表示清楚时,此处不标注。"文字条款"中技术要求内容包括一般要求和特殊要求。

一般要求:设计数据表中尚不能包括的通用性制造、检验程序和方法等技术要求。

特殊要求:各类设备在不同条件下,需要提出、选择和附加的技术要求。特殊要求的条款内容力求做到紧扣标准、简明准确、便于执行。特殊要求有些已超出标准规范的范围或具有一定的特殊性,对工程设计、制造与检验有借鉴和指导作用。

2）对零部件图,在图纸右上方空白处填写技术要求。

3）当图面技术要求较多而图幅有限时,可单独在一张图纸上编写专用的技术要求与说明书,并独立编号。此时,应在图纸上注明技术要求的图号。

8.7.3 注

不属技术要求但又无法在其他内容表示的内容,如"除已注明外,其余接管伸出长度为

120 mm"等,可以"注"的形式写在技术要求的下方。

● 8.8   标题栏

化工设备图标题栏的格式和填写内容随化工设备图样的类型不同而不同,HG/T 20668—2000《化工设备设计文件编制规定》中推荐了四种标题栏格式:图纸标题栏、技术文件标题栏、工程图标题栏、标准图标题栏。图纸标题栏即通常所说的标题栏,应用于除工程图、标准图或通用图、技术文件图样以外的大部分图样,用于 A0、A1~A4 图幅。

8.8.1   标题栏

8.8.1.1   标题栏的内容和格式

标题栏的内容及格式如图 8-17 所示。

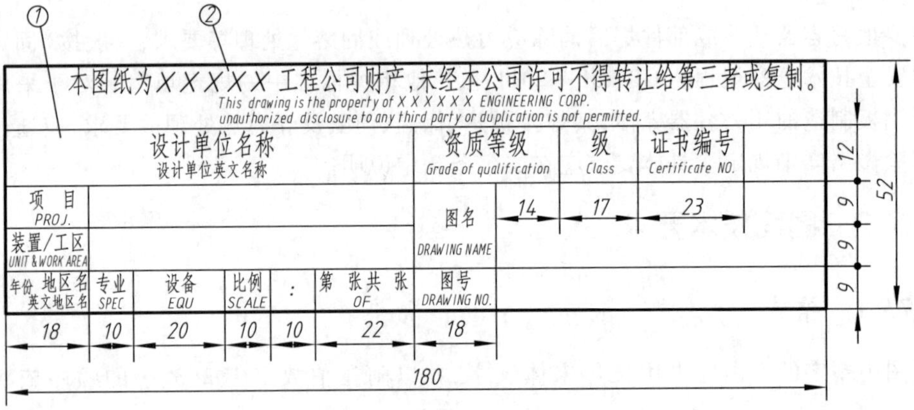

图 8-17   化工设备图标题栏

8.8.1.2   标题栏的填写方法

1) ①②栏填单位名称。

2) 资质等级及证书编号是经我国住房和城乡建设部批准发给单位资格证书规定的等级和编号,有者填,无者不填。

3) 项目栏。本设备所在项目名称。

4) 装置/工区。设备一般不填。

5) 图名。一般分两行填写,第一行填设备名称、规格及图名(装配图、零件图等)。第二行填设备位号。设备名称由化工名称和设备结构特点组成,如乙烯塔氮气冷却器、聚乙烯反应釜等。

6) 图号。由各单位自行确定。填写格式一般为:××-××××-××。其中,前两项"××-××××"为设备文件号,最后一项"××"为尾号。设备文件号又由两部分组成,前项为设备分类号,后项为设备顺序号。

① 设备分类号。参照 HG/T 20668—2000《化工设备设计文件编制规定》附录 C"设备设

计文件分类办法"中的规定,将所有的化工工艺设备、机械及其他专业专用设备施工图设计文件分成 0~9 十大类,每类又分为 0~9 十种。容器类设备为 1 类,换热设备为 2 类,塔器为 3 类,化工单元设备为 4 类,反应设备和化工专用设备为 5 类,等等。

② 设备顺序号。按该类设备在本单位已设计的总数顺序定号。

③ 尾号。是图纸的顺序号,以每张图纸为单位,按该设备的总图、装配图、部件图、零部件图、零件图等顺序编号。若只有一张图纸,则不加尾号。

8.8.2 签署栏

以上推荐的标题栏与原标准中的标题栏相比,取消了签字栏。因此,另外在图样上增加了签署栏,在签署栏中签字。下面介绍适用于施工图的签署栏。

8.8.2.1 主签署栏

1)主签署栏的内容及格式如图 8-18 所示。

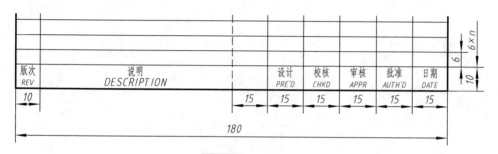

图 8-18 主签署栏

2)表中 n 视需要确定,一般 n=3。

3)当其他人员需签署时可在设计栏前添加,如图 8-18 中虚线所示,此栏一般不设。

4)表中汉字字体尺寸为 3.5 号,英文为 2 号。

5)版次栏以 0、1、2、3 等阿拉伯数字表示。

6)说明栏表示此版图的用途,如询价用、基础设计用、制造用等。当图纸修改时,此栏填写修改内容。

8.8.2.2 会签签署栏

1)内容及格式如图 8-19 所示。

2)表中文字尺寸均为 3 号。

8.8.2.3 制图签署栏

1)内容及格式如图 8-20 所示。

2)表中文字尺寸均为 3 号。

专业						8
签字						8
日期						9
15	15	15	15	15	15	

图 8-19   会签签署栏

资料号		8
制图		8
日期		9
20	30	

图 8-20   制图签署栏

第 9 章

化工设备图的阅读

9.1 概述

化工设备图是化工设备设计、制造、使用和维修中的重要技术文件,也是进行技术交流、完成设备改造的重要工具。因此,每一个从事化工生产的专业技术人员,不仅要求具有绘制化工设备图的能力,而且应该具备熟练阅读化工设备图的能力。

阅读图样,就是通过图样来认识和理解所表达设备(或零部件)的结构、形状、尺寸和化工设备图技术要求等资料。读图能力的培养,有利于培养和发展空间想象力,丰富和完善设计思想;有利于设备的制造、安装、检修和使用;有利于对设备进行技术革新和改造;还有利于引进国内外先进的技术和设备。

通过对化工设备图的阅读,应达到以下几方面的基本要求:

1) 了解设备的性能、作用和工作原理。

2) 了解各零部件之间的装配连接关系和有关尺寸。

3) 了解设备主要零部件的结构、形状和作用,进而了解整个设备的结构。

4) 了解设备上的开口方位以及在设计、制造、检验和安装等方面的技术要求。

化工设备图的阅读方法和步骤与阅读机械装配图基本相同,一般可分为概括了解、详细分析、归纳总结三个步骤。在读总装配图对一些部件进行分析时,应结合其部件装配图一同阅读。在读图过程中,必须着重注意化工设备图的各种表达特点、简化和习惯画法、管口方位图和技术要求等与机械制图不同的方面。

9.2 阅读化工设备图的一般方法

阅读化工设备图,一般可按下列方法步骤进行:

9.2.1 对图样的概括了解

1) 看标题栏,了解设备的名称、规格、绘图比例、图纸张数等内容。

2) 对视图进行分析,了解表达设备所采用的视图数量和表达方法,找出各视图、剖视图的位置及各自的表达重点。

3）看明细栏,概括了解设备的零部件件号和数目,以及哪些是零部件,哪些是标准件或外购件。

4）看设备的管口表、设计数据表及技术要求,概括了解设备的压力、温度、物料、焊缝探伤要求及设备在设计、制造、检验等方面的技术要求。

9.2.2　对图样的详细分析

9.2.2.1　零部件结构分析

按明细栏中的序号,将零部件逐一从视图中分离出来,分析其结构、形状、尺寸及其与主体或其他零部件的装配关系。对标准化零部件,应查阅有关标准,弄清楚其结构。另有图样的零部件,则应查阅相关的零部件图,弄清楚其结构。

9.2.2.2　对尺寸的分析

通过该图样中标注的尺寸数值及代(符)号,同时注意明细栏及管口表中的有关数据,弄清设备的主要规格性能尺寸、总体尺寸及一些主要零部件的主要尺寸;弄清设备中主要零部件之间的装配连接尺寸;弄清设备与基础或构筑物的安装定位尺寸等。

9.2.2.3　对设备管口的阅读

通过阅读表示管口方位的视图,并按所编管口符号,对照相应的管口表以及相应件号在明细栏中的内容,弄清设备上所有管口的结构、形状、数目、大小和用途;弄清所有管口的周向方位和轴向距离;弄清所有管口外接法兰的规格和形式。

9.2.2.4　对设计数据表和技术要求等内容的阅读

通过对设计数据表的阅读可以了解设备的工艺特性和设计参数(物料、压力、温度等),以帮助了解该设备用材及设计的依据、结构选型的意图等,是掌握设备全面资料的必要环节。

通过对技术要求各项内容的了解,可以掌握设备在制造、安装、验收、包装等方面的要求和说明,根据阅读者的不同工作要求,可以着重注意相应的部分。

9.2.3　对图样的归纳和总结

经过对图样的详细阅读,可以将所有的资料进行归纳和总结,从而对设备获得一个完整、正确的概念,进一步了解设备的结构特点、工作特性、物料的流向和操作原理等。

基于化工设备的典型性和专业性,如能在阅读化工设备图时,适当地了解该设备的有关设计资料,了解设备在工艺过程中的作用和地位,将有助于对设备设计结构的理解。此外,如能熟悉各类化工设备典型结构的有关知识,熟悉化工设备的常用零部件的结构和有关标准,以及熟悉化工设备的表达方法和图示特点,必将大大提高读图的速度和深广度。因此,对初学者来说,应该有意识地学习和熟悉上述各项内容,逐步提高阅读化工设备图的能力和效率。

9.3 典型化工设备图样的阅读举例

9.3.1 带搅拌的反应罐阅读举例

图 9-1(见书后插页)为一台带搅拌器的反应罐,是化工企业用来合成化合物的一类常用设备。现以该图为例,应用上述的读图方法和步骤,看懂该图样所表示的全部内容。

9.3.1.1 概括了解

1) 从标题栏知道该图为季戊四醇热熔釜的装配图,设备容积为 5 m³,绘图比例为 1∶10。

2) 视图以主、俯两个基本视图为主。主视图基本上采用了全剖视,不仅表达了设备的总体外形,而且表达了釜体的内部结构,如蛇管(件号 17)的配置、搅拌器(件号 40)的形式、夹套(件号 8)的形式等。传动部分和人孔(件号 32)部分未剖,因为此处多为组合件和标准件。几个管口采用了多次旋转剖视的画法,结合俯视图可以看清各个管口的方位和结构,另外有五个局部剖视图,分别表示一些局部结构。

3) 从明细栏可知,该设备共编写了 45 个零部件编号,还有一张部件图,图号为 JF9908-1,件号为 23、24、33、39、40、41 的多个零件均画在这一张图上。

4) 从管口表可知,该设备有 a、b、d、…、m 共 11 个管口符号,在主、俯视图上可以分别找出它们的位置。从设计数据表可了解设备的内筒、夹套和蛇管工作压力均为 0.6 MPa,工作温度均小于 200 ℃,物料内筒为有机酸醛和甲酸钠,夹套和蛇管内的传热介质为蒸汽,电动机功率为 7.5 kW,搅拌转速为 8 r/min 等。

9.3.1.2 详细分析

(1) 零部件的结构分析

1) 图 9-1 中,内筒体(件号 9)和顶、底两个椭圆形封头(件号 7)焊接组成了整个反应筒体,筒体外焊有夹套,夹套的作用是与筒的外壁构成一个密封空间,供通入载热体,使筒壁起传热面的作用。由于该设备夹套内载热体的压强为 0.6 MPa,为低压,所以夹套做成圆筒形,套到筒体的外面,采用焊接与筒体形成不可拆连接。由于薄壁筒体受外压,为了增强筒体的刚度,在筒体的外表面焊上了加强圈(件号 11),同时也起到增加传热面积的作用。夹套外焊有耳座(件号 38)4 只,是整个反应罐的支承装置。

2) 搅拌轴(件号 39)直径为 110 mm,材料为 S30408,由电动机(件号 28)通过联轴器(件号 34)连接,带动其运转,转速为 8 r/min。传动装置安装在机架上(件号 27),机架用双头螺柱和螺母等固定在顶封头和凸缘上(件号 24)。搅拌轴下端装有两组桨式搅拌器(件号 40),间距为 840 mm,桨叶为平桨式,直径为 φ1 000 mm。

3) 该设备的传热装置是蛇管和夹套。首先通过伸入设备内的蛇管(件号 17),用蒸汽进行加热,随着反应的进行,又需往夹套中通入冷气以带走反应中产生的反应热。蛇管由管口 i 引入,由管口 j 伸出。蛇管按圆柱螺旋形弯卷,中心距为 1 380 mm,共 15 圈,每圈间距为 114 mm,蛇管用 U 形螺栓(件号 41)固定在支架上(件号 10),见局部放大图 I。

支架从俯视局部剖中可知为三根角铁,用垫板焊在底封头内壁上。图 9-2 表示了蛇管及其固定的直观情况。

图 9-2　蛇管及其固定

4) 搅拌轴与筒体之间采用填料箱(件号 26)密封,在总图上只提供了它的外形,具体结构可查阅有关标准。

5) 该设备的人孔(件号 32)采用回转盖式,为标准件,可查阅相应标准。

6) 出料管(件号 16)为 $\phi57×3.5$ 的无缝钢管(材料为 S30408),沿设备内壁伸入罐底中心,以便出料时尽可能排净。该管用焊在筒体内壁的固定管卡(件号 12)箍牢,其结构可由放大的剖视图 A—A 详细表示。筒体底部还有一个排污口 f,以便彻底排污。

另外,对于进料管口的伸出长度和结构形状,夹套与筒体焊接的形式,A、B 类焊接接头形状,都有相应的局部放大图予以表示。

(2) 尺寸的阅读

1) 装配图上表示了各主要零件的定形尺寸,如筒体的直径、高度和壁厚($\phi1\,800×2\,100×14$),封头的直径和壁厚($\phi2\,000×14$),以及搅拌轴、桨叶、蛇管和各接管的主要形状尺寸等。

2) 图上标注了各零件之间的装配连接尺寸,如蛇管的装配位置,右端顶圈到底圈的距离为 $114×14$ mm $=1\,596$ mm,每圈间隔 114 mm,底圈到封头焊缝的距离为 40 mm;桨叶的装配位置,最低一组离罐底 460 mm,共两组,两组间隔 840 mm;各管口的装配尺寸,除主、俯视图外,还需与局部剖视图等配合阅读得知。

3) 设备上四个耳座的螺栓孔中心距为 $2\,480$ mm,这是安装该设备需要预埋地脚螺栓所必需的安装尺寸。

(3) 管口的阅读

从管口表知道,该设备共有 11 个管口,它们的规格、连接形式、用途等均可由表中获知。从俯视图可以看出各管口的方位,人孔 m 在顶封头的正右方,出料口 a 在顶封头的左后方 45°,进料口 d 在顶封头的正前方,其正后方是放空、安全阀、充气、压力表共用口 b,底封头的正下方是排污口 f,其右后方 45°的夹套上是冷凝液出口 g。此外,蛇管的蒸汽进口是 i,出口是 j,夹套的蒸汽进口是 e,冷凝液出口是 g。

(4) 对设计数据表和技术要求的阅读

设计数据表提供了该设备的技术特性数据,诸如设备的工作压力和工作温度、操作物料等。

从图上的技术要求中可以了解到:

1) 该设备制造、安装、试验、验收的技术依据。

2) 焊接方法、焊条型号以及焊缝结构形式和尺寸的标准。

3) 焊缝检验要求。

4) 水压试验和气密性试验要求。

9.3.1.3　归纳总结

1) 该设备应用于季戊四醇的化合反应,物料为有机酸醛和甲酸钠,用蒸汽加热(蛇管、间接),由于该反应是放热反应,反应过程中需通过夹套用冷气降温。在不大于 200 ℃和

0.6 MPa的压力条件下搅拌反应,经一定时间,搅拌反应完成后,用压缩空气将物料由出料口压出。

2)通过阅读图例,结合前面有关内容可以看出,带搅拌的反应罐的表达方案一般以主、俯两个基本视图为主。主视图一般采用剖视以表达反应罐的内外主要结构,俯视图主要表示各接管口的周向方位。然后,采用若干局部剖视图,以表达各管口和内件以及焊接结构。

3)结合上述情况也可归纳出,对于一般的带搅拌器的反应罐,主要从传热方式、搅拌器形式、传动装置及密封结构四个方面进行读图,就能掌握一般反应罐的结构特点。

9.3.2 换热器读图举例

图9-3(见书后插页)为一换热器(又称热交换器)的装配图。换热器是石油、化工生产中应用很广泛的单元设备之一。换热器的种类繁多,本文仅以固定管板壳式换热器为例来说明此种换热器的结构特点。

9.3.2.1 概括了解

1)如图9-3所示,从标题栏可知,该设备图为氨冷凝器装配图,公称直径为800 mm,绘图比例为1:15。

2)全图用一个主视图、一个左视图(均为全剖视图)表达了整个冷凝器的主要内外结构形式以及管口方位,同时为了表达一些局部结构还采用了四个局部放大图分别表达了拉杆(件号12、24)、定距管(件号26)与管板(件号31)的连接方式、换热管(件号27)与管板的连接方式、管板与筒体和管箱(件号19)的连接以及隔板与管板的连接方式;采用了两个焊接放大图表达焊接结构;采用了一个$A—A$局部剖视图表达鞍座的形状结构。

3)从明细栏可知,该设备共编了33个零部件编号。从"图号或标准号"一栏可查,除总装图外,还有两张零部件图(图号为HY20-ALNQ800-01~02);标准号中附有GB、NB、HG符号的零部件均为标准件或外购件。

4)从管口表可知该设备有a、b、c、…、i共九个管口符号,在主、左视图上可以分别找出它们的位置。从设计数据表可了解设备的管程设计压力为0.22 MPa,壳程设计压力为1.80 MPa;管程设计温度为40 ℃,壳程设计温度为50 ℃;管程物料为冷却水,壳程物料为气氨、液氨。设备主要受压元件材料为Q345R,换热面积为223.5 m^2。

9.3.2.2 详细分析

(1)零部件结构分析

1)如图9-3所示,该设备的筒体为圆柱形,卧放。筒体的内径为800 mm,壁厚12 mm,长度为5 900 mm,材料为Q345R。筒体的两端分别焊接管箱筒体(件号4)和管箱(件号19)。管箱中间有隔板隔开,以形成上、下两部分空腔,上部接循环水出口f,下部接循环水进口g。管箱为一较复杂组合件,另绘有零件图,图号为HY20-ALNQ800-02。

2)局部放大图Ⅲ显示了筒体与管板的焊接结构和管板与管箱的连接结构。由于是固定管板壳式换热器,所以管板与筒体是焊接为一体的,同时管板带有法兰与管箱法兰连接。

3)热交换列管(换热管)共有482根,主视图中用点画线表示密集的管束,其排列见图9-4,为等边三角形排列,换热管的左右两端与管板焊接,见图9-3中的局部放大图Ⅱ。

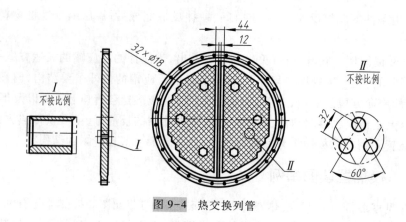

图 9-4 热交换列管

4) 主要由简体围成的壳程,在左端上方有气氨进口 c,在右端下方有液氨出口 h。壳程内的折流板(件号 8)是为了改善壳程流体的流动方向,以提高传热效率的典型零件。折流板为大半圆形平板,板上按换热管排列钻孔,以便换热管穿过。另有六个小孔,供拉杆(件号12、24)穿过。图 9-5 示出了折流板零件的形状。

折流板分别用四种尺寸的定距管(件号 11、26、29、30)定距。定距管套在拉杆上,拉杆左端用螺纹连接固定在管板(件号 31)上,拉杆的右端用螺母(件号 23)并紧。折流板数量为 12 块,六块向上,六块向下,间错安装排列。图 9-6 给出了折流板的拉杆、定距管的装配示意图。

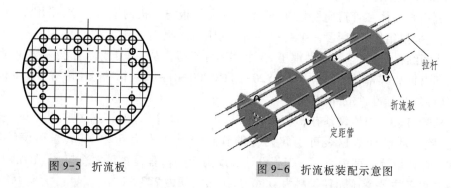

图 9-5 折流板   图 9-6 折流板装配示意图

5) 隔板将管箱分为两半,因此隔板的左端与管箱匹配焊接,端面嵌入固定管板的槽中,由垫片密封(见局部放大图Ⅳ)。

6) 该设备卧放,故采用鞍式支座(件号 25、28),代号为 BI800-F、S,支座高度 200 mm。从支座的安装示意图 A—A 可知支座的具体尺寸,并知一个为固定支座 BI800-F,一个为活动支座 BI800-S,以便于安装定位和消除热应力。

(2) 尺寸的阅读

1) 简体的直径和壁厚($\phi800\times12$)及其长度 $L=5\,900$,封头的公称直径和壁厚为($\phi800\times10$),换热管的直径、壁厚和长度($\phi25\times2.5\times L(6\,000)$),各接管口的管径和壁厚尺寸以及管箱筒体等主要零部件的定形尺寸均可从图上或明细栏内直接获得。

其他一些零件,如定距管、拉杆、垫片等亦可直接从图上或明细栏内获得其定形尺寸。另外一些如双头螺柱、螺母、支座、法兰等标准件及通用件,则可通过其标准号和规格从手册中查得有关尺寸。

2）设备的筒体包括左、右管板的装配长度为 5 994，左端管箱的装配尺寸为 100，右端管箱的装配尺寸为 350，整个换热器装配后的总长为 7 216。

3）各管口的伸出长度均为 150，其定位尺寸在图中也均有标注，这些都是装配时必须知道的定位尺寸。

4）壳程内的折流板每挡间距为 450（包括一块折流板厚度），用定距管 $L=894$（件号 11）保证。左端第一块折流板与固定管板的间距，用 4 根 $L=383$ 的定距管（件号 30）固定。左端最下方的 3 根定距管 $L=833$（件号 29），用以固定第二块折流板。件号 12 和件号 24 共 6 根拉杆，各穿过 6 块折流板。其中件号 24 的拉杆，其装配长度为 4 950+389＝5 339。这些都是必需的装配尺寸。

5）两个支座地脚螺栓的中心孔距为 4 000，第一个支座离左端管板法兰面的距离为 1 100（至支座的螺孔中心）。支座螺孔的前后距离为 530。这些都是该设备安装就位于地基上所必需的尺寸。

另外，局部放大图 Ⅰ 注出了拉杆与管板连接的螺纹端结构和尺寸；局部放大图 Ⅳ 注出了管板与隔板装配时密封槽的尺寸；局部放大图 Ⅲ 注出了筒体、管板、管箱的连接及焊接尺寸；此外，还有一些焊接尺寸见其他局部放大图所示。

（3）管口的阅读

从管口表知道，该设备共有 9 个管口。管口表不仅提供了各管口的公称尺寸和用途，而且列出了连接标准和连接面形式，可供配备相应的管材、管件和法兰。如管口 a、b 的公称直径为 25，规格尺寸为 $\phi32\times4$（内径×壁厚），公称压力为 PN6，连接面形式为 RF（RF 表示突面法兰），标准号为 HG/T 20592—2009。

（4）对设计数据表和技术要求的阅读

设计数据表提供了该设备设计中的一些主要技术参数，如压力、温度、介质、换热面积、腐蚀裕量、焊缝系数、容器类别等，这些是该设备进行强度计算、结构设计、用材选型的依据，是设计、制造、使用该设备所必须了解的技术资料。

从该设备的技术要求中，可以了解：

1）该设备进行制造、试验、验收的技术依据是 GB/T 151—2014 Ⅱ级管束《热交换器》、HG/T 20584—2011《钢制化工容器制造技术要求》和 TSG 21—2016《固定式压力容器安全技术监察规程》。

2）焊接采用电弧焊，焊条牌号：碳钢之间及碳钢与 Q345R 之间为 J427，Q345R 与 16Mn（Q345R）之间为 J507。焊接接头形式及尺寸除图中注明外，按 HG/T 20583—2011 中的规定。

3）对接焊缝长度的 20% 需进行探伤，其质量需符合 NB/T 47013—2015 的 Ⅲ 级标准。

4）管程与壳程分别用不同的试验压力进行水压试验。

5）其他一些必要说明。

9.3.2.3 归纳总结

1）固定管板壳式换热器的工作情况是：循环冷却水由管口 g 进入右侧管箱，通过管板，先经下半部分换热管流向左端后，在球形盖的封头内再流向上半部换热管，最后从右端管箱上方的管口 f 流出。冷却水通过换热管的管壁与壳程内的气氨进行热量交换,将壳程内物料的热量带出。这就是管程的流动情况(图 9-7)。

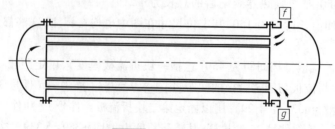

图 9-7 管程流动情况

壳程内的气氨由管口 c 进入,沿折流板迂回流动,通过换热管壁散热,气氨的温度逐步降低,最后凝结为液氨,从管口 h 流出,其流动情况如图 9-8 所示。

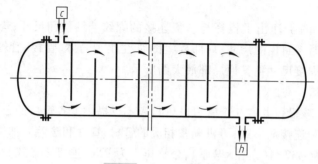

图 9-8 壳程流动情况

2)该设备检修清洗时不太方便,因为是固定管板壳式换热器,管板与筒体焊接为不可拆连接,所以壳程无法进行清洗,而管程可以通过拆去左右管箱进行疏通清洗。

3)该设备制造装配时有些事项必须注意,如折流板必须与管板同时钻孔,以保证 482 个孔全部对齐;先用拉杆、定距管将折流板位置固定,然后通过两端的管板逐一穿入换热管,再将换热管焊接在管板上,且必须保证不泄漏;必须将固定在管板上的整个管束装配进筒体后,再与筒体进行焊接,最后装配上两端的管箱及接管口和支座等。

9.3.3 塔设备读图举例

在石油、化工、轻工等生产过程中,常常要将混合物质(气态或液态)分离成为较纯的物质,通常采用精馏、吸收、萃取等方法。这些生产过程大多是在塔设备内进行的,这类塔设备的基本功能在于提供气、液两相以充分接触的机会,并能使接触后的气、液两相及时分开,互不夹带。塔设备是化工、石油等工业部门中广泛使用的重要生产设备,按照塔设备的内部结构形式,可将塔分为两大类:板式塔和填料塔。现以填料塔为例,说明塔的基本结构。

9.3.3.1 概括了解

1)如图 9-9(见书后插页)所示,从标题栏可知,该图为脱碳塔装配图,公称直径为 φ2 600,绘图比例为 1:25。

2) 该设备以主、俯两个视图的表达为主,主视图用全剖视表达了整个塔体主要内外结构形状,俯视图主要表示设备各管口的方位以及吊柱的安装方位。另外,采用了四个焊接详图、三个局部放大图、一个 A 向视图、B—B 剖视图、一个卡子节点放大图以及一个裙座壳体开缺口尺寸详图,共十一个辅助视图以表达一些局部安装及焊接结构。

3) 从明细栏可知,该设备共编写了 43 个零部件编号。除总装图外,还有三张零部件图(图号为 HY20-TTT-01~03)。

4) 从管口表可知该设备有 a、b、c_{1-4}、…、h_{1-2} 共 17 个管口符号,在主、俯视图上可以分别找出它们的位置。从设计数据表及技术要求可了解设备的设计压力为 3.24 MPa,设计温度为 50 ℃,物料名称为变换气、PC 溶液,设备主要受压元件材料为 Q345R,全容积为 207 m³。此外还有设计基本风压 490 Pa,设计地震烈度为 7 度(0.15g)等技术特性数据和技术要求。

9.3.3.2 详细分析

(1) 零部件结构分析

填料塔的总体结构如装配图所示,由塔体、喷淋装置(液体分布器)、填料、栅板、液体再分布器、裙座以及气、液进出口等部件组成。

1) 塔体总高为 39 954 mm,塔体是由筒体、顶、底两个封头和裙座焊接而成的整体不可拆塔体。

2) 喷淋装置(件号 24)如图 9-10 所示,为一溢流型盘式分布板,其作用是使液体的原始分布尽可能地均匀,以利于气、液的充分接触。液体由 b 口加到喷淋盘内,然后从喷淋盘上的降液管(件号 24-6)溢流,均匀淋洒到填料上,喷淋盘紧固在焊于塔壁的支撑板上。为使气体通过分布板,分布板上装有升气管(件号 24-7)。

3) 液体再分布器(件号 13)的数量有 3 个。液体沿填料层下流时,其沿塔截面的分布将会不均匀,因此需设置液体再分布器,使液体在下一填料层高度内得到均匀喷淋。

4) 填料(件号 27)为海尔环,材料为聚丙烯,是一种一定形状的、表面积较大的、带孔隙的、耐腐蚀材料。填料表面及其自由空间是气、液两相接触反应的主要地方,填料塔的操作性能与所选用的填料有直接关系。

5) 栅板(件号 25)为填料保持栅板,以防止液泛引起填料层跳动和破坏填料。

6) 填料支撑板(件号 26)是支撑填料的结构,图示为一种波形板。为了便于卸出填料,在填料支撑板附近上方设有填料卸料口($c_1 \sim c_4$)。

此外,在填料保持栅板上方开设有人孔($f_1 \sim f_5$),以便于安装和检修。裙座的结构和焊接形式,可参阅主视图、A 向视图和 B—B 剖视图、焊接放大图。

(2) 尺寸的阅读

1) 该塔的总高为 39 954 mm,塔径为 ϕ2 600 mm,筒体壁厚为 32 mm,都是主要定形尺寸。

2) 图上标注了各零件之间的装配连接尺寸,如人孔和卸料孔的安装定位尺寸;液体分布器、栅板、液体再分布器以及气、液进出口等部件的安装定位尺寸;吊柱(件号 18)的安装定位尺寸等。

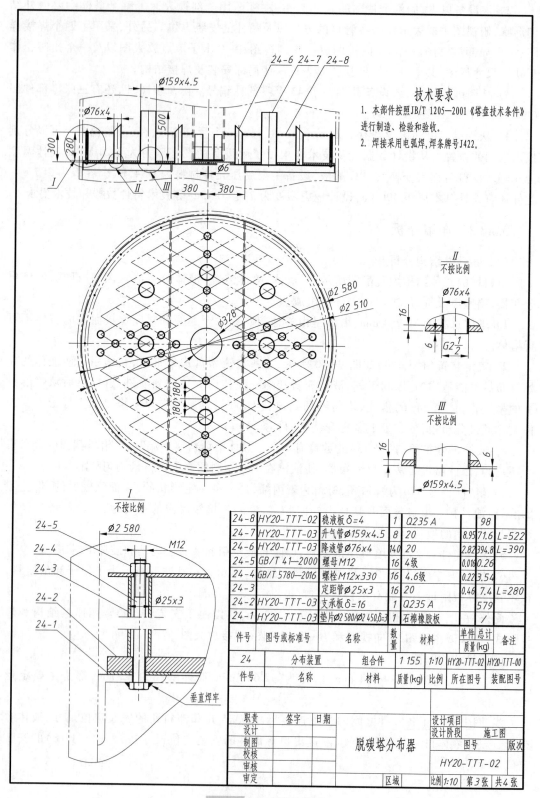

技术要求

1. 本部件按照 JB/T 1205—2001《塔盘技术条件》进行制造、检验和验收。
2. 焊接采用电弧焊,焊条牌号 J422。

24-8	HY20-TTT-02	稳液板δ=4	1	Q235 A		98	
24-7	HY20-TTT-03	升气管Ø159x4.5	8	20	8.95	71.6	L=522
24-6	HY20-TTT-03	降液管Ø76x4	140	20	2.82	394.8	L=390
24-5	GB/T 41—2000	螺母M12	16	4级	0.016	0.26	
24-4	GB/T 5780-2016	螺栓M12x330	16	4.6级	0.22	3.54	
24-3		定距管Ø25x3	16	20	0.46	7.4	L=280
24-2	HY20-TTT-03	支承板δ=16	1	Q235 A		579	
24-1	HY20-TTT-03	垫片Ø2 580/Ø2 450,δ=3	1	石棉橡胶板		/	
件号	图号或标准号	名称	数量	材料	单件	总计	备注
					质量(kg)		
24		分布装置	组合件	1 155	1:10	HY20-TTT-02	HY20-TTT-00
件号	名称	材料	质量(kg)	比例	所在图号	装配图号	

职责	签字	日期		设计项目		
设计				设计阶段	施工图	
制图			脱碳塔分布器	图号		版次
校核						
审核				HY20-TTT-02		
审定			区域	比例1:10	第3张	共4张

图 9-10　脱碳塔零件图

3）设备上裙座的螺栓孔中心距为 2 800 mm,这是安装该设备需要预埋地脚螺栓所必需的安装尺寸。此外,裙座的形状、结构及与筒体的焊接尺寸在装配图上均有表示,以便在现场施工装配。

（3）管口的阅读

从管口表知道,该设备共有 17 个管口,它们的公称尺寸、公称压力、连接面形式、用途等均可由表中获知。各管口的方位及结构可从主、俯视图看出,焊接形式见右侧局部放大图。读图方法与前例相同,此处不再赘述。

（4）对设计数据表和技术要求的阅读

在设计数据表内,除了有焊缝探伤要求和一些常用设计参数外,还增加了设计基本风压 490 Pa,设计地震烈度 7 度(0.15g)。

在注意技术要求内,除一般通用要求外,还增加了塔体的施工要求,如塔体直线度公差为 25 mm,塔体安装垂直度公差为 20 mm,还增加了支撑栅板和喷淋装置的安装平面度要求。

9.3.3.3　归纳总结

1）该设备为 CO_2 吸收装置,总高将近 40 m,容积为 207 m^3。含 CO_2 的变换气由塔下部 d 管口进入塔内,与从塔上部 b 管口进入的 PC 溶液(即碳丙液)充分对流接触,气体中的 CO_2 与 PC 溶液发生反应被液体吸收,吸收了 CO_2 的 PC 溶液由塔下部 e 管口排出,被吸收掉 CO_2 的净化气经丝网除沫器(件号 20)除尽夹带的液体,最终由 a 孔排出。

2）塔底部留有一定空间,以容纳吸收了 CO_2 的 PC 溶液,液面高度由自控液面计自动控制。若自控液面计失灵,则由玻璃液面计直接观察,手动控制。

3）从这个图例的阅读结合前面有关内容可以看出,塔设备一般以主、俯两个基本视图为主。主视图一般采用全剖视以表达塔内外的主要结构,俯视图主要表示各接管口的周向方位。然后,采用若干局部放大视图以表达一些焊接结构和局部安装结构。

9.3.4　贮槽的读图举例

图 8-1 为一液氨贮槽装配图,是一个典型的卧式贮槽,其结构比较简单,请读者自行阅读,为了帮助理解,对以下几个方面做些说明:

1）图中主视图基本上采用全剖视,为了布图紧凑,左视图放置在主视图的左下方。

2）液氨出口左右各有一个,以便于两个槽车一同运输。放油口 e 因为比较长,所以下部用三块筋板(件号 26)周向固定。

3）电控液面计接口为 c_{1-2},玻璃管液面计接口为 k_{1-2}。如果电控液面计接口无法使用,可以使用玻璃管液面计接口。

4）人孔(件号 1)开在贮槽的左端,以便于安装、检修及清洗。

第 10 章

AutoCAD三维化工制图

10.1 概述

用计算机直接绘制三维图形的技术称为三维造型。三维造型就是将物体的形状及其属性(颜色、纹理、材质等)储存在计算机内,形成该物体的三维模型。这种模型是对原物体形状的数学描述,或者是对原物体某种状态的真实模拟。三维造型在工程设计和化工设备设计及化工管道设计等方面有着广泛的用途。

根据图 10-1 所示工艺设计提供的化工设备设计条件单,对设备各零部件进行选型和定形、定位设计。

所选零部件列表如图 10-1 中的明细栏所示。由明细栏可知立式贮槽的零部件分两类,一类是标准件和通用件,这类零部件的结构形状和尺寸大小均可查表得到;另一类是非标准件,这类零件的结构形状和尺寸大小需自行设计确定。

10.2 AutoCAD 三维造型

10.2.1 AuotCAD 三维造型基本方法

将图 10-1 明细栏中同类零件单列一组,如接管 2、5、24、29;法兰 1、6、16、19、23、28;垫圈 27;螺母 13、21、26;螺栓 12、20、25;垫片 14、15、22;人孔 18;补强圈 17;封头 4;支座 3;液面计 11。同组零件的形状相同,因此造型方法相同。从各个零件的形状分析,它们主要是拉伸形体如螺母外形,旋转形体如法兰,或是两种形体的组合,如支座由底板和接管组成,其中底板为拉伸形体,接管为旋转形体。对于零部件如人孔可对组成人孔的各零件进行形体分析,分别造型后再组合成人孔。

AutoCAD 中有两个由轮廓线生成三维实体的命令,轮廓线对象是指闭合的平面对象。"旋转"命令使轮廓线绕某一轴旋转而生成三维实体,通过"拉伸"命令沿指定的方向或路径将轮廓线拉伸成三维实体,如图 10-2 所示。

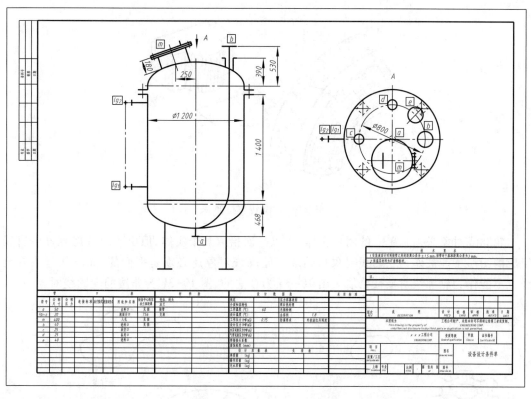

件号 PARTS.NO.	图号或标准号 DWG.NO.OR.STD.NO.	名称 PARTS. NAME	数量 QTY.	材料 MAT'L	单件 总计 质量 MASS/kg SINGLE/TOTAL	备注 REMARKS
29		接管 Φ32x3.5, L=153	2	10	0.46 / 0.92	
28	HG/T 20592-2009	法兰 PL125(B)-2.5 RF	2		0.73 / 1.46	
27	GB/T 97.1-2002	垫圈 20	36	Q235B	0.04 / 1.44	
26	GB/T 6170-2015	螺母 M20	36	Q235B	0.09 / 3.24	
25	GB/T 5782-2016	螺栓 M20x120	36	Q235B	0.42 / 15.12	
24	GB/T 5782-2016	接管 Φ57x3.5, L=153	1	Q235A	/ 1.51	
23	HG/T 20592-2009	法兰 PL50(B)-2.5 RF	2	Q235A	1.51 / 3.02	
22	HG/T 20606-2009	垫片 RF50-2.5	1	石棉橡胶板	0.016 / 0.016	
21	GB/T 6170-2015	螺母 M12	4	Q235A	0.016 / 0.064	
20	GB/T 5782-2016	螺栓 M12x150	4	Q235B	0.054 / 0.22	
19	HG/T 20592-2009	法兰 PL40(B)-2.5 RF	2	Q235A	1.38 / 2.76	
18	HG/T 21516-2014	人孔 IIIA-G)A400-6	1		84 / 84	
17	JB/T 4736-2002	补强圈 dN400x6-D	1	Q235A	10.3 / 10.3	
16	JB/T 4701-2002	垫片 RF1200-2.5	2	Q235A	85.3 / 170.6	
15	JB/T 4704-2000	垫片 1200-2.5	1		0.25 / 0.5	
14	HGJ 69-1991	垫片 RF20-2.5	2	Q235A	0.07 / 0.14	
13	GB/T 6170-2015	螺母 M12	8	Q235A	0.016 / 0.13	
12	GB/T 5782-2016	螺栓 M12x55	8	Q235B	0.06 / 0.96	
11	HG 2592-1995	液面计 AG1.6-1W 1200	1		10.5 / 10.5	
10		拉杆管 Φ4.5x3.5, L=2330	10		8.4 / 8.4	
9		拉杆 4x12, L=170	2	Q235A	0.07 / 0.14	
8		管束 Φ45	2	Q235A.F	0.25 / 0.5	
7	JB/T 4704-2000	筒体 DN1200, δ=6, H=1363	1	Q235A	24.26 / 24.26	
6	HGJ 46-1991	注器 Φ20-2.5	2	Q235A	0.94 / 1.88	
5		接管 Φ25x3.5, L=153	2	Q235A	0.25 / 0.5	
4	JB/T 4746-2002	椭圆形封头 EHA1200x6	2	Q235A	76.4 / 152.8	
3	JB/T 4746-2002	支座 B2, H=550	4	Q235A.F/Q235A	9.3 / 37.2	
2	JB/T 4712-2007	接管 Φ57x3.5, L=153	1		0.71	
1	HG/T 20592-2009	法兰 PL50(B)-2.5 RF	1	Q235A	1.51 / 1.51	

图 10-1　化工设备设计条件单

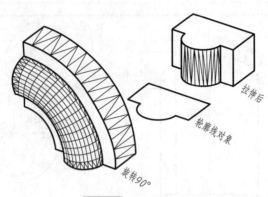

图 10-2   旋转与拉伸

轮廓线对象必须是单一的闭合实体,可以一次拾取几个实体,但由一组首尾相连的直线组成的图形不能被作为轮廓线对象被拾取。轮廓线对象还必须是平面的,如波状盘或螺旋线也不能作为轮廓线对象被拾取。图 10-3a 为合法的、图 10-3b 为非法的轮廓线对象。

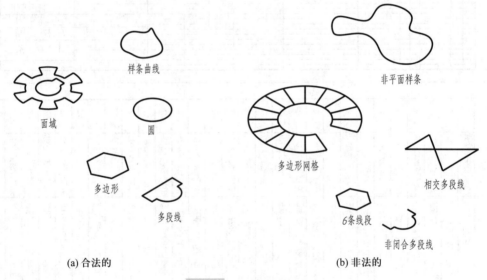

(a) 合法的   (b) 非法的

图 10-3   轮廓线的选用

由图可知,面类对象的外轮廓线,甚至三维平面也可以作为轮廓线对象使用;文字、多边面和多边体不能作为轮廓线对象使用,三维多段线也不能作为轮廓线对象使用。生成的实体对象在当前图层内,而不是在轮廓线对象所在的图层内。轮廓线对象是否保留,由系统变量"Delobj"决定。当"Delobj"为 0 时,轮廓线对象被保留;当"Delobj"为 1 时,轮廓线对象和实体对象生成后就会被自动删除。

10.2.1.1 "旋转(Revolve)"命令

当平面轮廓线绕一根轴旋转时,"旋转"命令将其轨迹转换成一个实体。"旋转"命令与"旋转网格"命令相似,但通过该命令生成的是实体对象而不是表面,它使用闭合的面轮廓线而不是边界曲线。

执行"旋转"命令需要三个步骤。首先要拾取一个轮廓线,其次选择一根轴,最后要指定一个轮廓线旋转的角度。

轮廓线对象可以与轴接触,但是不可以与轴相交。生成不完整的实体时,旋转轴的方向决定旋转的方向,如图 10-4 所示。

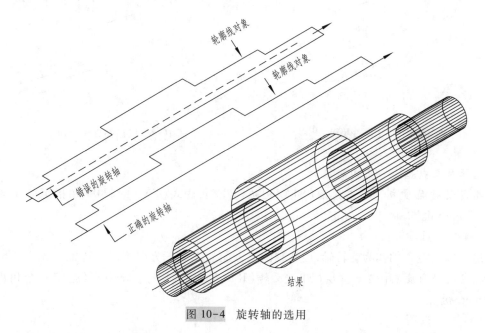

图 10-4 旋转轴的选用

执行"旋转"命令后,命令行提示如下:

命令:REVOLVE

当前线框密度:ISOLINES=4,闭合轮廓创建模式=实体

选择要旋转的对象或[模式(MO)]:(用各种方法选择对象)

指定轴起点或根据以下选项之一定义轴[对象(O)/X/Y/Z]<对象>:(指定一个点或选项)

用户可以选择几个对象,但是 AutoCAD 只会旋转所选的第一个对象。选好轮廓线对象后,AutoCAD 将给出五个选项来定义旋转轴。

(1)"指定轴起点"选项

选择此选项,首先定义轴的第一个点,AutoCAD 会接着提示输入第二个点。从第一个点到第二个点的方向为轴的正方向,如图 10-5 所示。其命令格式如下:

指定轴端点:(指定一个点)

指定旋转角度或[起点角度(ST)/反转(R)/表达式(EX)]<360>:(指定一个角度或按<Enter>键)

对于定义旋转轴的各个选项,旋转角度的提示都是相同的。

(2)"对象(O)"选项

通过"对象(O)"选项可以把已有的直线、单段二维或三维多段线作为旋转轴。多段线必须只有一段并且是直线段。直线的正方向是从线上离拾取点较近的端点指向另一个端点,如图 10-6 所示。其命令格式如下:

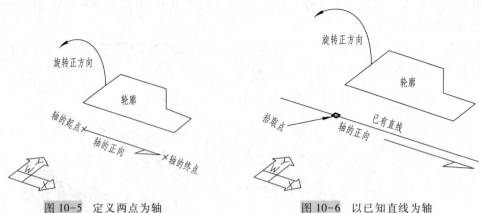

图 10-5　定义两点为轴　　　　　图 10-6　以已知直线为轴

选择对象:(指定一直线对象)

指定旋转角度或［起点角度(ST)/反转(R)/表达式(EX)］<360>:(指定一个角度或按<Enter>键)

（3）"X"选项

这一选项将 X 轴作为旋转轴,旋转轴的正方向与 X 轴正方向相同。其命令格式如下:

指定旋转角度或［起点角度(ST)/反转(R)/表达式(EX)］<360>:(指定一个角度或按<Enter>键)

（4）"Y"选项

这一选项将 Y 轴作为旋转轴,旋转轴的正方向与 Y 轴正方向相同。其命令格式与"X"选项相同。

（5）"Z"选项

这一选项将 Z 轴作为旋转轴,旋转轴的正方向与 Z 轴正方向相同。其命令格式与"X"选项相同。

当指定了一个要旋转的对象和旋转轴后,AutoCAD 会询问旋转角度。总是从轮廓线所在位置绕旋转轴旋转实体,旋转角度可以是 0°～360°之间的任何值。旋转方向符合右手法则,也就是说,如果从旋转轴尾部朝着它的正向看,旋转的正向是顺时针方向。也可以输入负的角度使旋转方向为逆时针方向。在出现"指定旋转角度或［起点角度(ST)/反转(R)/表达式(EX)］<360>:"提示时直接按<Enter>键,就是取默认的旋转角度值 360°,如图 10-7 所示。在这种情况下,输入角度就没有意义了。

［例 10-1］　旋转如图 10-8 所示的轮廓线对象,将其分别绕 X 轴和 Y 轴旋转,生成两个完全不同的实体。该轮廓线对象为闭合的二维多段线,使其一端与 Y 轴接触,另一端与 X 轴的距离为 1,如图 10-8 所示。旋转后生成的用等值线表示的三维实体图形如图 10-9 和图 10-10 所示。

1）使图 10-8 所示的轮廓线对象绕 Y 轴旋转-90°,其命令格式如下:

命令:REVOLVE

当前线框密度:ISOLINES=4,闭合轮廓创建模式=实体

选择要旋转的对象或［模式(MO)］:(选择二维闭合多段线)

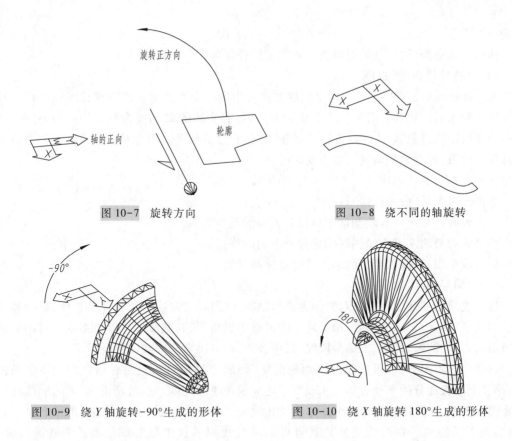

图 10-7　旋转方向　　　　　图 10-8　绕不同的轴旋转

图 10-9　绕 Y 轴旋转 -90°生成的形体　　　图 10-10　绕 X 轴旋转 180°生成的形体

指定轴起点或根据以下选项之一定义轴[对象(O)/X/Y/Z]<对象>:Y

指定旋转角度或[起点角度(ST)/反转(R)/表达式(EX)]<360>:-90

结果如图 10-9 所示。

2)使图 10-8 所示轮廓线对象绕 X 轴旋转 180°,其命令格式如下:

命令:REVOLVE

当前线框密度:ISOLINES=4,闭合轮廓创建模式=实体

选择要旋转的对象或[模式(MO)]:(选择二维闭合多段线)

指定轴起点或根据以下选项之一定义轴[对象(O)/X/Y/Z]<对象>:X

指定旋转角度或[起点角度(ST)/反转(R)/表达式(EX)]<360>:180

结果如图 10-10 所示。

10.2.1.2　"拉伸(Extrude)"命令

通过"拉伸"命令可将轮廓线对象在空间移动的轨迹转变成实体对象。在 AutoCAD 中将对象进行拉伸时既可以使轮廓线对象沿指定的路径对象移动,又可以带有锥度。"拉伸"命令的格式如下:

命令:EXTRUDE

当前线框密度:ISOLINES=(当前),闭合轮廓创建模式=实体

选择要拉伸的对象或[模式(MO)]:(用各种方法拾取对象)

指定拉伸的高度或[方向(D)/路径(P)/倾斜角(T)/表达式(E)]:(指定一个距离

或输入"P")

执行上述命令后,所选的对象将沿着指定路径拉伸相应的高度。

(1)"拉伸的高度"选项

选择此选项后,可以用拾取两个点的方法来指定一个距离也可以直接输入一个值。拉伸轮廓线对象时的拉伸方向不一定是 Z 轴方向,尽管实体的 Z 向经常被作为拉伸方向。创建一个平面闭合对象后,Z 向通常就是 Z 轴方向,它总是与平面闭合对象相垂直。如果输入的高度为负值,则对象将向其相反方向拉伸。

(2)"方向(D)"选项

选择此选项后,命令行提示:

指定方向的起点:(在绘图区指定拉伸方向的起点)

指定方向的端点:(在绘图区指定拉伸方向的终点)

通过该选项,可以以给定的起点到终点拉伸对象。

(3)"路径(P)"选项

这一选项用一独立存在的对象作为拉伸路径,该路径对象决定了拉伸的长度、方向和形状。当选了"路径(P)"选项后,拉伸就不能再有倾斜角了,其截面尺寸保持不变。可用的路径对象有直线、圆弧、椭圆、二维多段线、二维多边形、三维多段线和样条线。

路径可以不闭合,也可以是非平面的曲线,但成为路径对象也是有条件的。一个条件是,路径上圆弧部分的半径必须大于或等于轮廓线对象的宽度。也就是说,如果轮廓线对象的宽度是 1,则路径上所有圆弧部分的半径必须大于等于 1。另一个条件是,路径上允许有角(方向不同的两段直线相交处),甚至可以将直线间的这个角看作是半径为 0 的圆弧。AutoCAD 只是简单地将拉伸的角斜接,如图 10-11 所示。

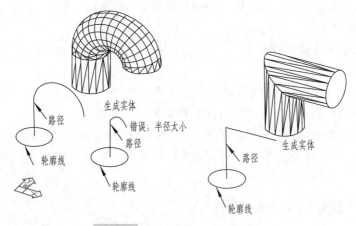

图 10-11 路径上圆弧半径的限制

三维曲线包括螺旋线,只要是由三维多段线和直线段组成的对象,就可以作为路径。但样条拟合三维多段线和非平面样条实体不能用作路径。

应注意,即使路径与轮廓线不垂直,拉伸也总是从轮廓线开始,而在结束点上路径与轮廓线垂直,如图 10-12 所示。其结果是当在拉伸起点处路径与轮廓线不垂直时实体像是被切掉了一块。虽然在起点处路径与轮廓线不垂直是可以被接受的,但是拉伸实体的截断面的形状与轮廓面形状不同。

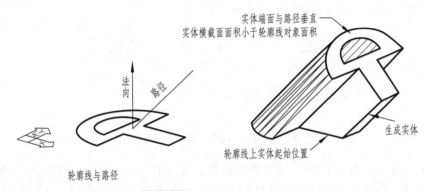

图 10-12 拉伸从轮廓线开始

当路径为样条曲线(实体类型,而不是样条拟合多段线)时,拉伸生成的实体的端面总是垂直于路径。如果在拉伸起点处轮廓线不垂直于路径,AutoCAD 将自动旋转轮廓线使其与路径垂直,如图 10-13 所示。拉伸生成实体的另一端面与样条曲线路径垂直,这与其他类型的路径相同。

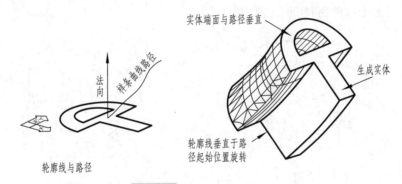

图 10-13 轮廓线同路径垂直

图 10-14 所示为一个轮廓线对象和三个可能的路径,没有一个路径位于轮廓线上。路径 2 的方向线位于轮廓线两个端点的中间,所以它的拉伸长度等于路径的全长。路径 1 就像图中箭头所示的那样向轮廓线的中心投影,拉伸长度会变短;路径 3 在向轮廓线的中心投影时会变长。同一轮廓线对象经三个不同的路径拉伸所得的实体如图 10-15 所示。

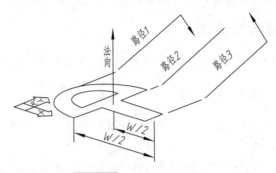

图 10-14 几种可能的路径

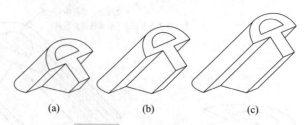

图 10-15　不同路径拉伸的实体

这种由于投影而引起的路径尺寸的变化也会发生在闭合路径中。当闭合路径有锐角时,如多边形路径,路径就会移到一个位置,在该位置上轮廓处于两个拉伸体斜接的中点处。

提示:应尽量保持路径简单,最好在与轮廓线对象垂直的方向上开始路径。将路径定在每个轮廓线对象的中心,也就是路径的方向线位于轮廓线对象两个端点的中间。

（4）"倾斜角(T)"选项

倾斜角的默认值是 0°,它使截面尺寸在整个拉伸路径上保持恒定。若倾斜角为正值,则拉伸时向内斜,截面尺寸沿整个拉伸路径变小(图 10-16a) ;若倾斜角为负值,拉伸时向外斜,截面尺寸沿整个拉伸路径变大(图 10-16b) 。

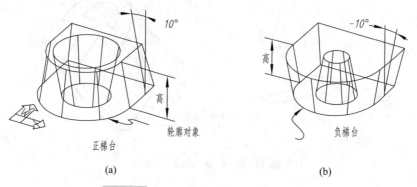

图 10-16　倾斜角正、负与内、外斜的关系

倾斜角是拉伸方向与生成的实体的倾斜面间的夹角。虽然除了-90°和90°以外,其他角度都是可以的,但实际上,倾斜角取决于拉伸的高度。倾斜角不能大到使拉伸的边相交,太大的倾斜角会引起出错信息,提示拉伸件自身相交,不能生成拉伸件。

10.2.2　创建复合实体

在 AutoCAD 中,用户还可以使用现有实体的并集、差集创建复合实体。

10.2.2.1　"并集(Union)"命令

"并集"命令可以合并两个或多个实体(或面域),构成一个复合实体。以图 10-17 为例,创建复合实体的步骤如下:

（1）从"修改(M)"下拉菜单中选择"实体编辑(N)"/"并集(U)"命令。

（2）在命令行"选择对象:"提示下,分别单击实体 1 和 2,选择要组合的对象。

结果如图 10-17b 所示。

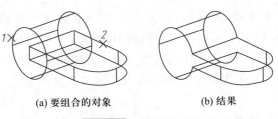

(a) 要组合的对象　　　　　　　(b) 结果

图 10-17　实体的并集

10.2.2.2　"差集(Subtract)"命令

该命令用于删除两个实体间的公共部分。例如,可用"差集"命令在对象上减去一个圆柱,即可在机械零件上增加孔。以图 10-18 为例,消除两实体间公共部分的步骤为:

(a) 选定被减的对象　　　(b) 选定要减去的对象　　　(c) 结果(为了清晰显示,
　　　　　　　　　　　　　　　　　　　　　　　　　　　将线进行消隐)

图 10-18　实体的差集

(1) 从"修改(M)"下拉菜单中选择"实体编辑(N)"/"差集(S)"命令。

(2) 在命令行"选择对象:"提示下,选取 1 作为被减的对象。

(3) 在命令行"选择对象:"提示下,选取 2 作为减去的对象。

结果如图 10-18c 所示。

10.2.2.3　"交集(Intersect)"命令

"交集"命令可以删除两个或多个相交实体的非重叠部分,用这些实体的公共部分创建复合实体。以图 10-19 为例,其操作步骤如下:

(1) 从"修改(M)"下拉菜单中选择"实体编辑(N)"/"交集(I)"命令。

(2) 在命令行"选择对象:"提示下,选取 1 和 2 作为相交的对象。

结果如图 10-19b 所示。

"干涉检查(Interfere)"命令的操作与"交集"命令相同,但保留两个原始对象。

对于二维平面绘图,常用的编辑命令有"移动(Move)""复制(Copy)""镜像(Mirror)""阵列(Array)""旋转(Rotate)""偏移(Offset)""修剪(Trim)""圆角(Fillet)""倒角(Chamfer)""拉长(Lengthen)"等。这些命令中有一些适用于所有三维对象,如移动、复制;而另一些命令则仅限

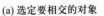

(a) 选定要相交的对象　　　(b) 结果

图 10-19　实体的交集

于编辑某种类型的三维模型,如偏移、修剪等命令只能修改三维线框,不能用于实体及表面模型;还有其他一些命令如镜像、阵列等,其编辑结果与当前的 UCS 平面有关。对于三维建模,AutoCAD 提供了专门用于在三维空间中旋转、镜像、阵列、对齐三维对象的命令(3DRotate,Mirror3D,3DArray,Align),这些命令使用户可以灵活地在三维空间中定位及复制图形元素。

在 AutoCAD 中,用户能够编辑实体模型的面、边、体。例如,用户可以对实体的表面进行拉伸、偏移、锥化等处理,也可对实体本身进行压印、抽壳等操作。利用这些编辑功能,设计人员就能很方便地修改实体及孔、槽等结构特征的位置。

对于网格表面的编辑,经常遇到调整网格节点位置及修改网格表面类型的情况,这时可利用"多段线(Pedit)"命令或"Ddmodify"命令。另外,在变动网格节点位置时,还可利用关键点编辑模式进行编辑。

10.2.3　三维编辑功能

AutoCAD 是一个将二维和三维功能有机地融合在一起的绘图软件,其编辑功能并没有严格的二维和三维之分,大多数编辑命令既可用于二维对象,也可用于三维对象。

在 AutoCAD 中,用户可以方便地编辑三维对象,对其进行旋转、阵列或镜像、修剪和延伸、倒角和圆角等操作。对二维和三维对象都可以用"阵列(Array)""复制(Copy)""镜像(Mirror)""移动(Move)"和"旋转(Rotate)"等命令。此外,编辑三维对象时,也可使用对象捕捉工具以实现精确绘图。

10.2.3.1　旋转三维对象

用平面的"旋转(Rotate)"命令可以在当前 UCS 内绕指定点旋转二维对象,而"三维旋转(3DRotate)"命令则可以绕指定的轴旋转三维对象。用户可以在空间中输入两个点来设定旋转轴,或者设定经过空间某点且与 X 轴、Y 轴或 Z 轴平行的旋转轴。下面以图 10-20 为例说明该命令的一般操作步骤和效果。

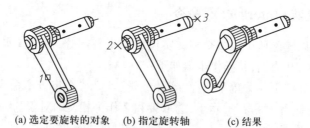

(a) 选定要旋转的对象　　(b) 指定旋转轴　　(c) 结果

图 10-20　旋转三维对象

(1)从"修改(M)"下拉菜单中选择"三维操作(3)"/"三维旋转(R)"命令。

(2)在命令行"选择对象:"提示下,选取 1 作为要旋转的对象。

(3)在命令行"指定轴上的第一个点或定义轴依据[对象(O)/最近的(L)/视图(V)/X轴(X)/Y 轴(Y)/Z 轴(Z)/两点(2)]:"提示下,单击 2 和 3 指定旋转轴的起点和端点。从起点到端点的方向为正方向,按右手定则确定旋转方向。

(4)在命令行"指定旋转角度,或 [复制(C)参照(R)]:"提示下,指定旋转角。

10.2.3.2 创建三维对象的阵列

"三维阵列(3DArray)"也是平面命令"阵列(Array)"的扩展。通过这个命令,用户可以在三维空间创建对象的矩形阵列或环形阵列。

1. 矩形阵列

创建三维对象的矩形阵列的步骤如下(图 10-21):

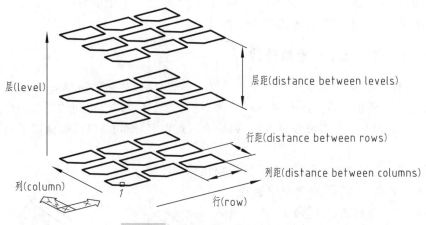

图 10-21　创建三维对象的矩形阵列

(1) 从"修改(M)"下拉菜单中选择"三维操作(3)"/"三维阵列(3)"命令。

(2) 在命令行"选择对象:"提示下,选取 1 作为要阵列的对象。

(3) 在命令行出现提示"输入阵列类型[矩形(R)/环形(P)]<矩形>:"时,按<Enter>键进入矩形阵列。

(4) 输入行数。

(5) 输入列数。

(6) 输入层数。

(7) 指定行间距。

(8) 指定列间距。

(9) 指定层间距。

2. 环形阵列

创建对象的环形阵列的步骤如下(图 10-22):

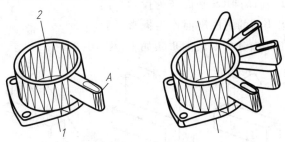

图 10-22　创建三维对象的环形阵列

（1）从"修改（M）"下拉菜单中选择"三维操作（3）"/"三维阵列（3）"命令。

（2）在命令行"选择对象："提示下，选取 A 作为要阵列的对象。

（3）在命令行出现提示"输入阵列类型［矩形（R）/环形（P）］＜矩形＞："时，输入"P"进入"环形阵列"。

（4）输入要阵列的项目数。

（5）指定阵列对象的角度。

（6）按＜Enter＞键旋转对象进行阵列，或者输入"N"保留它们的方向。

（7）单击 1 和 2 指定旋转轴的起点和终点。

10.2.3.3　创建三维对象的镜像

平面"镜像（Mirror）"命令可以以平面上的一条直线为对称轴镜像对象，而"三维镜像（Mirror3D）"命令不但可以完成平面"镜像"命令的功能，还可以以空间的任意一个平面为对称面镜像对象。对称面有多种设定方法，如输入三点确定对称面、以坐标面的平行平面为对称面等。

下面以图 10-23 为例，讲述创建三维对象镜像的步骤：

（1）从"修改（M）"下拉菜单中选择"三维操作（3）"/"三维镜像（D）"命令。

（2）在命令行"选择对象："提示下，选取 1 作为要镜像的对象。

（3）单击 2、3 和 4 指定三点定义镜像平面。

（4）按＜Enter＞键保留原始对象，或输入"Y"删除它们。

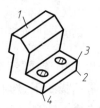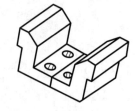

图 10-23　创建三维对象镜像

10.2.3.4　修剪和延伸三维对象

使用"修剪（Trim）"和"延伸（Extend）"命令可以在三维空间中修剪对象或将对象延伸到与其他对象相接，且不用考虑被编辑的对象是否在同一个平面内。修剪或延伸空间中的交叉线条时，应先设定投影平面，AutoCAD 将线条对象投影在此平面内，并根据这些投影来完成操作。用户可以通过"修剪"或"延伸"命令的"投影（P）"选项为修剪和延伸操作指定某种投影平面，该选项有三个子选项：

（1）无（N）。修剪或延伸三维空间中实际相交的线条。

（2）UCS（U）。以当前的 UCS 平面作为投影平面。

（3）视图（V）。以当前的视图平面作为投影平面。

在当前 UCS 的 XY 平面延伸对象的步骤如下（图 10-24）：

图 10-24　在当前 UCS 的 XY 平面延伸对象

（1）从"修改（M）"下拉菜单中选择"延伸（D）"命令。

（2）单击 1 选择延伸边界的边。

（3）选择"边（E）"选项，回车。

（4）选择"延伸（E）"选项，回车。

（5）选择"投影（P）"选项，回车。

（6）选择"UCS（U）"选项，回车。

（7）单击 2 选择要延伸的对象。

在当前视图平面修剪对象的步骤如下（图 10-25）：

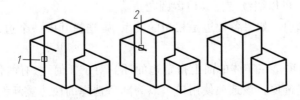

图 10-25　在当前视图平面修剪对象

（1）从"修改（M）"下拉菜单中选择"修剪（T）"命令。

（2）单击 1 选择用于修剪的剪切边。

（3）选择"投影（P）"选项，回车。

（4）选择"视图（V）"选项，回车。

（5）单击 2 选择要修剪的对象。

在真实三维空间修剪对象的步骤如下（图 10-26）：

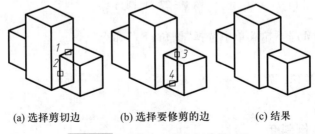

(a) 选择剪切边　　　(b) 选择要修剪的边　　　(c) 结果

图 10-26　在真实三维空间修剪对象

（1）从"修改（M）"下拉菜单中选择"修剪（T）"命令。

（2）单击 1 和 2 选择用于修剪的剪切边。

（3）选择"投影（P）"选项，回车。

（4）选择"无（N）"选项，回车。

（5）单击 3 和 4 选择要修剪的对象。

10.2.3.5　3D 倒圆角

"圆角（Fillet）"命令可以给实体的棱边倒圆角，该命令对表面模型不适用。在三维空间中使用此命令与在二维空间不同，用户不必事先设定倒角的半径值，AutoCAD 会提示用户进行设定。

在命令行输入"Fillet"，AutoCAD 提示：

当前设置：模式＝修剪，半径＝0.0000

选择第一个对象或[放弃(U)/多段线(P)/半径(R)/修剪(T)/多个(M)]：(选择实体的棱边)

输入圆角半径或[表达式(E)]：(设定倒角的半径值)

指定圆角的半径后，AutoCAD 继续提示：

选择边或[链(C)/环(L)/半径(R)]：

其中各主要选项的功能如下：

(1)"边"选项。可以继续选择其他倒圆角边。

(2)"链(C)"选项。如果各棱边是相切的关系，则选择其中一个边，所有这些棱边都将被选中。

(3)"环(L)"选项。在实体的面上指定边的环。对于任何边，有两种可能的循环。

(4)"半径(R)"选项。该选项使用户可以为随后选择的棱边重新设定倒圆半径。

以图 10-27 为例，对实体对象倒圆角的步骤如下：

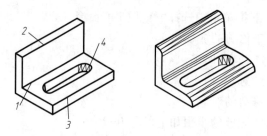

图 10-27　倒圆角

(1)从"修改(M)"下拉菜单中选择"圆角(F)"命令。

(2)单击边 1。

(3)输入圆角半径。

(4)单击 2、3、4。

10.2.3.6　3D 倒斜角

"倒角(Chamfer)"命令只能用于实体，而且对表面模型不适用。以图 10-28 为例，其操作步骤如下：

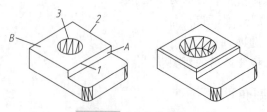

图 10-28　为实体倒角

(1)从"修改(M)"下拉菜单中选择"倒角(C)"命令。

(2)单击 1 选择要倒角的基面边。AutoCAD 亮显选定边所在的两面之一。

（3）选择用于倒角的基面,按<Enter>键使用当前面。若要选择另一个曲面,则可输入"n"（下一个）。

（4）指定倒角距离。基面倒角距离是指从所选择的边到基面上倒角的距离,其他面倒角距离是指从所选择的边到相邻面上的倒角距离。

（5）选择边或环。"环":选择基面的所有边;"边":选择单独的边。

（6）单击 2 指定要倒角的边。

10.2.4 三维编辑命令

10.2.4.1 创建实体的剖切面

利用"Section"命令可以在实体模型的任意位置生成剖切面,生成的剖切面可以作为一个面域或一个未命名的图块。

用户可以通过以下方法指定剖切面的位置:

（1）指定三点确定剖切面的位置,这是默认的选择方式。

（2）使剖切面同圆、椭圆、圆弧、椭圆弧、二维样条曲线或二维多段线平行。

（3）通过在剖切面上指定一点并在平面的 Z 轴(即法向)上指定另一点来定义剖切面。

（4）使剖切面与当前视图的视图平面平行。

（5）使剖切面与当前用户坐标系的 XY 面平行,再指定剖切面通过的一点来确定剖切面的位置。

（6）使剖切面与当前用户坐标系的 XZ 面平行,再指定剖切面通过的一点来确定剖切面的位置。

（7）使剖切面与当前用户坐标系的 YZ 面平行,再指定剖切面通过的一点来确定剖切面的位置。

具体的操作步骤如下(图 10-29):

（1）在命令行输入"Section"。

（2）选择要创建剖切面的对象。

（3）指定三点定义剖切面。第一点指定为剖切面的原点(0,0,0),在 X 轴上选取一点定义第二点,在 Y 轴上选取一点定义第三点,如图 10-29a 所示。

为了清晰显示,应将剖切面隔离并进行填充,如图 10-29c 所示。

注意:如果要对剖切面进行填充,必须先将剖切面与 UCS 对齐。

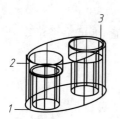
(a) 选定的对象和指定的三个点

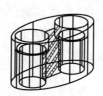
(b) 定义的相交截面的剪切平面

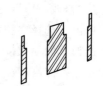
(c) 将相交截面隔离并填充

图 10-29 创建实体相交截面

10.2.4.2   剖切实体

利用"剖切(Slice)"命令可以定义一个平面,将实体切割成两半。制作零件的效果图时,可用此命令对模型进行剖切,以便更好地观察其内部的结构。在默认情况下,系统将提示用户选择要保留的一半,然后删除另一半,也可以将两半都予以保留。剖切后得到的实体与原来的实体将保持一致的图层、颜色等属性。剖切实体的步骤如下(图10-30):

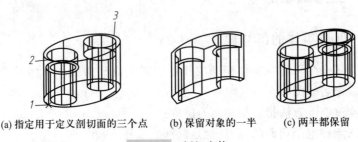

(a) 指定用于定义剖切面的三个点   (b) 保留对象的一半   (c) 两半都保留

图 10-30   剖切实体

(1)从"修改(M)"下拉菜单选择"三维操作(3)"/"剖切(S)"命令。

(2)选择要剖切的对象。

(3)指定三点定义剖切面,如图 10-30a 所示。

(4)指定要保留的一半(图 10-30b),或者输入"b"将两半都保留(图 10-30c)。

10.2.4.3   编辑三维实体的面

用户除了可对实体进行倒角、阵列、镜像、旋转等操作外,还可以编辑实体模型的表面、棱边及体。AutoCAD 的实体编辑功能概括如下:

(1)面的编辑。提供了拉伸、移动、旋转、锥化、复制和改变颜色等选项。

(2)边的编辑。用户可以改变实体棱边的颜色,或者复制棱边形成新的线框对象。

(3)体的编辑。用户可以将一个几何对象"压印"在三维实体上,还可以拆分实体或对实体进行抽壳操作。

1. 拉伸面

AutoCAD 可以根据指定的距离值或沿某条路径对面进行拉伸。拉伸时,如果输入的是拉伸距离值,那么还可输入倾斜角度,这样将使拉伸所形成的实体产生一定斜度。

拉伸实体对象上的面的步骤如下:

(1)从"修改(M)"下拉菜单选择"实体编辑(N)"/"拉伸面(E)"命令。

(2)单击 1 选择要拉伸的面,如图 10-31a 所示。

(3)选择其他面或按<Enter>键进行拉伸。

(4)指定拉伸高度。

(5)指定倾斜角度。

(6)按<Enter>键结束命令,操作结果如图 10-31b 所示。

用户还可以沿指定的直线或曲线拉伸实体对象上的面,选定的面上的所有剖切面都将沿着指定的路径拉伸。可以选择直线、圆、圆弧、椭圆、椭圆弧、多段线或样条曲线作为路径,路径不能与选定的面位于同一平面,也不能包含大曲率的区域部分。

沿实体对象上的路径拉伸面的步骤如下(图 10-32):

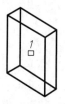

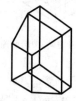

(a) 选定的面　　(b) 拉伸后的面　　　(a) 选定的面　　(b) 选定的拉伸路径　(c) 拉伸后的面

图 10-31　拉伸实体对象上的面　　　　　图 10-32　沿路径拉伸面

(1) 从"修改(M)"下拉菜单选择"实体编辑(N)"/"拉伸面(E)"命令。
(2) 单击 1 选择要拉伸的面,如图 10-32a 所示。
(3) 选择其他面或按<Enter>键进行拉伸。
(4) 在命令行输入"P",选择"路径(P)"选项。
(5) 选取 2 作为拉伸路径,如图 10-32b 所示。
(6) 按<Enter>键完成命令操作,结果如图 10-32c 所示。

2. 移动面

用户可以通过移动面来修改三维实体的尺寸或改变某些特征,如孔、槽的位置。AutoCAD 只移动选定的面而不改变其方向。使用 AutoCAD 可以非常方便地移动三维实体上的孔,还可以使用捕捉、坐标和对象捕捉等功能精确地移动选定的面。

移动实体上的面的步骤如下(图 10-33):

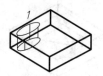
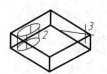
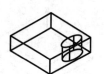

(a) 选定的面　　　(b) 选定的基点和第二点　　(c) 移动后的面

图 10-33　移动实体上的面

(1) 从"修改(M)"下拉菜单选择"实体编辑(N)"/"移动面(M)"命令。
(2) 单击 1 选择要移动的面,如图 10-33a 所示。
(3) 选择其他面或按< Enter>键移动面。
(4) 单击 2 指定移动的基点。
(5) 单击 3 指定位移的第二点,如图 10-33b 所示。
(6) 按<Enter>键结束命令,结果如图 10-33c 所示。

3. 旋转面

通过旋转实体的表面就可改变面的倾斜角度,或者将一些结构特征,如孔、槽旋转到新的位置。在旋转面时,用户可通过拾取两点选择某条直线或设定旋转轴平行于坐标轴等方法来指定旋转轴。另外,应注意旋转轴的正方向。

旋转实体上的面的步骤如下(图 10-34):

(a) 选定的面　　　(b) 选定的旋转轴　　(c) 绕Z轴旋转35°后的面

图 10-34　旋转实体上的面

(1) 从"修改(M)"下拉菜单选择"实体编辑(N)"/"旋转面(A)"命令。

(2) 单击 1 选择要旋转的面,如图 10-34a 所示。

(3) 选择其他面或按<Enter>键进行旋转。

(4) 输入"Z"表示将通过指定点且同 Z 轴平行的线定义为旋转轴。也可以指定 X 或 Y 轴、两个点(定义旋转轴),或者通过对象(将旋转轴与现有对象对齐)定义旋转轴。旋转轴的正方向是从起点到终点的方向,旋转方向遵从右手定则,除非在"Angdir"中已经对其进行了设置。

(5) 指定旋转角度(绕 Z 轴旋转 35°)。

(6) 按<Enter>键结束命令,结果如图 10-34c 所示。

4. 偏移面

对于三维实体,可通过偏移面来改变实体及孔、槽等特征的大小。进行偏移操作时,用户可直接输入数值或拾取两点来指定偏移的距离,AutoCAD 将根据偏移距离沿面的法向移动面。输入正的偏移距离,将使面沿法向向外移动;否则,被编辑的面将向相反的方向移动。

偏移实体上的面的步骤如下(图 10-35):

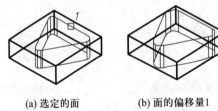

(a) 选定的面　　　　(b) 面的偏移量1　　　(c) 面的偏移量-1

图 10-35　偏移实体上的面

(1) 从"修改(M)"下拉菜单选择"实体编辑(N)"/"偏移面(O)"命令。

(2) 单击 1 选择要偏移的面,如图 10-35a 所示。

(3) 选择其他面或按<Enter>键进行偏移。

(4) 指定偏移距离,图 10-35b、c 中的偏移距离分别为 1 和-1。

(5) 按<Enter>键结束命令。

5. 倾斜面

可以沿指定的矢量方向使实体表面产生倾斜角度。进行倾斜面操作时,其倾斜方向由倾斜角度的正负号及定义矢量时的基点决定。若输入正的角度值,则将已定义的矢量绕基点向实体内部倾斜;否则,向实体外部倾斜。矢量的倾斜方式说明了被偏移表面的倾斜方式。

使圆柱孔变为圆锥孔的操作步骤如下(图 10-36):

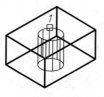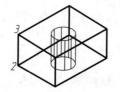

(a) 选定的面　　　　(b) 选定的基点和第二点　　　(c) 倾斜10°后的面

图 10-36　倾斜实体上的面

（1）从"修改（M）"下拉菜单选择"实体编辑（N）"/"倾斜面（T）"命令。

（2）单击 1 选择要倾斜的面,如图 10-36a 所示。

（3）选择其他面或按<Enter>键进行倾斜。

（4）单击 2 指定倾斜的基点。

（5）单击 3 指定轴上的第二点,如图 10-36b 所示。

（6）指定倾斜角度（本例为 10°）。

（7）按<Enter>键结束命令,结果如图 10-36c 所示。

6. 删除面

"删除面"命令可删除实体上的表面,包括倒圆角和倾斜角时形成的面。

图 10-37 所示为删除实体上的圆角实例,其操作步骤如下:

（1）从"修改（M）"下拉菜单选择"实体编辑（N）"/"删除面（D）"命令。

（2）单击 1 选择要删除的面,如图 10-37a 所示。

（3）选择其他面或按<Enter>键进行删除。

（4）按<Enter>键结束命令,结果如图 10-37b 所示。

7. 复制面

可以将实体的表面复制成新的图形对象,该对象是面域或体。

(a) 选定的面　　(b) 删除的面

图 10-37　删除实体上的面

图 10-38 所示为复制实体上的面的实例,其操作步骤如下:

（1）从"修改（M）"下拉菜单选择"实体编辑（N）"/"复制面（F）"命令。

（2）单击 1 选择要复制的面,如图 10-38a 所示。

（3）选择其他面或按<Enter>键进行复制。

（4）单击 2 指定移动的基点,如图 10-38b 所示。

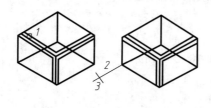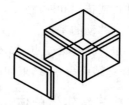

(a) 选定的面　　　(b) 选定的基点和第二点　　　(c) 复制的面

图 10-38　复制实体上的面

（5）单击 3 指定位移的第二点。

（6）按<Enter>键结束该命令,结果如图 10-38c 所示。

10.2.4.4　编辑三维实体的边

用户可以改变边的颜色或复制三维实体的各条边。要改变边的颜色,可以在"选择颜色"对话框中选取颜色。三维实体的各条边都可复制为直线、圆弧、圆、椭圆或样条曲线对象。

1. 修改边的颜色

为三维实体对象的独立边指定颜色,既可以从七种标准颜色中选择,也可以从"选择颜色"对话框中选择。指定颜色时,可以输入颜色名或一个 AutoCAD 颜色索引（ACI）编号,即从 1 到 255 的整数。所设置边的颜色将替代实体对象所在图层的颜色设置。

修改实体对象颜色的步骤如下:

（1）从"修改（M）"下拉菜单选择"实体编辑（N）"/"着色边（L）"命令。

（2）选择面上要修改颜色的边。

（3）选择其他边或按<Enter>键。

（4）在"选择颜色"对话框中选择颜色,然后单击"确定"按钮。

（5）按<Enter>键结束命令。

2. 复制边

用户可以复制三维实体的各条边。所有的边都可复制为直线、圆弧、圆、椭圆或样条曲线对象。如果指定两个点,AutoCAD 将使用第一个点作为基点,并相对于基点放置一个副本。如果指定一个点,然后按<Enter>键,AutoCAD 将使用原始选择点作为基点,下一点作为位移点。

图 10-39 所示为复制面上的边的实例,其操作步骤如下:

(a) 选定的边　　　　(b) 选定的基点和第二点　　　　(c) 复制的边

图 10-39　复制边

（1）从"修改（M）"下拉菜单选择"实体编辑（N）"/"复制边（G）"命令。

（2）单击 1 选择面上要复制的边,如图 10-39a 所示。

（3）选择其他边或按<Enter>键。

（4）单击 2 指定移动的基点。

（5）单击 3 指定位移的第二点,如图 10-39b 所示。

（6）按<Enter>键结束命令,结果如图 10-39c 所示。

10.2.4.5　编辑三维实体的体

1. 压印实体

用户可以把圆弧、圆、直线、二维和三维多段线、椭圆、样条曲线、面域、体和三维实体等对象压印到三维实体上,使其成为实体的一部分。用户必须使被压印的几何对象在实体表面内或与实体表面相交,压印操作才能成功。

压印三维实体对象的步骤如下(图 10-40):

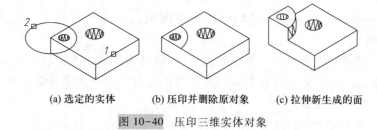

(a) 选定的实体   (b) 压印并删除原对象   (c) 拉伸新生成的面

图 10-40 压印三维实体对象

(1)从"修改(M)"下拉菜单选择"实体编辑(N)"/"压印边(I)"命令。

(2)单击 1 选择三维实体对象。

(3)单击 2 选择要压印的对象,如图 10-40a 所示。

(4)按<Enter>键保留原始对象,或者输入"y"将其删除(图 10-40b)。

(5)选择要压印的其他对象或按<Enter>键。

(6)按<Enter>键完成命令,结果如图 10-40c 所示。

2. 分割实体

用户可以将组合体分割成零件。将三维实体分割后,独立的实体将保留其图层和原始颜色,所有嵌套的三维实体对象都将被分割成最简单的结构。

将复合实体分割为单独实体的步骤如下:

(1)从"修改(M)"下拉菜单选择"实体编辑(N)"/"分割(S)"命令。

(2)选择三维实体对象。

(3)按<Enter>键完成命令。

组合三维实体对象不能共享公共的面积或体积。

3. 抽壳实体

用户可以从三维实体对象中以指定的厚度创建壳体或中空的墙体。AutoCAD 通过将现有的面向原位置的内部或外部偏移来创建新的面。偏移时,AutoCAD 将连续相切的面看作单一的面。

图 10-41 所示为在实体中创建抽壳的实例,其操作步骤如下:

(1)从"修改(M)"下拉菜单选择"实体编辑(N)"/"抽壳(H)"命令。

(2)选择三维实体对象。

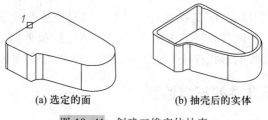

(a) 选定的面   (b) 抽壳后的实体

图 10-41 创建三维实体抽壳

（3）单击 1 选择不抽壳的面,如图 10-41a 所示。

（4）选择其他不抽壳的面或按<Enter>键。

（5）指定抽壳偏移值。正偏移值在正面方向上创建抽壳,负偏移值在负面方向上创建抽壳。

（6）按<Enter>键完成该命令,结果如图 10-41b 所示。

4. 清除实体

如果边的两侧或顶点共享相同的曲面或顶点,则可删除这些边或顶点。AutoCAD 将检查实体对象的体、面或边,并合并共享相同曲面的相邻面。三维实体对象所有多余的、压印的及未使用的边都将被删除。

清除三维实体对象的步骤如下(图 10-42):

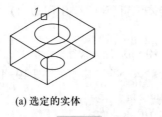

(a) 选定的实体　　　　　(b) 清除后的实体

图 10-42　清除三维实体对象

（1）从"修改(M)"下拉菜单选择"实体编辑(N)"/"清除(N)"命令。

（2）单击 1 选择三维实体对象,如图 10-42a 所示。

（3）按<Enter>键完成该命令,结果如图 10-42b 所示。

10.2.4.6　检查实体

用户可以检查实体对象是否为有效的三维实体。对于有效的三维实体,对其进行修改时,不会导致系统发出 ACIS 失败错误信息;如果三维实体无效,则不能编辑对象。

检查三维实体对象的步骤如下:

（1）从"修改(M)"下拉菜单选择"实体编辑(N)"/"检查(K)"命令。

（2）选择三维实体对象。

（3）按<Enter>键完成命令。此时,AutoCAD 将显示一个信息,说明该实体是否为一个有效的 ACIS 实体。

10.3　零件的三维造型

图 10-43 所示为一贮槽设备,其各组成零件主要通过拉伸与旋转的方式形成。对于拉伸形体,只需确定轮廓线的形状特征与拉伸方向,然后应用"拉伸(Extrude)"命令即可。对旋转形体,只需确定轮廓线的形状特征与旋转轴,然后应用"旋转(Revolve)"命令即可。

10.3.1　贮槽标准件的三维造型

为便于造型,将各标准件的轮廓线的形状特征与造型命令列表,见表 10-1。

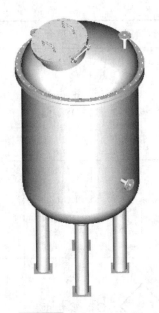

图 10-43 贮槽装配造型

表 10-1 形状特征与造型命令

零件名称	基本形体	轮廓线形状特征	造型命令	三维形体	说明
拉管	拉伸形体		Extrude		外、内圆柱作差运算
法兰	旋转形体+拉伸形体		Revolve+Extrude		法兰主体与圆柱作差运算,圆周上均匀分布的圆柱孔由阵列命令 Array 获得
垫圈	拉伸形体		Extrude		外、内圆柱作差运算
垫片	拉伸形体		Extrude		外、内圆柱作差运算
封头	旋转形体		Revolve		1/4 外椭圆弧画好后,内椭圆弧可根据壁厚由"偏移(Offset)"命令获得

续表

零件名称	基本形体	轮廓线形状特征	造型命令	三维形体	说明
螺栓	拉伸形体+ 旋转形体		Extrude+ Revolve		螺栓头与螺柱两部分作并运算；有关螺栓头形状另作说明
螺母	拉伸形体+ 旋转形体		Extrude+ Revolve		螺母外形与螺柱作差运算；有关螺母外形另作说明
支座	拉伸形体		Extrude		底板与接管作并运算；方板与圆柱作差运算

在根据表 10-1 造型时，应注意以下几点：

（1）轮廓线的形状与大小均可在标准件、通用件的国家标准规范中查取。

（2）轮廓线必须是封闭的轮廓组合线，可用"多段线（Pedit）"命令将组成轮廓的各线段组成一组合线。

（3）由于椭圆、椭圆弧不是多段线对象，因此，封头的轮廓线的形状特征可用四心圆法绘制近似的椭圆替代，如图 10-44 所示。其作图步骤为：

① 分别以椭圆长轴长 a、短轴长 b 为半径画两个同心圆。

② 将椭圆长轴与短轴端点 k、n 相连。

③ 在直线 kn 上量取 $km=a-b$，得点 m，作 mn 的中垂线分别与椭圆短轴、长轴交于 o_1、o_2 两点。

④ 以 o_1 为圆心、o_1k 为半径画圆弧；以 o_2 为圆心、o_2n 为半径画圆弧，两段圆弧交于点 p，并构成 1/4 近似椭圆弧。

（4）螺栓的螺柱部分与螺母的螺孔部分是近似造型。

（5）螺栓头部与螺母外形造型方法相同，其步骤如下：

① 画正六边形。

② 将正六边形拉伸成正六棱柱并进行复制。

③ 作一圆锥，此圆锥的底圆直径为正六边形的对角距离，其高度为底圆半径。将圆锥与正六棱柱按图 10-45 所示位置放置。

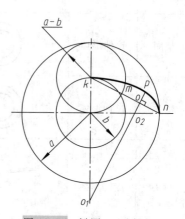

图 10-44　椭圆四心圆画法

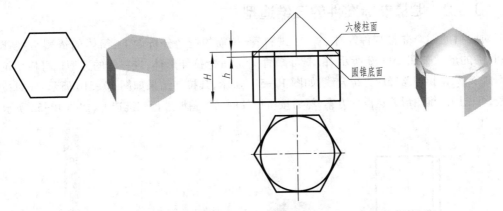

图 10-45　螺母外形造型方法

④ 对图 10-45 所示的圆锥和正六棱柱作交运算,并将运算结果进行复制,然后将其中一份旋转 180°,如图 10-46 所示,形成螺母、螺栓六角头的上、下两部分。

⑤ 以正六边形为轮廓特征线拉伸出一个正六棱柱,与六角头上、下两部分作并运算,完成螺母、螺栓头部造型,如图 10-47 所示。

(6) 补强圈造型。补强圈的形状可通过作两个圆柱管,再由这两个圆柱管作交运算获得,结果如图 10-48a、b 所示。

(7) 人孔造型。人孔由筒节、螺栓、螺母、法兰、垫片、法兰盖把手、轴销、销、垫圈、盖轴耳、法兰轴耳等组成。可像对贮槽其他零件的造型分析一样对人孔的各个零件进行造型分析,读者可以自行练习,最后将它们组合成人孔,结果如图 10-49 所示。

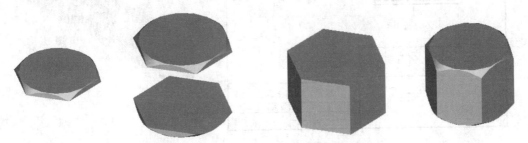

图 10-46　螺母及螺栓头部两端造型　　　　图 10-47　螺母及螺栓头部外形造型

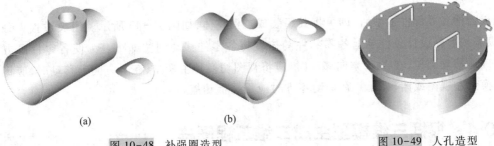

(a)　　　　　　　　　(b)

图 10-48　补强圈造型　　　　　　　图 10-49　人孔造型

10.3.2　贮槽非标准件的三维造型

对贮槽的四个非标准件筒体、管夹、进料管、拉筋的造型分析如下：筒体的造型与接管相同；管夹的形状如图 10-50 所示，由图可知管夹是一个拉伸形体；进料管的造型也可使用拉伸造型命令，只是拉伸路径应为组合线，如图 10-51a 所示，其拉伸结果如图 10-51b 所示；要对拉筋造型，可先用二维图形表达设计方案，然后按所设计的二维图形进行三维造型，如图 10-52 所示。

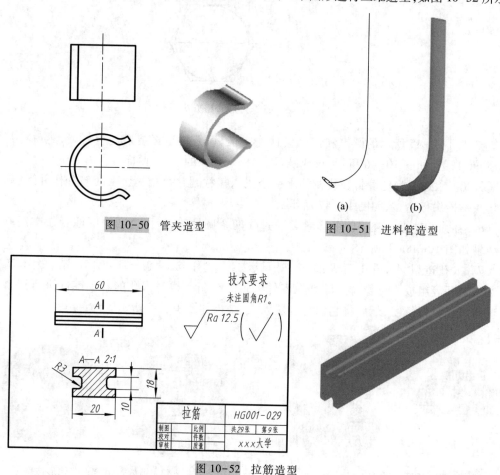

图 10-50　管夹造型

(a)　　　(b)

图 10-51　进料管造型

技术要求

未注圆角R1.

√ Ra 12.5 (√)

拉筋　HG001-029

图 10-52　拉筋造型

10.3.3　贮槽三维装配

完成贮槽各零部件造型后，即可将其组装成贮槽整体，如图 10-43 所示。组装过程十分简单，只需按贮槽设计条件单上各零部件的位置将各零件移动到位即可。为使各零件既方便又准确地移动到位，在 X、Z 方向移动时，应将视图切换到主视图；在 Y 方向上移动时，应将视图切换到左视图或俯视图，并在移动零件时应用捕捉功能。

10.4　根据三维模型生成二维工程图样

在 AutoCAD 中，模型空间与图纸空间是两种不同的屏幕显示工具。在模型空间中工作时,可以建立显示不同视图(View)的视口(Viewport),并且可以保存视口的配置信息,然后在需要的时候恢复。完成三维造型后,用户就可以从图形窗口下边缘选择"布局(Layout)"标签准备输出图纸。一个布局就是一个图纸空间,它可以模拟图纸,让用户通过它了解输出图的外观。

10.4.1　模型空间和图纸空间

模型空间是一个完全的三维环境,用户可以在其中构造具有长、宽和高的三维模型,并可设置空间中的任一点为视点来观察这一模型。利用"Vports"命令可以把屏幕划分成多个视口,进而可从多个不同的视点同时观察这个模型。图10-53所示为法兰模型的多视点观察效果。

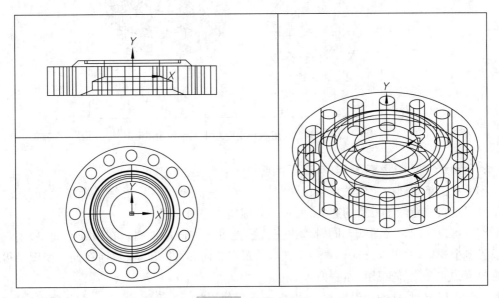

图 10-53　多视点观察

然而,在模型空间中,不管计算机屏幕上有多少个视口,仅能输出当前视口,因而不能同时输出三维模型的多个正投影视图,如主视图、俯视图和左视图。另外,添加注释、标注尺寸和控制实体是否可见等都很不方便,也难以根据任意视点输出具有精确比例的视图。

上述问题在 AutoCAD 中可用图纸空间予以解决。在图纸空间中,用户可以进行添加注释、绘制图框、添加标题栏等操作,而且可以借助图纸空间视口观察模型空间。

图纸空间的作用是对在模型空间中创建的实体进行标注并输出二维图形,即模型空间用来造型,图纸空间用来输出。

由此可见,图纸的设置和输出离不开 AutoCAD 的模型空间和图纸空间。其中,模型空间又分为平铺视口里的模型空间和浮动视口里的模型空间。前面介绍的所有操作都是在平铺视口(Tiled Vport)里进行的,在位于 AutoCAD 图形窗口底边处的选项卡"布局1"上单击,打开"页面设置管理器"对话框,设置图幅后单击"确定"按钮将进入图纸空间。AutoCAD 将在所设图纸上自动创建一个浮动视口(图纸空间为实现其功能而使用了浮动视口)。

图 10-54 所示为利用图纸空间输出三维模型的例子。在这个例子中,在图纸空间里建

立了三个浮动视口来显示模型的三个不同观察角度的视图。注意:建立视口时,应将视口建立在独立的图层中,并将该图层冻结,以隐藏视口。因此,在图 10-54 中,用户看不到视口的边框。另外,图纸空间中的 UCS 图标以直角三角形形式呈现。

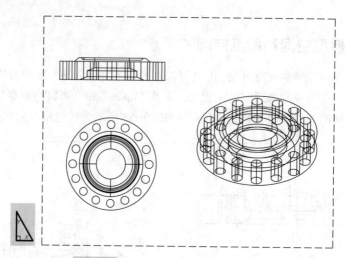

图 10-54　利用图纸空间输出三维模型

利用图纸空间来设置图纸具有以下优点:

(1)在图纸空间中所作的任何设置对模型空间里的模型都不会产生影响,这样,用户在模型空间里可以专注于模型的建立,而不必受标题栏等的干扰。

(2)可以在同一张图纸上同时输出三维模型各个方向的视图。在图纸空间里,用户可以设置多个视口,并可以分别设置各个视口的观察方向和视图比例,从而在同一张图中得到三维模型的主视图、俯视图、左视图等。

(3)可以方便、准确地设置输出比例,而无需使用"缩放(Scale)"命令缩放模型。这样,用户在模型空间中就可以一律采用全比例建模,在图纸空间中输出图时再考虑输出的比例。而如果直接从模型空间输出图,则往往要用"缩放(Scale)"命令缩放图形或标题栏,这样会导致尺寸标注也随之改变,虽然可以修改标注的比例系数,但操作烦琐。

(4)可以在同一张图纸中输出图形的多个副本,而无需使用"复制(Copy)"命令复制图形。对于平面图形,用户可以在图纸空间中设置多个视口,通过不同的视口观察图形的不同区域,并可以分别设置各个视口的图层的可见性。

另外,AutoCAD 的一些命令,如专用于三维实体的"视图(Solview)""图形(Soldraw)""轮廓(Solprof)"命令等必须在图纸空间中使用。

10.4.2　设置图纸空间

在 AutoCAD 中,设置图纸空间的操作比较简单。当用户在图形窗口的"模型"标签中绘制好图形后,就可以单击"布局"标签进入图纸空间,并设置此空间环境。设置图纸空间的步骤如下:

(1)在模型空间中绘制好各投影视图。

(2)配置好绘图输出设备。

（3）指定"布局"页面设置。

（4）插入标题栏块。

（5）建立浮动视口。

（6）设置视图比例。

（7）绘图输出。

10.4.2.1　在模型空间中绘图

如前所述，模型空间提供了一个绘图环境，所有的几何体都可以在此建立。用户可在模型空间中按 1∶1 的比例，使用真实的尺寸与单位绘制图形，然后在各浮动视口建立一个布局，让 AutoCAD 按指定的比例输出图。

10.4.2.2　建立平铺视口

平铺视口（Tiled Viewports）需要在模型空间中建立，用于建立各投影图，以便进行绘图与编辑操作。各视口间必须相邻，视口只能为标准的矩形，而且无法调整视口边界。

在"视图"选项卡的"模型视口"选项板中单击"命名"图标按钮 ，然后在打开的"视口"对话框中切换至"新建视口"选项卡，即可在该选项卡中设置视口的个数、每个视口中的视图方向以及各视图对应的视觉样式。例如，创建四个相等视口的操作步骤如图 10-55、图 10-56、图 10-57 所示。

图 10-55　"模型视口"选项板-"命名"图标按钮

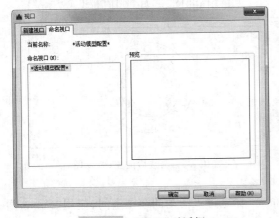

图 10-56　"视口"对话框

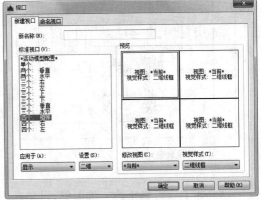

图 10-57　选择视口配置标准

10.4.2.3　由三维模型生成二维视图

下面以零件法兰为例说明由法兰的三维模型生成二维视图的过程。预期的表达方案为用主、俯两个视图表达法兰，其中主视图采用全剖视图，俯视图表达沿圆周方向均匀分布的孔，各视图都应画出轴线或中心线。其操作步骤如下：

（1）打开法兰的三维模型，单击"模型"标签进入图纸空间，再单击"布局"标签，成为活动的模型空间。

（2）在下拉菜单选择"视图(V)"/"视口(V)"/"新建视口(E)"选项,对弹出的"视口"对话框进行设置,如图 10-58 所示。

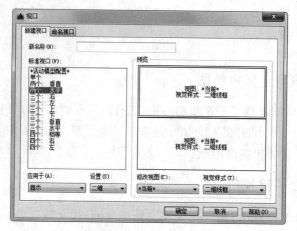

图 10-58　"视口"对话框

（3）单击"确定"按钮后得到如图 10-59 所示结果。单击"模型"标签进入图纸空间后,删除原法兰图形并对主视图作适当移动,如图 10-60 所示。此时已得到主、俯两个视图,但这两个图仍然是三维图形。

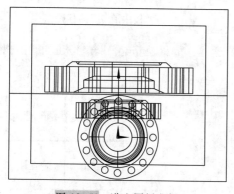

图 10-59　进入图纸空间

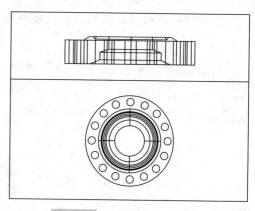

图 10-60　调整后的主、俯视图

（4）为了获得真正的二维图形,再单击"布局"标签进入活动的模型空间,应用"Solprof"命令来获得每个视图的轮廓。其操作步骤为:在命令行输入"Solprof"命令后选中主视图,按 <Enter> 键。在此过程中,对选项不作任何选择直接回到命令状态,即可得到主视图的轮廓。然后对俯视图进行同样的操作。至此已得到了两个视图的轮廓,但图形与操作"Solprof"命令前没有变化,需要删除原三维图形后才能得到仅保留主、俯视图轮廓的图形,即真正的二维图形,如图 10-61 所示。

图 10-61 所示图形还不符合预期的视图表达方案,须进行适当的编辑。为便于编辑,将主、俯视图复制到一个新建图形中,应用"分解(Explode)"命令将其分解,然后通过二维绘图命令编辑视图,最后得到所需的视图,如图 10-62 所示。

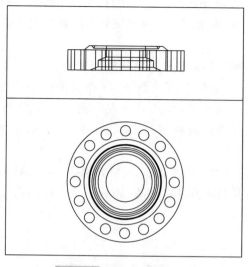

图 10-61　真正的二维视图

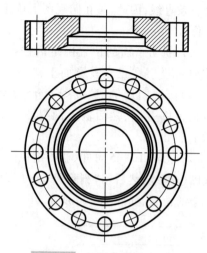

图 10-62　编辑后的二维视图

以上是获得二维视图的一种方法。下面介绍另一种用"Solview""Soldraw""Solprofs"三个命令获得二维视图的方法。其具体步骤如下：

（1）打开法兰三维模型，单击"模型"标签，进入图纸空间，再单击"布局"标签成为活动的模型空间。将法兰移动到左上角，单击"模型"标签进入图纸空间后，将图框缩小（只需用鼠标单击图框，此时图框线变成虚线，按住鼠标左键向左上角移动即可），如图 10-63 所示。

（2）执行"Solview"命令，选择"正交（O）"项，按<Enter>键后，选中视口要投射的那一侧。因为要获得俯视图，所以用鼠标点中虚线框上面的一条边，表示俯视图由上向下投射获得。

（3）将鼠标移到主视图下方的适当位置以指定视口中心。按<Enter>键后，用左下角点和右上角点确定俯视图的图形范围，如图 10-64 所示。

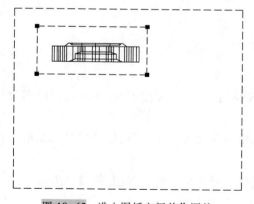

图 10-63　进入图纸空间并作调整

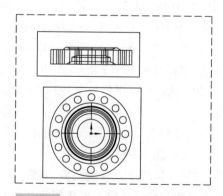

图 10-64　由"Solview"命令获得俯视图

（4）输入俯视图名称后按<Enter>键得到俯视图。

（5）因为要将主视图作全剖视，所以继续选择"截面（S）"选项，然后按<Enter>键。之后,要确定剖切平面的位置。由于剖切平面与主视图所在投影面平行,而该平面从上向下投射为一条直线,因此,可在俯视图上确定两个点,由这两个点所确定的直线就代表了剖切平面的位置。

(6) 剖切平面的位置确定后按<Enter>键,系统要求指定从哪侧观看。因主视图是由前向后投射在正立投影面上得到的,所以用鼠标在俯视图下方(在空间代表前方)点击,并默认视图比例值,按<Enter>键后,指定剖视图中心,并用左下角与右上角两个点确定剖视图范围,然后输入剖视图名称,即可得到剖视图(剖面线还未画),如图 10-65 所示。

(7) 由图 10-65 可知,获得剖视图后不需要原来的主视图,应将其删除。可用鼠标单击主视图边框线,然后用"删除(Erase)"命令将其删除,再用"移动(Move)"命令将剖视图调整到适当的位置,如图 10-66 所示。

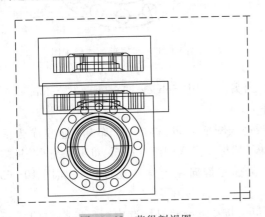
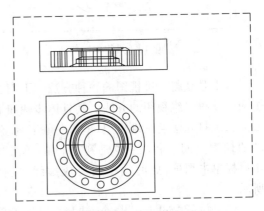

图 10-65　获得剖视图　　　　　　图 10-66　调整后的剖视图

(8) 设置剖视图及比例的步骤如下:

命令:HPNAME

输入 HPNAME 的新值<"ansi31">:(输入图案的名称)

命令:HPSCALE

输入 HPSCALE 的新值<1.0000>:6

(9) 执行"Soldraw"命令,按<Enter>键后用鼠标单击剖视图的线框,再按<Enter>键即可得到剖视图,如图 10-67 所示。

(10) 执行"Solprof"命令,按<Enter>键后选择俯视图,连续按<Enter>键直到回到命令状态。

(11) 用"删除(Erase)"命令删除原俯视图中的三维模型,剩下的轮廓便是二维的俯视图,其结果如图 10-68 所示。

(12) 获得两个二维视图后,再将其编辑成符合制图标准的工程图,其编辑方法与第一种由三维模型生成二维图形所用的方法相同,这里不再重复。

按法兰视图的生成方法,生成贮槽容器各零件的二维视图,然后组成贮槽的装配图,如图 10-69(见书后插页)所示。图中的尺寸、文字等内容都按第 2 章所述方法注写,在此不再赘述。

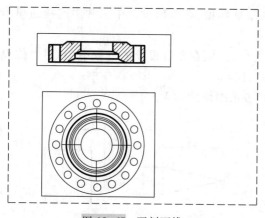

图 10-67　画剖面线

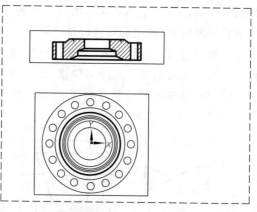

图 10-68　获得主、俯二维视图

10.5　化工管道三维配置

10.5.1　管道的三维线框模型

AutoCAD 一般用三维线框模型来表达三维管道的布线设计。用线框构造三维形体的一般步骤如下：

1）通过在 XY 平面上建立 2D 形状，再移到 3D 空间中的相应位置。绘图时首先将 UCS 坐标系移到作图的位置，并使 UCS 的 XY 平面与当前平面重合，使绘图更加方便和容易。

2）在请求输入点时，通过"直线（Line）"和"样条曲线（Spline）"命令输入三维坐标，用户可以绘制出三维的直线和曲线。

3）通过"三维多段线（3Dpoly）"命令绘制 3D 多义线，用户按命令行的提示选择使用可绘制出相应的线框模型。三维多段线只含直线，线型为实线。可用"Pedit"命令编辑三维多段线。注意，可对线框模型进行蒙面处理，使线框模型变成面模型，也可以通过对三维实体的模型进行编辑操作，提取三维实体线框。

图 10-70 是用直线、圆弧以及一些二维符号建立的三维管道模型，这是三维线框模型的一个典型应用。用线条和符号来描述管道在三维空间的布置，可以简化图形，减小图形文件

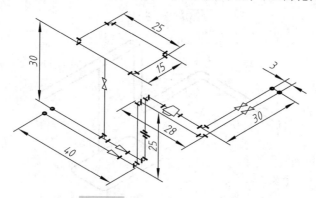

图 10-70　三维管道的线框模型

的尺寸。在建筑设计中常常要用到这样的三维线框模型,在机械设计中也常用这样的模型来进行三维电路、油路的布线设计。

　　一般来说,布线设计是在主体设计完成后进行的,但在布线设计的过程中,利用主体设计的图形可以帮助确定布线的位置,提供捕捉的目标等。

　　图 10-71 表示管道符号的图块,图中的"×"表示图块的插入点。

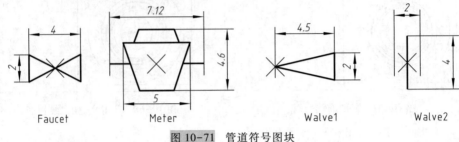

图 10-71　管道符号图块

　　图 10-72~图 10-77 为三维管道造型作图的简要过程。根据图中所示的点的坐标值,用"直线(Line)"命令画出管道的轮廓线(步骤一)。用"复制(Copy)"命令和夹持点编辑法绘制另一条管道线,用"圆角(Fillet)"命令在管道的转角处绘制半径为 1.5 的圆角(步骤二)。用"直线(Line)""复制(Copy)"命令绘制管道的细节,用"插入(Ddinsert)"命令插入管道符号图块(步骤三)。变换 UCS,继续用"直线(Line)""复制(Copy)"命令绘制细节,用"插入(Ddinsert)"命令插入管道符号图块(步骤四)。用"打断(Break)"命令将管道线在管道符号处断开(步骤五)。最后标注尺寸,注意在标注的过程中,要根据标注线的位置变换 UCS(步骤六)。

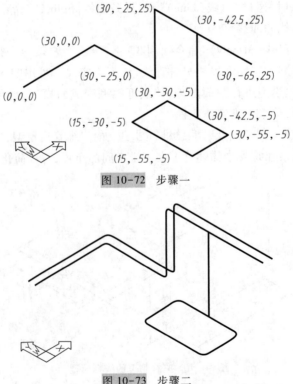

图 10-72　步骤一

图 10-73　步骤二

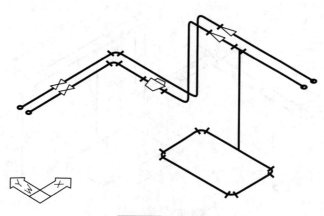

图 10-74 步骤三

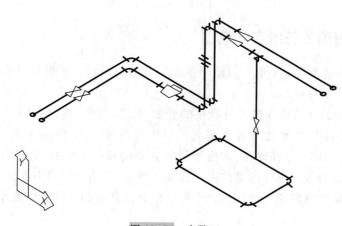

图 10-75 步骤四

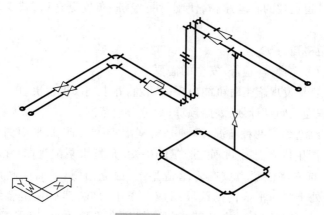

图 10-76 步骤五

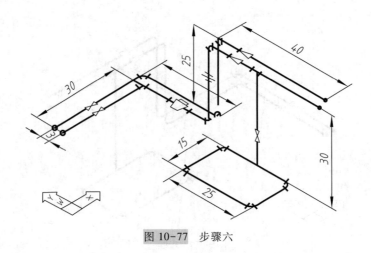

图 10-77　步骤六

10.5.2　管道的三维实体造型

管道三维实体造型是一个重大的设计方法改革,在国外已经成熟且普遍采用,传统的管道平面图的使用已日趋减少。

现在进行模型设计所使用的各种规格的管道、弯头、管件、阀门、仪表和各种常用的设备、结构都用塑料制作,并可在市场上买到。采用溶剂黏结,塑料部件在几秒钟内就可黏住,刷漆也很容易。这一切,降低了对模型设计人员的模型制作技巧的要求,缩短了模型制作的时间。模型制作完毕后将运往施工现场指导施工,当有问题需要处理时,设计单位既无平、立面图,又无模型,看来似乎是个缺点,但采用管道的三维实体造型可以解决这个问题。

管道的三维实体造型优点很多,主要有以下几点:

1)容易看清管道通过的合理途径,使配管更经济,布置更合理;减少装置的投资、运行和维修费用。

2)有效地避免碰撞。

3)有利于全面考虑操作、检修、安全的需要。

4)方便校审,容易发现施工时可能出现的问题,并事先获得解决。

5)有利于工程建设制订计划、编制预算、划分分包范围。

常用的管道三维造型有两种情况,一种是根据配管的立面图、平面图画出管线三维图;另一种是根据管路图生成立面图、平面图。图 10-78 是氨水泵配管图,在根据立面图、平面图进行三维造型时首先将注意力放在管道造型上,由立面图、平面图画出管线三维图,如图 10-79 所示。将处于同一平面内的线段组成一条组合线,然后在组合线端画管截面,如图 10-80 所示。注意,画管截面时应使其与组合线所在平面垂直,应用 UCS 可满足这一要求。以组合线为拉伸路径,以管截面为拉伸对象,即可生成管道。一般管系由圆管组成,因此管截面可以用两个同心圆表示,两个同心圆沿路径拉伸后生成两个直径不同的实体,两个实体做差运算,即生成管道,如图 10-81 所示。

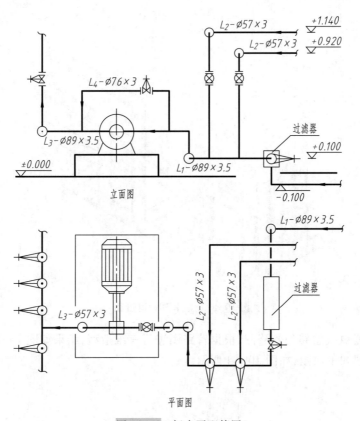

图 10-78 氨水泵配管图

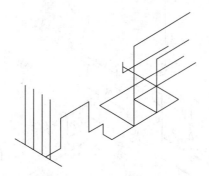

图 10-79 氨水泵管线三维图

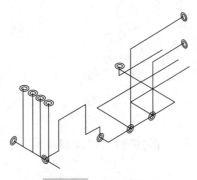

图 10-80 画出管截面

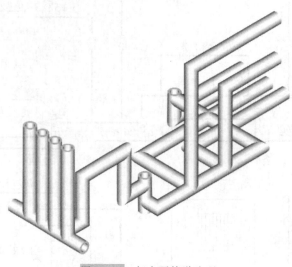

图 10-81 氨水泵管道造型

图 10-82 是氮气管路的管路图,根据管路图进行三维造型,结果如图 10-83 所示。同时可以获得立面图和平面图,如图 10-84 所示。

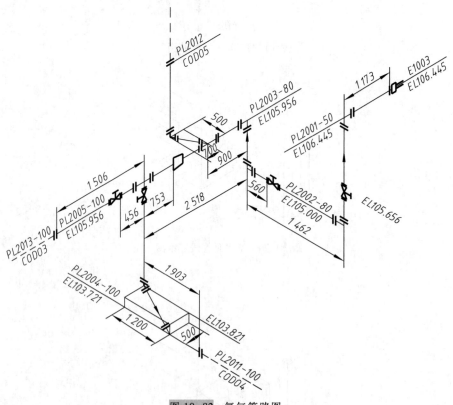

图 10-82 氮气管路图

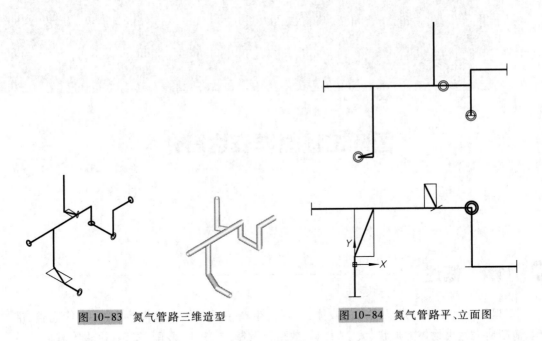

图 10-83 氮气管路三维造型　　　　　图 10-84 氮气管路平、立面图

第 11 章

国际工程图样表达简介

11.1 概述

工程图样是工程与产品信息的载体,是现代生产中重要的技术指导文件,它能完整、准确、清晰地表达出物体的形状、大小、材料、数量以及制造、施工、装配、安装、检验等方面的技术要求。工程图样更是工程界进行技术交流的语言工具,素有"工程界的语言"之称。为此,不同国家所采用的制图标准应该尽可能与国际标准 ISO 一致。但由于国情不同,不同国家之间的制图标准仍存在若干差异。为了更好地进行国际间的技术交流和学习外国的技术知识,我们有必要了解国外工程图样标准的相关规定。

11.2 第一角投影法和第三角投影法

目前,在国际上使用的投影法有两种。一种是中国、英国、德国和俄罗斯等国家采用的第一角投影法,常称欧洲法或 E 法。另一种是美国、日本、新加坡等国家采用的第三角投影法,常称美国法或 A 法。

如图 11-1 所示,两个互相垂直的面系,把空间分成 Ⅰ、Ⅱ、Ⅲ、Ⅳ四个角。机件放在第一个角进行投射表达,称为第一角投影。机件放在第三个角进行投射表达,称为第三角投影。

ISO 标准规定:绘图时采用第一角投影法和第三角投影法同等有效。《机械制图》国家标准规定,我国采用第一角投影法,必要时,允许使用第三角投影法。

随着我国加入 WTO 以及对外贸易和国际间技术交流的日益增多,我们越来越多地接触到采用第三角投影法绘制的图样。为了更好地进行国际间的技术交流,我们应该了解和掌握第三角投影法,现将两种投影法做如下简介:

第一角投影法是将被画物体放在投影面与观察者之间,从投射方向看是观察者→物体→投

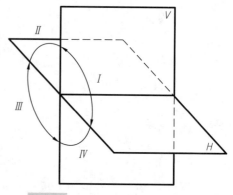

图 11-1 空间中的第一角与第三角

影面的位置关系,如图 11-2 所示。

　　而第三角投影法则是将物体放在投影面后边,仿佛人隔着透明的玻璃观察物体,上述三者之间的位置关系为:观察者→投影面→物体,如图 11-3 所示。

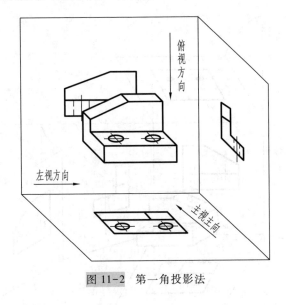

图 11-2　第一角投影法

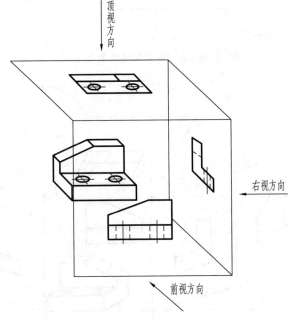

图 11-3　第三角投影法

　　通过对比第一角投影法与第三角投影法,可以看出两种投影法都采用了平行正投影法,各视图间符合"长对正,高平齐,宽相等"的投影规律。它们之间的主要区别如下:

　　(1) 观察者、物体和投影面的相对位置不同

　　第一角投影法:观察者→物体→投影面

　　第三角投影法:观察者→投影面→物体

（2）基本投影面的展开方式不同

第一角投影法：以观察者而言，由近向远的方向翻转展开，如图 11-4 所示。

第三角投影法：以观察者而言，由远向近的方向翻转展开，如图 11-5 所示。

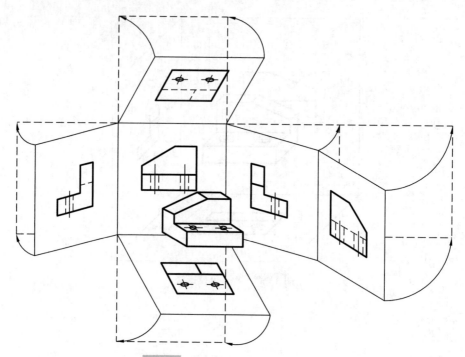

图 11-4　第一角投影法的展开方式

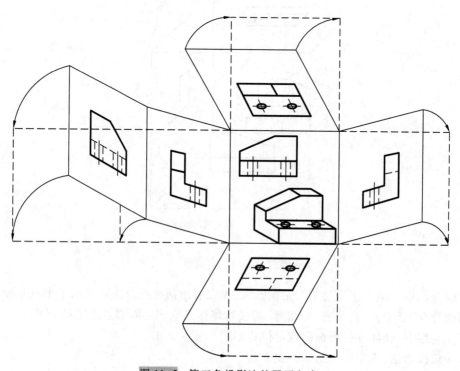

图 11-5　第三角投影法的展开方式

（3）视图名称与配置不同

第一角投影法的三视图（图 11-6）：从前向后投射是主视图，从上向下投射是俯视图，从左向右投射是左视图，且俯视图配置在主视图的下方，左视图配置在主视图的右方。

第三角投影法的三视图（图 11-7）：从前向后投射是前视图，从上向下投射是顶视图，从右向左投射是右视图，且顶视图配置在前视图的上方，右视图配置在前视图的右方。

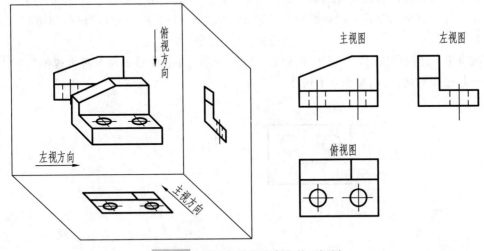

图 11-6　第一角投影法产生的三视图

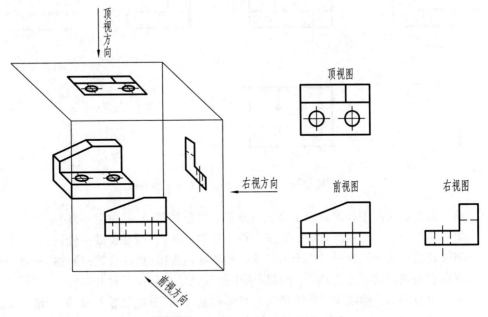

图 11-7　第三角投影法产生的三视图

11.3　第三角投影法的基本视图与投影法特征标记

11.3.1　第三角投影法的基本视图

为了表达各种形状的机件的需要,第三角投影法与第一角投影法一样也采用了六个基本视图。将机件向六个基本投影面进行投射,然后按图 11-5 所示方向展开,即可得到六个基本视图。

现将第一角投影法的六个基本视图(图 11-8)与第三角投影法的六个基本视图(图 11-9)放在一起进行对比,可以发现以下规律:

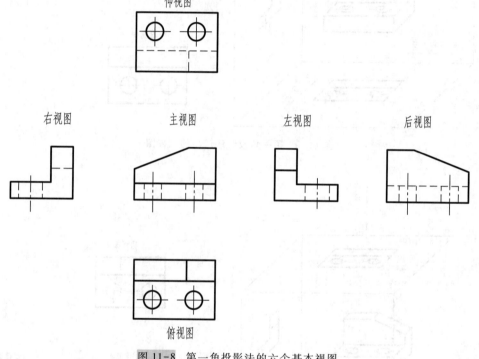

仰视图

右视图　　　　主视图　　　　左视图　　　　后视图

俯视图

图 11-8　第一角投影法的六个基本视图

第一角投影法的主视图对应于第三角投影法的前视图(所在位置一致)。

第一角投影法的后视图对应于第三角投影法的后视图(所在位置一致)。

第一角投影法的俯视图对应于第三角投影法的顶视图(所在位置不同,第一角投影法中的俯视图在主视图的下方,而第三角投影法中的顶视图在前视图的上方)。

第一角投影法的仰视图对应于第三角投影的底视图(所在位置不同,第一角投影法中的仰视图在主视图的上方,而第三角投影法中的底视图在前视图的下方)。

第一角投影法的左视图对应于第三角投影法的左视图(所在位置不同,第一角投影法中的左视图在主视图的右侧,而第三角投影法中的左视图在前视图的左侧)。

第一角投影法的右视图对应于第三角投影法的右视图(所在位置不同,第一角投影法中的右视图在主视图的左侧,而第三角投影法中的右视图在前视图的右侧)。

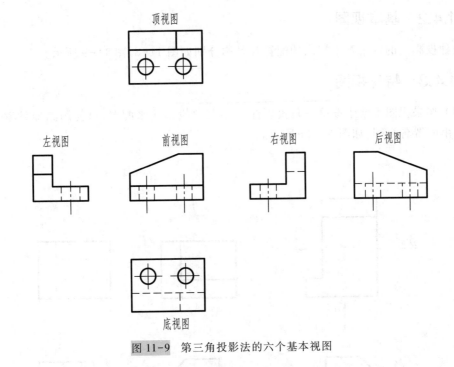

图 11-9 第三角投影法的六个基本视图

11.3.2 第一角投影法和第三角投影法的特征标记

在国际标准中规定,既可以采用第一角投影法,也可以采用第三角投影法。为了区别这两种画法,规定在标题栏中专设的格内用如图 11-10 所示的识别符号来表示。因我国采用第一角投影法,因此可以省略标记。

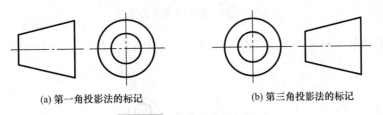

(a) 第一角投影法的标记   (b) 第三角投影法的标记

图 11-10 投影法的特征标记

11.4 国际标准

11.4.1 两种投影法

两种投影法即第一角投影法和第三角投影法,可等效使用两种投影法中的其中一种。下面介绍时,除特别说明外均按第一角投影法来配置图形。

11.4.2　基本视图

两种投影法的六个基本视图的配置及名称分别如图 11-8、图 11-9 所示。

11.4.3　特殊视图

（1）如果视图不便于按第一角投影法或第三角投影法来配置，可使用添加参考箭头的方法自由配置各视图，如图 11-11 所示。

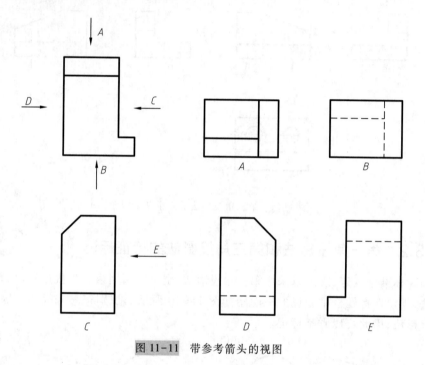

图 11-11　带参考箭头的视图

（2）如果投射方向为斜向或者不能按照基本视图来配置，则按图 11-12 所示的方法进行绘制。

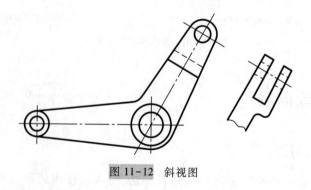

图 11-12　斜视图

11.4.4　剖视图

与我国标准一样，第三角投影法中剖视图分为三种，剖切面分为五种，只是表示剖切位置所用的剖切符号有所不同,它采用了 H 型线,并在起讫两端粗实线的当中给出箭头,如图 11-13 所示。

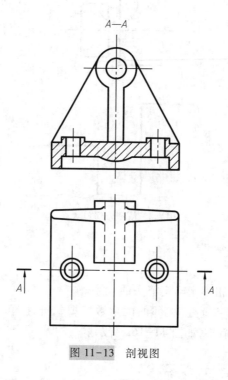

图 11-13 剖视图

11.4.5 断面图

与我国标准一样,第三角投影法中断面图也分为重合断面图与移出断面图两种,但当移出断面图经旋转后画出时,不需在 A—A 的后面加"旋转"二字,如图 11-14 所示。

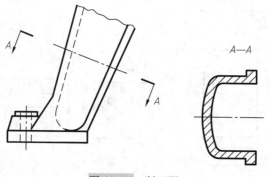

图 11-14 断面图

11.4.6 局部放大图

用细实线圆表示出要放大的部位,并标出字母,在相应的放大图上标出相同的字母和比例,如图 11-15 所示。

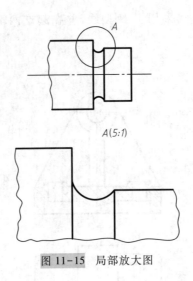

图 11-15　局部放大图

11.4.7　尺寸标注

① 根据图纸中线型的粗细来确定箭头的大小。

② 为避免两个尺寸数字重叠,相邻的两个数字要错开注写。尺寸线过长时,可缩短画出该尺寸线并只画出一个箭头,如图 11-16a 所示。

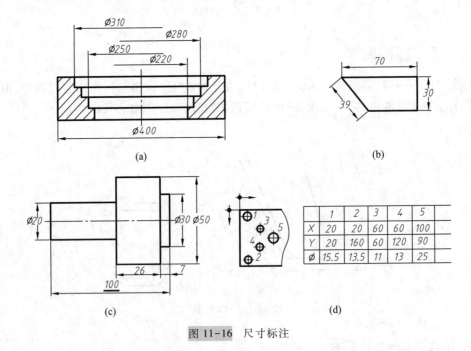

图 11-16　尺寸标注

③ 对于非水平尺寸,其尺寸数字可以水平书写,常写在尺寸线中断处,如图 11-16b 所示。

④ 对未按比例注写的尺寸,要在尺寸数字下画横线(粗实线),如图 11-16c 中的尺寸 "100"。

⑤ 在没有足够位置标注尺寸数字时,可把数字注写在尺寸界线以外,但要尽量注在尺寸界线的右侧,如图 11-16c 中的尺寸"7"。

⑥ 在标注坐标尺寸时,应先指明两个方向的尺寸基准,再给各孔标上序号,另外用表格注明坐标尺寸和孔径大小,如图 11-16d 所示。

11.5　计算机辅助设计的应用

计算机辅助设计(Computer Aided Design,简称 CAD)是利用计算机强大的图形处理能力和数值计算能力,辅助工程技术人员进行工程或产品的设计、分析,并将设计结果显示输出的一种方法,它是一门多学科的综合性应用技术。自 1950 年诞生以来,计算机辅助设计技术已广泛地应用于机械、电子、建筑、化工、航空航天以及能源交通等领域,产品的设计效率得到了飞速提高。

计算机辅助设计最基本的功能是定义所设计产品的二维、三维几何模型,产品的计算机几何模型是产品生命周期中后续各项工作的基础。计算机辅助设计中的计算机辅助绘图功能主要就是用来创建几何模型的,因此,它是计算机辅助设计中最重要的组成部分。

典型的计算机辅助设计系统可以分为两类:一类是二维系统,设计者在二维平面中绘制物体的投影图来表达自己的设计构想(图 11-17);另一类是三维系统,设计者在三维空间中构造三维形体来表达设计构想(图 11-18)。

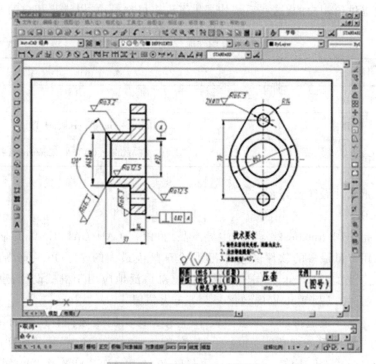

图 11-17　计算机辅助二维绘图

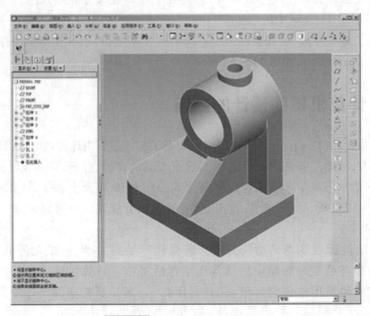

图 11-18   计算机辅助三维建模

  CAD 技术经过几十年的发展,涌现出了一批优秀的商品化软件。表 11-1 列出了一些广泛应用于 CAD 领域的国外流行软件,其中有些 CAD 系统是作为 CAD/CAE/CAM 集成系统的一个模块提供给用户的,这些系统均提供了许多可选模块,以满足用户的使用要求。

表 11-1   国外流行的 CAD 软件

应用领域	软 件
二维 CAD	AutoCAD
三维 CAD	SolidEdge、SolidWorks、MDT
CAD/CAE/CAM 集成系统	Siemens NX、Pro/Engineer、CATIA、Cimatron、I-DEAS

下面就以上软件做简要介绍:

1. AutoCAD

AutoCAD 是美国 Autodesk 公司的主导产品,目前在 CAD/CAE/CAM 工业领域内,该公司是拥有全球用户量最多的软件供应商,也是全球规模最大的基于 PC 平台的 CAD 和动画及可视化软件企业。Autodesk 公司的软件产品已被广泛地应用于机械设计、建筑设计、影视制作、视频游戏开发以及 Web 网的数据开发等重大领域。

AutoCAD 是当今最流行的二维绘图软件,它在二维绘图领域拥有广泛的用户群。Auto-CAD 有强大的二维图形处理功能,如绘图、编辑、剖面线和图案绘制、尺寸标注以及二次开发等功能,同时有部分三维功能。AutoCAD 提供 AutoLISP、ADS、ARX 作为二次开发的工具。在许多实际应用领域(如机械、建筑、电子)中,一些软件开发商在 AutoCAD 的基础上已开发出许多符合实际应用的软件。

2. SolidEdge

SolidEdge 是 Siemens PLM Software 公司开发的一款基于 Windows 平台、功能强大且易用的三维 CAD 软件。SolidEdge 是真正的 Windows 软件，使得设计师们在使用 CAD 系统时，能够进行 Windows 下的字处理、电子报表、数据库操作等。

SolidEdge 是基于参数和特征实体造型的新一代机械设计 CAD 系统，具有友好的用户界面，它采用一种称为 SmartRibbon 的界面技术，用户只要按下一个命令按钮，就可以在 Smart-Ribbon 上看到该命令具体的内容和详细的步骤，同时状态条上会提示用户下一步的操作。

3. SolidWorks

SolidWorks 是美国 SolidWorks 公司（1997 年由法国达索公司并购）开发的基于 Windows 的全参数化特征造型软件，在国际上得到广泛的应用。SolidWorks 可以十分方便地实现复杂的三维零件实体造型、复杂装配及工程图的生成。该软件可以应用于以规则几何形体为主的机械产品设计及生产准备工作中。

功能强大、易学易用和技术创新是 SolidWorks 的三大特点，使得 SolidWorks 成为领先的、主流的三维 CAD 解决方案。SolidWorks 能够提供不同的设计方案，并能减少设计过程中的错误以及提高产品质量。SolidWorks 不仅可提供强大的功能，同时对每个工程师和设计者来说，其操作简单方便、易学易用。

4. MDT

MDT 是美国 Autodesk 公司在 PC 平台上开发的三维机械 CAD 系统。它以三维设计为基础，集设计、分析、制造以及文档管理等多种功能为一体，为用户提供了从设计到制造一体化的解决方案。

MDT 主要的功能特点如下：

（1）基于特征的参数化实体造型。用户可十分方便地完成复杂三维实体造型，可以对模型进行灵活的编辑和修改。

（2）基于 NURBS 的曲面造型，可以构造各种各样的复杂曲面，以满足如模具设计等方面对复杂曲面的要求。

（3）可以比较方便地完成几百甚至上千个零件的大型装配。

（4）MDT 提供相关联的绘图和草图功能，提供完整的模型和绘图的双向联结。

由于该软件与 AutoCAD 同出自 Autodesk 公司，因此两者完全融为一体，用户可以方便地实现三维向二维的转换。MDT 为 AutoCAD 用户向三维升级提供了一个较好的选择。

5. Siemens NX

Siemens NX 是 Siemens PLM software 公司出品的一个产品工程解决方案，它为用户的产品设计及加工过程提供了数字化造型和验证手段。该软件源自 Unigraphics Solutions 公司的拳头产品 UG，该公司首次突破传统的 CAD/CAM 模式，为用户提供了一个全面的产品建模系统。在 UG 中，优越的参数化和变量化技术与传统的实体、线框和表面功能结合在一起，这一结合被实践证明是强有力的，并被大多数 CAD/CAM 软件厂商所采用。

UG 最早应用于美国麦道飞机公司，它是从二维绘图、数控加工编程、曲面造型等功能发展起来的软件。20 世纪 90 年代初，美国通用汽车公司选中 UG 作为全公司的 CAD/CAE/CAM/CIM 主导系统，这进一步推动了 UG 的发展。1997 年 10 月 Unigraphics Solutions 公司与 Intergraph 公司签约，合并了后者的机械 CAD 产品，将个人计算机版的 SolidEdge 软件统一到Parasolid 平台上。由此形成了一个从低端到高端,兼有 Unix 工作站版和 Windows NT 个人计算机版的较完善的企业级 CAD/CAE/CAM/PDM 集成系统。

6. Pro/Engineer

Pro/Engineer 系统是美国参数技术公司(Parametric Technology Corporation,简称 PTC)的产品。PTC 公司提出的单一数据库、参数化、基于特征、全相关的概念改变了机械 CAD/CAE/CAM 的传统观念,这种全新的概念已成为当今世界机械 CAD/CAE/CAM 领域的新标准。利用该概念开发出来的第三代机械 CAD/CAE/CAM 产品 Pro/Engineer 软件能将设计至生产全过程集成到一起,让所有的用户能够同时进行同一产品的设计制造工作,即实现所谓的并行工程。

Pro/Engineer 系统的主要功能如下:

(1) 真正的全相关性,任何地方的修改都会自动反映到所有相关地方。

(2) 具有真正的管理并发进程、实现并行工程的能力。

(3) 具有强大的装配功能,能够始终保持设计者的设计意图。

(4) 容易使用,可以极大地提高设计效率。

Pro/Engineer 系统用户界面简洁,概念清晰,符合工程人员的设计思想与习惯。整个系统建立在统一的数据库上,具有完整而统一的模型。

7. CATIA

CATIA 是法国著名飞机制造公司达索(Dassault)公司开发的 CAD/CAE/CAM 一体化软件,广泛应用于航空航天、汽车与船舶制造、机械制造、电子、电器、消费品行业。

CATIA 源于航空航天业,但其强大的功能已得到各行业的认可,在欧洲汽车业已成为事实上的标准。CATIA 的集成解决方案覆盖所有的产品设计与制造领域,其特有的 DMU 电子样机模块功能及混合建模技术更是推动着企业竞争力和生产力的提高。CATIA 的著名用户包括波音、克莱斯勒、宝马、奔驰等一大批知名企业。波音飞机公司使用 CATIA 完成了波音 777 的全部装配,创造了业界的一个奇迹,从而也确定了 CATIA 在 CAD/CAE/CAM 行业内的领先地位。

8. Cimatron

Cimatron CAD/CAM 系统是以色列 Cimatron 公司的 CAD/CAM/PDM 产品,是较早在个人计算机平台上实现三维 CAD/CAM 全功能的系统。该系统提供了比较灵活的用户界面,具有优良的三维造型、工程绘图功能,全面的数控加工功能,各种通用、专用数据接口以及集成化的产品数据管理功能。Cimatron CAD/CAM 系统自从 20 世纪 80 年代进入市场以来,在国际上的模具制造业中备受欢迎。

9. I-DEAS

I-DEAS 是美国 SDRC 公司开发的高度集成化的 CAD/CAE/CAM 软件系统,它帮助工程师以极高的效率,在单一数字模型中完成从产品设计、仿真分析、测试直至数控加工的产品研发全过程。I-DEAS 软件内含诸如结构分析、热力分析、优化设计、耐久性分析等真正提高产品性能的高级分析功能。

附　　录

Ⅰ　相关标准

Ⅰ.1　钢制压力容器用椭圆形封头（摘自 GB/T 25198—2010）

Ⅰ.1.1 封头的名称、断面形状、类型代号及形式参数关系如表 Ⅰ-1 所示。

表 Ⅰ-1

名称		断面形状	类型代号	形式参数关系
椭圆形封头	以内径为基准	 EHA 型标准椭圆形封头	EHA	$\dfrac{D_i}{2(H_i-h)}=2$ $DN=D_i$
	以外径为基准	 EHB 型标准椭圆形封头	EHB	$\dfrac{D_o}{2(H_o-h)}=2$ $DN=D_o$

Ⅰ.1.2 EHA 椭圆形封头形式参数见表 Ⅰ-2 和表 Ⅰ-3。

Ⅰ.1.3 EHB 椭圆形封头的内表面积、容积和质量见表 Ⅰ-4。

表 I-2 EHA 椭圆形封头公称直径、总深度、内表面积、容积

序号	公称直径 DN/mm	总深度 H/mm	内表面积 A/m²	容积 V /m³	序号	公称直径 DN/mm	总深度 H/mm	内表面积 A/m²	容积 V /m³
1	300	100	0.121 1	0.005 3	21	1 600	425	2.900 7	0.586 4
2	350	113	0.160 3	0.008 0	22	1 700	450	3.266 2	0.699 9
3	400	125	0.204 9	0.011 5	23	1 800	475	3.653 5	0.827 0
4	450	138	0.254 8	0.015 9	24	1 900	500	4.062 4	0.968 7
5	500	150	0.310 3	0.021 3	25	2 000	525	4.493 0	1.125 7
6	550	163	0.371 1	0.027 7	26	2 100	565	5.044 3	1.350 8
7	600	175	0.437 4	0.035 3	27	2 200	590	5.522 9	1.545 9
8	650	188	0.509 0	0.044 2	28	2 300	615	6.023 3	1.758 8
9	700	200	0.586 1	0.054 5	29	2 400	640	6.545 3	1.990 5
10	750	213	0.668 6	0.066 3	30	2 500	665	7.089 1	2.241 7
11	800	225	0.756 6	0.079 6	31	2 600	690	7.654 5	2.513 1
12	850	238	0.849 9	0.094 6	32	2 700	715	8.241 5	2.805 5
13	900	250	0.948 7	0.111 3	33	2 800	740	8.850 3	3.119 8
14	950	263	1.052 9	0.130 0	34	2 900	765	9.480 7	3.456 7
15	1 000	275	1.162 5	0.150 5	35	3 000	790	10.132 9	3.817 0
16	1 100	300	1.398 0	0.198 0	36	3 100	815	10.806 7	4.201 5
17	1 200	325	1.655 2	0.254 5	37	3 200	840	11.502 1	4.611 0
18	1 300	350	1.934 0	0.320 8	38	3 300	865	12.219 3	5.046 3
19	1 400	375	2.234 6	0.397 7	39	3 400	890	12.958 1	5.508 0
20	1 500	400	2.556 8	0.486 0	40	3 500	915	13.718 6	5.997 2

表 I-3 EHA 椭圆形封头质量   kg

序号	公称直径 DN/mm	封头名义厚度 δ_n/mm																	
		2	3	4	5	6	8	10	12	14	16	18	20	22	24	26	28	30	32
1	300	1.9	2.8	3.8	4.8	5.8	7.8	9.9	12.1	14.3									
2	350	2.5	3.7	5.0	6.3	7.6	10.3	13.0	15.8	18.7	21.6								
3	400	3.2	4.8	6.4	8.0	9.7	13.1	16.5	20.0	23.6	27.3								
4	450	3.9	5.9	7.9	10.0	12.0	16.2	20.4	24.8	29.2	33.7								
5	500	4.8	7.2	9.6	12.1	14.6	19.6	24.7	30.0	35.3	40.7								
6	550	5.7	8.6	11.5	14.4	17.4	23.4	29.5	35.7	41.9	48.3								
7	600	6.7	10.1	13.5	17.0	20.4	27.5	34.6	41.8	49.2	56.7								
8	650	7.8	11.7	15.7	19.7	23.8	31.9	40.2	48.5	57.0	65.6	74.4	83.2	92.2					
9	700	9.0	13.5	18.1	22.7	27.3	36.6	46.1	55.7	65.4	75.3	85.2	95.3	105.5					
10	750	10.2	15.4	20.6	25.8	31.1	41.7	52.5	63.4	74.4	85.6	96.8	108.3	119.8					
11	800	11.6	17.4	23.3	29.2	35.1	47.1	59.3	71.5	83.9	96.5	109.2	122.0	135.0	148.2	161.4	174.9		
12	850		19.6	26.1	32.8	39.4	52.9	66.5	80.2	94.1	108.1	122.3	136.6	151.1	165.8	180.6	195.5		

续表

序号	公称直径 DN/mm	封头名义厚度 δ_n/mm																	
		2	3	4	5	6	8	10	12	14	16	18	20	22	24	26	28	30	32
13	900		21.8	29.2	36.5	44.0	58.9	74.1	89.3	104.8	120.4	136.1	152.0	168.1	184.4	200.8	217.3		
14	950		24.2	32.3	40.5	48.8	65.3	82.1	99.0	116.1	133.3	150.7	168.3	186.0	203.9	222.0	240.3		
15	1 000		26.7	35.7	44.7	53.8	72.1	90.5	109.1	127.9	146.9	166.0	185.3	204.8	224.5	244.4	264.4	284.6	305.0
16	1 100		32.1	42.9	53.7	64.6	86.5	108.6	130.9	153.3	176.0	198.9	221.9	245.2	268.6	292.2	316.1	340.1	364.3
17	1 200		38.0	50.7	63.5	76.4	102.2	128.3	154.6	181.1	207.8	234.7	261.8	289.1	316.6	344.4	372.3	400.5	428.9
18	1 300		44.3	59.2	74.2	89.2	119.3	149.7	180.3	211.1	242.2	273.4	304.9	336.7	368.6	400.8	433.2	465.9	498.7
19	1 400		51.2	68.4	85.6	102.9	137.7	172.7	208.0	243.5	279.2	315.2	351.4	387.9	424.6	461.5	498.7	536.2	573.8
20	1 500		58.5	78.2	97.9	117.7	157.4	197.4	237.6	278.1	318.9	359.9	401.1	442.7	484.4	526.5	568.8	611.4	654.2
21	1 600		66.4	88.7	111.0	133.4	178.4	223.7	269.2	315.0	361.1	407.5	454.1	501.1	548.3	595.7	643.5	691.5	739.8
22	1 700		74.7	99.8	124.9	150.1	200.7	251.6	302.8	354.3	406.1	458.1	510.5	563.1	616.0	669.3	722.8	776.6	830.7

表Ⅰ-4　EHB 椭圆形封头的公称直径、总深度、名义厚度、内表面积、容积和质量

序号	公称直径 DN/mm	总深度 H/mm	名义厚度 δ_n/mm	内表面积 A/m²	容积 V/m³	质量 m/kg
1			4	0.036 1	0.000 9	1.162 3
2	159	65	5	0.035 1	0.000 8	1.434 2
3			6	0.034 2	0.000 8	1.698 8
4			8	0.032 4	0.000 7	2.206 6
5			5	0.062 9	0.002 0	2.520 5
6	219	80	6	0.061 6	0.001 9	2.995 0
7			8	0.059 2	0.001 8	3.915 2
8			6	0.093 0	0.003 6	4.465 3
9	273	93	8	0.090 0	0.003 4	5.857 7
10			10	0.087 1	0.003 2	7.203 5
11			12	0.084 2	0.003 0	8.503 5
12			6	0.129 2	0.005 8	6.152 9
13	325	106	8	0.125 6	0.005 5	8.090 8
14			10	0.122 2	0.005 3	9.973 5
15			12	0.118 8	0.005 1	11.801 8
16			8	0.167 1	0.008 4	10.679 5
17	377	119	10	0.163 1	0.008 1	13.188 1
18			12	0.159 2	0.007 8	15.633 6
19			14	0.155 3	0.007 5	18.017 0
20			8	0.211 6	0.012 0	13.444 4
21	426	132	10	0.207 1	0.011 6	16.624 0
22			12	0.202 6	0.011 2	19.732 6
23			14	0.198 2	0.010 8	22.770 9

I.2　鞍式支座（摘自 NB/T 47065.1—2018）

I.2.1　适用范围

本标准适用于双支点支承的钢制卧式容器的鞍式支座。对多支点的卧式容器鞍式支座,其结构形式和结构尺寸亦可参照本标准使用。

I.2.2　形式特征

鞍式支座分为轻型(代号 A)、重型(代号 B)两种。重型鞍式支座按包角、制作方式及附带垫板情况分五种型号。各种型号鞍式支座的结构特征如表 I-5 所示。

表 I-5　鞍式支座结构特征

形式		适用公称直径 DN/mm	结 构 特 征
轻型 A		1 000~2 000	120°包角、焊制、四筋、带垫板
		2 100~4 000	120°包角、焊制、六筋、带垫板
		4 100~6 000	
重型	B I	168~406	120°包角、焊制、单筋、带垫板
		300~450	
		500~950	120°包角、焊制、双筋、带垫板
		1 000~2 000	120°包角、焊制、四筋、带垫板
		2 100~4 000	120°包角、焊制、六筋、带垫板
		4 100~6 000	
	B II	1 000~2 000	150°包角、焊制、四筋、带垫板
		2 100~4 000	150°包角、焊制、六筋、带垫板
		4 100~6 000	
	B III	168~406	120°包角、焊制、单筋、不带垫板
		300~450	
		500~950	120°包角、焊制、双筋、不带垫板
	B IV	168~406	120°包角、弯制、单筋、带垫板
		300~450	
		500~950	120°包角、弯制、双筋、带垫板
	B V	168~406	120°包角、弯制、单筋、不带垫板
		300~450	
		500~950	120°包角、弯制、双筋、不带垫板

鞍式支座分固定式(代号 F)和滑动式(代号 S)两种安装形式。

I.2.3　结构及尺寸

DN1 000~2 000、120°包角轻型(A 型)带垫板鞍式支座结构及尺寸应符合图 I-1 和表 I-6 的规定。

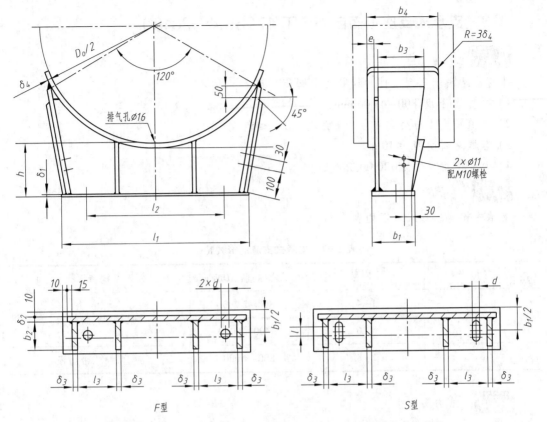

F型 S型

图 I-1 DN1 000~2 000、120°包角轻型(A 型)带垫板鞍式支座结构

表 I-6 DN1 000~2 000、120°包角轻型(A 型)带垫板鞍式支座系列参数 mm

公称直径 DN	允许载荷 [Q]/kN	鞍式支座高度 h	底板 l₁	底板 b₁	底板 δ₁	腹板 δ₂	筋板 l₃	筋板 b₂	筋板 b₃	筋板 δ₃	垫板 弧长	垫板 b₄	垫板 δ₄	e	螺栓间距 l₂	鞍式支座质量 /kg
1 000	158		760				170				1 160	320		57	600	48
1 100	160		820			6	185		200		1 280	330	6	62	660	52
1 200	162	200	880	170	10		200	140		6	1 390	350		72	720	58
1 300	174		940				215		220		1 510	380		76	780	79
1 400	175		1 000				230				1 620	400		86	840	87
1 500	257		1 060			8	242				1 740	410	8	81	900	113
1 600	259		1 120	200			257	170	240		1 860	420		86	960	121
1 700	262	250	1 200		12		277			8	1 970	440		96	1 040	130
1 800	334		1 280				296				2 090	470		100	1 120	171
1 900	338		1 360	220		10	316	190	260		2 220	480	10	105	1 200	182
2 000	340		1 420				331				2 320	490		110	1 260	194

I.3　支承式支座（摘自 NB/T 47065.4—2018）

I.3.1　适用范围

本标准适用于下列条件的钢制立式圆筒形容器：

1）公称直径 $DN800 \sim 4\,000$ mm；

2）圆筒长度 L 与公称直径 DN 之比 $L/DN \leqslant 5$；

3）容器总高度 $H_0 \leqslant 10$ m。

4）允许使用温度为 $-20℃ \sim 200℃$。

I.3.2　形式特征

支承式支座的形式特征如表 I-7 所示。

表 I-7　支承式支座的形式特征

形式	支座号	适用公称直径 DN/mm	结构特征
A	1~4	800~2 200	钢板焊制,带垫板
	5~6	2 400~3 000	
B	1~8	800~4 000	钢管制作,带垫板

I.3.3　结构及尺寸

　　1~4 号、5~6 号 A 型支承式支座的结构及尺寸分别如图 I-2、图 I-3 所示,A 型支承式支座系列参数尺寸按表 I-8 的规定。1~8 号 B 型支承式支座的结构及尺寸如图 I-4 所示。

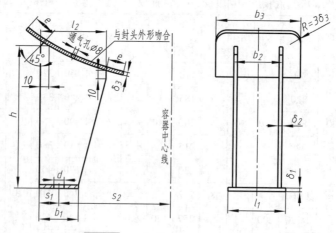

图 I-2　1~4 号 A 型支承式支座

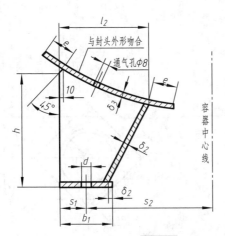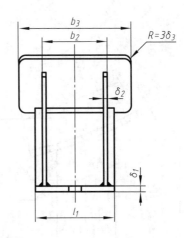

图 I-3 5~6号 A 型支承式支座

表 I-8 A 型支承式支座系列参数尺寸 mm

支座号	支座本体允许载荷 $[Q]$/kN	适用容器公称直径 DN	高度 h	底板				筋板			垫板			地脚螺栓			支座质量 /kg
				l_1	b_1	δ_1	s_1	l_2	b_2	δ_2	b_3	δ_3	e	d	规格	s_2	
1	16	800	350	130	90	8	45	150	110	8	190	8	40	24	M20	280	8.2
		900														315	
		1 000														350	
2	27	1 100	420	170	120	10	60	180	140	10	240	10	50	24	M20	370	15.8
		1 200														420	
		1 300														475	
		1 400														525	
3	54	1 500	460	210	160	14	80	240	180	12	300	12	60	30	M24	550	28.9
		1 600														600	
		1 700														625	
		1 800														675	
4	70	1 900	500	230	180	16	90	270	200	14	320	14	60	30	M24	700	40.3
		2 000														750	
		2 100														775	
		2 200														825	
5	180	2 400	540	260	210	20	95	330	230	14	370	16	70	36	M30	900	67.2
		2 600														975	
6	250	2 800	580	290	240	24	110	360	250	16	390	18	70	36	M30	1 050	90.1
		3 000														1 125	

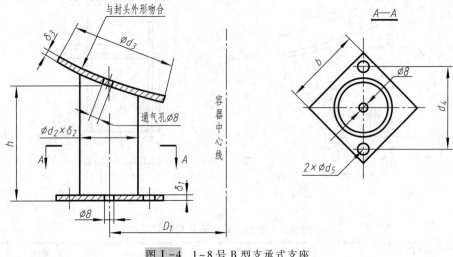

图 I-4　1~8 号 B 型支承式支座

I.4　耳式支座（摘自 NB/T 47065.3—2018）

I.4.1　适用范围

本标准适用于公称直径不大于 4 000 mm 的立式圆筒形容器,允许使用温度为 -100℃~300℃。

I.4.2　形式特征

耳式支座形式特征如表 I-9 所示。

表 I-9　形 式 特 征

形式		支座号	垫板	盖板	适用公称直径 DN/mm	支座尺寸（见图、表）	
短臂	A	1~5	有	无	300~2 600	图 I-5	表 I-10
		6~8		有	1 500~4 000	图 I-6	
长臂	B	1~5	有	无	300~2 600	图 I-7	表 I-11
		6~8		有	1 500~4 000	图 I-8	
加长臂	C	1~3	有	有	300~1 400	图 I-9	表 I-12
		4~8		有	1 000~4 000	图 I-10	

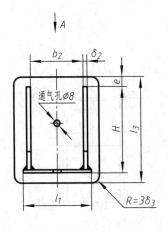
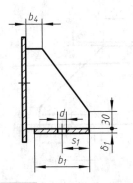
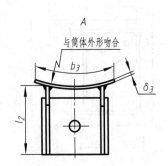

图Ⅰ-5　A型(v支座号1~5)

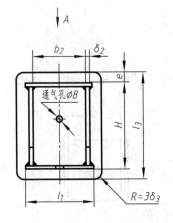
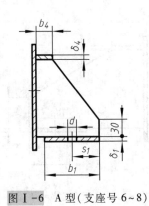
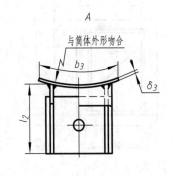

图Ⅰ-6　A型(支座号6~8)

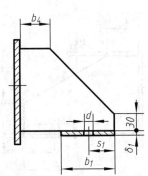
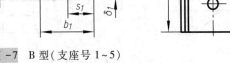
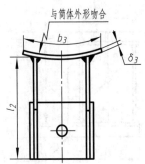

图Ⅰ-7　B型(支座号1~5)

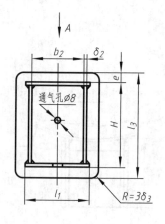

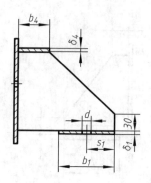

图 I-8　B 型（支座号 6~8）

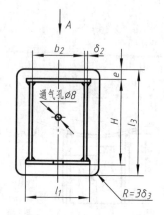

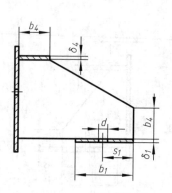

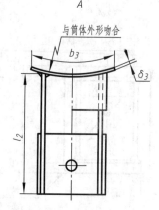

图 I-9　C 型（支座号 1~3）

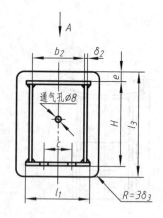

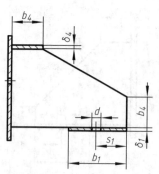

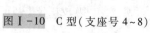

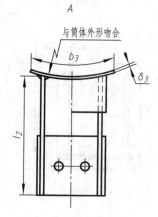

图 I-10　C 型（支座号 4~8）

表 I-10 A 型支座系列参数尺寸

mm

支座号	支座本体允许载荷 [Q]/kN			适用容器公称直径 DN	高度 H	底板			s₁	l₂	筋板		垫板			e	盖板		地脚螺栓		支座质量/kg
	Q235B	S30408	15CrMoR			l_1	b_1	δ_1			b_2	δ_2	l_3	b_3	δ_3		b_4	δ_4	d	规格	
1	12	11	14	300~600	125	100	60	6	30	80	70	4	160	125	6	20	30	—	24	M20	1.7
2	21	19	24	500~1 000	160	125	80	8	40	100	90	5	200	160	6	24	30	—	24	M20	3.0
3	37	33	43	700~1 400	200	160	105	10	50	125	110	6	250	200	8	30	30	—	30	M24	6.0
4	75	67	86	1 000~2 000	250	200	140	14	70	160	140	8	315	250	8	40	30	—	30	M24	11.1
5	95	85	109	1 300~2 600	320	250	180	16	90	200	180	10	400	320	10	48	30	—	30	M24	21.6
6	148	134	171	1 500~3 000	400	320	230	20	115	250	230	12	500	400	12	60	50	12	36	M30	42.7
7	186	156	199	1 700~3 400	480	375	280	22	130	300	280	14	600	480	14	70	50	14	36	M30	69.8
8	254	229	292	2 000~4 000	600	480	360	26	145	380	350	16	720	600	16	72	50	16	36	M30	123.9

注：表中支座质量是以表中的垫板厚度为 δ_3 计算的，如果厚度 δ_3 改变，则支座的质量应相应地改变。

表 I-11 B 型支座系列参数尺寸

mm

支座号	支座允许载荷 [Q]/kN			适用容器公称直径 DN	高度 H	底板			s₁	l₂	筋板		垫板			e	盖板		地脚螺栓		支座质量/kg
	Q235B	S30408	15CrMoR			l_1	b_1	δ_1			b_2	δ_2	l_3	b_3	δ_3		b_4	δ_4	d	规格	
1	12	11	14	300~600	125	100	60	6	30	160	70	5	160	125	6	20	50	—	24	M20	2.5
2	21	19	24	500~1 000	160	125	80	8	40	180	90	6	200	160	6	24	50	—	24	M20	4.3
3	37	33	43	700~1 400	200	160	105	10	50	205	110	8	250	200	8	30	50	—	30	M24	8.3
4	75	67	86	1 000~2 000	250	200	140	14	70	290	140	10	315	250	8	40	70	—	30	M24	15.7
5	95	85	109	1 300~2 600	320	250	180	16	90	330	180	12	400	320	10	48	70	—	30	M24	28.7

续表

mm

支座号	支座允许载荷[Q]/kN			适用容器公称直径 DN	高度 H	底板				筋板			垫板			e	盖板		地脚螺栓		支座质量/kg
	Q235B	S30408	15CrMoR			l_1	b_1	δ_1	s_1	l_2	b_2	δ_2	l_3	b_3	δ_3		b_4	δ_4	d	规格	
6	148	134	171	1 500~3 000	400	320	230	20	115	380	230	14	500	400	12	60	100	14	36	M30	53.9
7	186	167	214	1 700~3 400	480	375	280	22	130	430	270	16	600	480	14	70	100	16	36	M30	85.2
8	254	229	292	2 000~4 000	600	480	360	26	145	510	350	18	720	600	16	72	100	18	36	M30	146.0

注:表中支座质量是以表中的垫板厚度为 δ_3 计算的,如果厚度 δ_3 改变,则支座的质量应相应地改变。

表 I-12　C 型支座系列参数尺寸

支座号	支座允许载荷[Q]/kN			适用容器公称直径 DN	高度 H	底板					筋板			垫板			e	盖板		地脚螺栓		支座质量/kg
	Q235B	S30408	15CrMoR			l_1	b_1	δ_1	s_1	c	l_2	b_2	δ_2	l_3	b_3	δ_3		b_4	δ_4	d	规格	
1	28	25	32	300~600	200	130	80	8	40	—	250	80	6	260	170	6	30	50	8	24	M20	6.2
2	49	44	57	500~1 000	250	160	80	12	40	—	280	100	6	310	210	6	30	50	10	30	M24	9.0
3	65	58	75	700~1 400	300	200	105	14	50	—	300	130	8	370	260	8	35	50	12	30	M24	16.1
4	105	94	120	1 000~2 000	360	250	140	18	70	90	390	170	10	430	320	8	35	70	12	30	M24	28.9
5	158	142	182	1 300~2 600	430	300	180	22	90	120	430	210	12	510	380	10	40	70	14	30	M24	47.8
6	188	169	216	1 500~3 000	480	360	230	24	115	160	480	260	14	570	450	12	45	100	14	36	M30	74.8
7	268	241	308	1 700~3 400	540	440	280	28	130	200	530	310	16	630	540	14	45	100	16	36	M30	114.6
8	292	262	335	2 000~4 000	650	540	360	30	140	280	600	400	18	750	650	16	50	100	18	36	M30	181.3

注:表中支座质量是以表中的垫板厚度为 δ_3 计算的,如果厚度 δ_3 改变,则支座的质量应相应地改变。

I.5 补强圈（摘自 JB/T 4736—2002）

I.5.1 范围

I.5.1.1　本标准规定了钢制压力容器壳体开孔补强用补强圈的形式、尺寸等,使用时应同时具备下列条件:

1）容器设计压力小于 6.4 MPa;

2）容器设计温度不大于 350 ℃;

3）容器壳体开孔处名义厚度 $\delta_n \leqslant 38$ mm;

4）容器壳体钢材的标准抗拉强度下限值不大于 540 MPa;

5）补强圈厚度应不大于 1.5 倍壳体开孔处的名义厚度。

I.5.1.2　本标准不推荐用于铬钼钢制造的容器,也不推荐用于盛装毒性为极度危害与高度危害介质的容器。

I.5.1.3　本标准不适用于承受疲劳载荷的容器。

I.5.2 坡口形式

按照补强圈焊接接头结构的要求,补强圈坡口形式分为 A、B、C、D、E 五种,如图 I-11 所示。

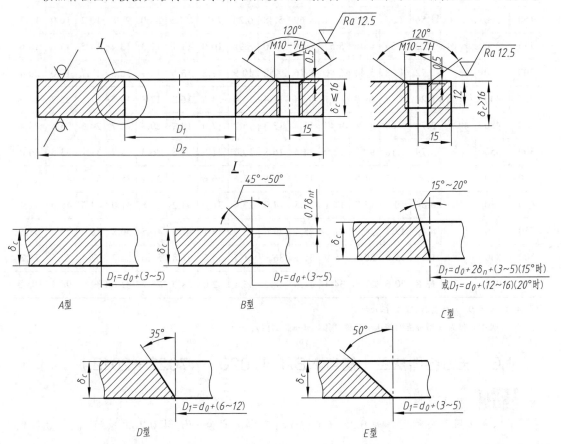

图 I-11　补强圈坡口形式

δ_c—补强圈厚度,mm;δ_n—壳体开孔处名义厚度,mm;δ_{nt}—接管名义厚度,mm

I.5.3　补强圈的尺寸

补强圈的尺寸系列参数见表 I-13。

表 I-13　补强圈的尺寸系列参数

接管公称直径 d_N	外径 D_2	内径 D_1	厚度 δ_c/mm													
			4	6	8	10	12	14	16	18	20	22	24	26	28	30
尺寸/mm			质量/kg													
50	130	按图 I-11 中的形式确定	0.32	0.48	0.64	0.80	0.96	1.12	1.28	1.43	1.59	1.75	1.91	2.07	2.23	2.57
65	160		0.47	0.71	0.95	1.18	1.42	1.66	1.89	2.13	2.37	2.60	2.84	3.08	3.31	3.55
80	180		0.59	0.88	1.17	1.46	1.75	2.04	2.34	2.63	2.92	3.22	3.51	3.81	4.10	4.38
100	200		0.68	1.02	1.35	1.69	2.03	2.37	2.71	3.05	3.38	3.72	4.06	4.40	4.74	5.08
125	250		1.08	1.62	2.16	2.70	3.24	3.77	4.31	4.85	5.39	5.93	6.47	7.01	7.55	8.09
150	300		1.56	2.35	3.13	3.91	4.69	5.48	6.26	7.04	7.82	8.60	9.38	10.2	10.9	11.7
175	350		2.23	3.34	4.46	5.57	6.69	7.80	8.92	10.0	11.1	12.3	13.4	14.5	15.6	16.6
200	400		2.72	4.08	5.44	6.80	8.16	9.52	10.9	12.2	13.6	14.9	16.3	17.7	19.0	20.4
225	440		3.24	4.87	6.49	8.11	9.74	11.4	13.0	14.6	16.2	17.8	19.5	21.1	22.7	24.3
250	480		3.79	5.68	7.58	9.47	11.4	13.3	15.2	17.0	18.9	20.8	22.7	24.6	26.5	28.4
300	550		4.79	7.18	9.58	12.0	14.4	16.8	19.2	21.6	24.0	26.3	28.7	31.1	33.5	36.0
350	620		5.90	8.85	11.8	14.8	17.7	20.6	23.6	26.6	29.5	32.4	35.4	38.3	41.3	44.2
400	680		6.84	10.3	13.7	17.1	20.5	24.0	27.4	31.0	34.2	37.6	41.0	44.5	48.0	51.4
450	760		8.47	12.7	16.9	21.2	25.4	29.6	33.9	38.1	42.3	46.5	50.8	55.0	59.2	63.5
500	840		10.4	15.6	20.7	25.9	31.1	36.3	41.5	46.7	51.8	57.0	62.2	67.4	72.5	77.7
600	980		13.8	20.6	27.5	34.4	41.3	48.2	55.1	62.0	68.9	75.7	82.6	89.5	96.4	103.3

注:1. 内径 D_1 为补强圈成形后的尺寸。

　　2. 表中质量为 A 型补强圈按接管公称直径计算所得的值。

I.6　压力容器法兰（摘自 NB/T 47020～47027—2012）

I.6.1　适用范围

本标准适用于公称压力为 0.25～6.40 MPa,工作温度为 -70～450 ℃的碳钢、低合金钢制压力容器法兰。

I.6.2　法兰分类及系列参数见表 I-14 中的规定。

表 I –14 法兰分类及系列参数表

类型	平焊法兰										对焊法兰					
	甲型				乙型						长颈					
标准号	NB/T 47021				NB/T 47022						NB/T 47023					
公称直径 DN/mm	公称压力 PN/MPa															
	0.25	0.60	1.00	1.60	0.25	0.60	1.00	1.60	2.50	4.00	0.60	1.00	1.60	2.50	4.00	6.40
300	按 PN = 1.00 MPa															
350																
400																
450	按 PN = 1.00 MPa							—								
500																
550							—									
600						—										
650											—					
700																
800																
900					—											
1 000																
1 100																
1 200						—										
1 300				—												
1 400																
1 500			—													
1 600		—							—							—
1 700								—								
1 800																
1 900																
2 000							—									
2 200					按 PN = 0.60 MPa											
2 400						—										
2 600		—											—			
2 800						—										
3 000											—	—	—			

I.6.3 甲型、乙型法兰适用材料及最大允许工作压力如表 I -15 规定。

表 I -15 甲型、乙型法兰适用材料及最大允许工作压力   MPa

公称压力 PN /MPa	法兰材料		工作温度/℃				备注
			>-20~200	250	300	350	
0.25	板材	Q235B	0.16	0.15	0.14	0.13	工作温度下限 20 ℃
		Q235C	0.18	0.17	0.15	0.14	
		Q245R	0.19	0.17	0.15	0.14	
		Q345R	0.25	0.24	0.21	0.20	
	锻件	20	0.19	0.17	0.15	0.14	工作温度下限 0 ℃
		16Mn	0.26	0.24	0.22	0.21	
		20MnMo	0.27	0.27	0.26	0.25	
0.60	板材	Q235B	0.40	0.36	0.33	0.30	工作温度下限 20 ℃
		Q235C	0.44	0.40	0.37	0.33	
		Q245R	0.45	0.40	0.36	0.34	
		Q345R	0.60	0.57	0.51	0.49	
	锻件	20	0.45	0.40	0.36	0.34	工作温度下限 0 ℃
		16Mn	0.61	0.59	0.53	0.50	
		20MnMo	0.65	0.64	0.63	0.60	
1.00	板材	Q235B	0.66	0.61	0.55	0.50	工作温度下限 20 ℃
		Q235C	0.73	0.67	0.61	0.55	
		Q245R	0.74	0.67	0.60	0.56	
		Q345R	1.00	0.95	0.86	0.82	
	锻件	20	0.74	0.67	0.60	0.56	工作温度下限 0 ℃
		16Mn	1.02	0.98	0.88	0.83	
		20MnMo	1.09	1.07	1.05	1.00	
1.60	板材	Q235B	1.06	0.97	0.89	0.80	工作温度下限 20 ℃
		Q235C	1.17	1.08	0.98	0.89	
		Q245R	1.19	1.08	0.96	0.90	
		Q345R	1.60	1.53	1.37	1.31	
	锻件	20	1.19	1.08	0.96	0.90	工作温度下限 0 ℃
		16Mn	1.64	1.56	1.41	1.33	
		20MnMo	1.74	1.72	1.68	1.60	

续表

公称压力 PN /MPa	法兰材料		工作温度/℃				备注
			>-20~200	250	300	350	
2.50	板材	Q235C	1.83	1.68	1.53	1.38	工作温度 下限 0 ℃
		Q245R	1.86	1.69	1.50	1.40	
		Q345R	2.50	2.39	2.14	2.05	
	锻件	20	1.86	1.69	1.50	1.40	
		16Mn	2.56	2.44	2.20	2.08	
		20MnMo	2.92	2.86	2.82	2.73	DN<1 400
		20MnMo	2.67	2.63	2.59	2.50	DN≥1 400
4.00	板材	Q245R	2.97	2.70	2.39	2.24	
		Q345R	4.00	3.82	3.42	3.27	
	锻件	20	2.97	2.70	2.39	2.24	
		16Mn	4.09	3.91	3.52	3.33	
		20MnMo	4.64	4.56	4.51	4.36	DN<1 500
		20MnMo	4.27	4.20	4.14	4.00	DN≥1 500

I.6.4 法兰结构形式及参数如图 I-12 所示。

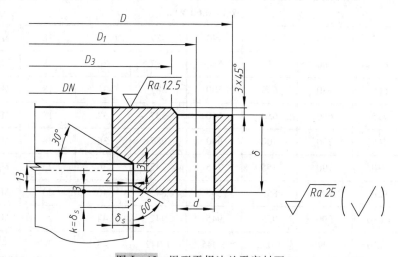

图 I-12 甲型平焊法兰平密封面

I.6.5 甲型平焊法兰系列尺寸见表 I-16。

表 I -16 甲型平焊法兰系列尺寸

公称直径	法兰/mm							螺柱	
DN/mm	D	D_1	D_2	D_3	D_4	δ	d	规格	数量
$PN = 0.25$ MPa									
700	815	780	750	740	737	36	18	M16	28
800	915	880	850	840	837	36	18	M16	32
900	1 015	980	950	940	937	40	18	M16	36
1 000	1 130	1 090	1 055	1 045	1 042	40	23	M20	32
1 100	1 230	1 190	1 155	1 141	1 138	40	23	M20	32
1 200	1 330	1 290	1 255	1 241	1 238	44	23	M20	36
1 300	1 430	1 390	1 355	1 341	1 338	46	23	M20	40
1 400	1 530	1 490	1 455	1 441	1 438	46	23	M20	40
1 500	1 630	1 590	1 555	1 541	1 538	48	23	M20	44
1 600	1 730	1 690	1 655	1 641	1 638	50	23	M20	48
1 700	1 830	1 790	1 755	1 741	1 738	52	23	M20	52
1 800	1 930	1 890	1 855	1 841	1 838	56	23	M20	52
1 900	2 030	1 990	1 955	1 941	1 938	56	23	M20	56
2 000	2 130	2 090	2 055	2 041	2 038	60	23	M20	60
$PN = 0.60$ MPa									
450	565	530	500	490	487	30	18	M16	20
500	615	580	550	540	537	30	18	M16	20
550	665	630	600	590	587	32	18	M16	24
600	715	680	650	640	637	32	18	M16	24
650	765	730	700	690	687	36	18	M16	28
700	830	790	755	745	742	36	23	M20	24
800	930	890	855	845	842	40	23	M20	24
900	1 030	990	955	945	942	44	23	M20	32
1 000	1 130	1 090	1 055	1 045	1 042	48	23	M20	36
1 100	1 230	1 190	1 155	1 141	1 138	55	23	M20	44
1 200	1 330	1 290	1 255	1 241	1 238	60	23	M20	52

I.7　钢制管法兰（摘自 HG/T 20592—2009)

管法兰行业标准分为欧洲体系和美洲体系,以下摘自欧洲体系。

I.7.1　法兰类型及类型代号按表 I-17 中的规定。

表 I-17　法兰类型与类型代号

法兰类型	法兰类型代号
板式平焊法兰	PL
带颈平焊法兰	SO
带颈对焊法兰	WN
整体法兰	IF
承插焊法兰	SW
螺纹法兰	Th
对焊环松套法兰	PJ/SE
平焊环松套法兰	PJ/RJ
法兰盖	BL
衬里法兰盖	BL(S)

I.7.2　各种类型法兰的密封面形式按表 I-18 中的规定。

表 I-18　法兰类型与密封面形式

法兰类型	密封面形式	压力等级
板式平焊法兰(PL)	突面(RF)	$PN2.5,PN6,PN10,PN16,PN25,PN40$
	全平面(FF)	$PN2.5,PN6,PN10,PN16$
带颈平焊法兰(SO)	突面(RF)	$PN6,PN10,PN16,PN25,PN40$
	凹凸面(MFM)	$PN10,PN16,PN25,PN40$
	榫槽面(TG)	$PN10,PN16,PN25,PN40$
	全平面(FF)	$PN6,PN10,PN16$
带颈对焊法兰(WN)	突面(RF)	$PN10,PN16,PN25,PN40,PN63,PN100,PN160$
	凹凸面(MFM)	$PN10,PN16,PN25,PN40,PN63,PN100,PN160$
	榫槽面(TG)	$PN10,PN16,PN25,PN40,PN63,PN100,PN160$
	环连接面(RJ)	$PN63,PN100,PN160$
	全平面(FF)	$PN10,PN16$

法兰类型	密封面形式	压力等级
整体法兰(IF)	突面(RF)	$PN6,PN10,PN16,PN25,PN40,PN63,PN100,PN160$
	凹凸面(MFM)	$PN10,PN16,PN25,PN40,PN63,PN100,PN160$
	榫槽面(TG)	$PN10,PN16,PN25,PN40,PN63,PN100,PN160$
	环连接面(RJ)	$PN63,PN100,PN160$
	全平面(FF)	$PN6,PN10,PN16$
承插焊法兰(SW)	突面(RF)	$PN10,PN16,PN25,PN40,PN63,PN100$
	凹凸面(MFM)	$PN10,PN16,PN25,PN40,PN63,PN100$
	榫槽面(TG)	$PN10,PN16,PN25,PN40,PN63,PN100$
螺纹法兰(Th)	突面(RF)	$PN6,PN10,PN16,PN25,PN40$
	全平面(FF)	$PN6,PN10,PN16$
对焊环松套法兰(PJ/SE)	突面(RF)	$PN6,PN10,PN16,PN25,PN40$
平焊环松套法兰(PJ/RJ)	突面(RF)	$PN6,PN10,PN16$
	凹凸面(MFM)	$PN10,PN16$
	榫槽面(TG)	$PN10,PN16$
法兰盖(BL)	突面(RF)	$PN2.5,PN6,PN10,PN16,PN25,PN40,PN63,PN100,PN160$
	凹凸面(MFM)	$PN10,PN16,PN25,PN40,PN63,PN100,PN160$
	榫槽面(TG)	$PN10,PN16,PN25,PN40,PN63,PN100,PN160$
	环连接面(RJ)	$PN63,PN100,PN160$
	全平面(FF)	$PN2.5,PN6,PN10,PN16$
衬里法兰盖(BL(S))	突面(RF)	$PN6,PN10,PN16,PN25,PN40$
	凸面(M)	$PN10,PN16,PN25,PN40$
	榫面(T)	$PN10,PN16,PN25,PN40$

I.7.3   钢制管法兰材料、压力–温度等级按表Ⅰ–19a、b中的规定。

表Ⅰ–19

（a）钢制管法兰用材料

类别号	类别	钢板		锻件		铸件	
		材料牌号	标准编号	材料牌号	标准编号	材料牌号	标准编号
1C1	碳素钢	—	—	A105 16Mn 16MnD	GB/T 12228 JB 4726 JB 4727	WCB	GB/T 12229

续表

类别号	类别	钢板		锻件		铸件	
		材料牌号	标准编号	材料牌号	标准编号	材料牌号	标准编号
1C2	碳素钢	Q345R	GB 713	—	—	WCC LC3、LCC	GB/T 12229 JB/T 7248
1C3	碳素钢	16MnDR	GB 3531	08Ni3D 25	JB 4727 GB/T 12228	LCB	JB/T 7248
1C4	碳素钢	Q235A、Q235B 20 Q245R 09MnNiDR	GB/T 3274 (GB/T 700) GB/T 711 GB 713 GB 3531	20 09MnNiD	JB 4726 JB 4727	WCA	GB/T 12229
1C9	铬钼钢 (1~1.25Cr- 0.5Mo)	14Cr1MoR 15CrMoR	GB 713 GB 713	14Cr1Mo 15CrMo	JB 4726 JB 4726	WC6	JB/T 5263
1C10	铬钼钢 (2.25Cr-1Mo)	12Cr2Mo1R	GB 713	12Cr2Mo1	JB 4726	WC9	JB/T 5263
1C13	铬钼钢 (5Cr-0.5Mo)	—	—	1Cr5Mo	JB 4726	ZG16Cr5MoG	GB/T 16253
1C14	铬钼铬钢 (9Cr-1Mo-V)	—	—	—	—	C12A	JB/T 5263
2C1	304	0Cr18Ni9	GB/T 4237	0Cr18Ni9	JB 4728	CF3 CF8	GB/T 12230 GB/T 12230
2C2	316	0Cr17Ni12Mo2	GB/T 4237	0Cr17Ni12Mo2	JB 4728	CF3M CF8M	GB/T 12230 GB/T 12230
2C3	304L 316L	00Cr19Ni10 00Cr17Ni14Mo2	GB/T 4237 GB/T 4237	00Cr19Ni10 00Cr17Ni14Mo2	JB 4728 JB 4728	— 	—
2C4	321	0Cr18Ni10Ti	GB/T 4237	0Cr18Ni10Ti	JB 4728	—	—
2C5	347	0Cr18Ni11Nb	GB/T 4237	—	—	—	—
12E0	CF8C	—	—	—	—	CF8C	GB/T 12230

注:1. 管法兰材料一般应采用锻件或铸件,不推荐用钢板制造。钢板仅可用于法兰盖、衬里法兰盖、板式平焊法兰、对焊环松套法兰、平焊环松套法兰。

2. 表列铸件仅适用于整体法兰。

3. 管法兰用对焊环可采用锻件或钢管制造(包括焊接)。

（b） PN2.5 钢制管法兰最大允许工作压力（表压）

bar

法兰材料类别号	工作温度/℃																				
	20	50	100	150	200	250	300	350	375	400	425	450	475	500	510	520	530	540	550	575	600
1C1	2.5	2.5	2.5	2.4	2.3	2.2	2.0	2.0	1.9	1.6	1.4	0.9	0.6	0.4	—	—	—	—	—	—	—
1C2	2.5	2.5	2.5	2.5	2.5	2.5	2.3	2.2	2.1	1.6	1.4	0.9	0.6	0.4	—	—	—	—	—	—	—
1C3	2.5	2.5	2.4	2.3	2.3	2.1	2.0	1.9	1.8	1.5	1.3	0.9	0.6	0.4	—	—	—	—	—	—	—
1C4	2.3	2.2	2.0	2.0	1.9	1.8	1.7	1.6	1.6	1.4	1.2	0.9	0.6	0.4	—	—	—	—	—	—	—
1C9	2.5	2.5	2.5	2.5	2.5	2.5	2.4	2.3	2.3	2.2	2.2	2.1	1.7	1.2	1.0	0.9	0.8	0.7	0.6	0.4	0.2
1C10	2.5	2.5	2.5	2.5	2.5	2.5	2.5	2.5	2.5	2.4	2.4	2.3	1.8	1.4	1.2	1.1	0.9	0.8	0.7	0.5	0.3
1C13	2.5	2.5	2.5	2.5	2.5	2.5	2.5	2.5	2.4	2.4	2.3	2.2	1.5	1.0	0.9	0.8	0.7	0.6	0.5	0.4	0.3
1C14	2.5	2.5	2.5	2.5	2.5	2.5	2.5	2.5	2.5	2.5	2.5	2.5	2.1	1.4	1.2	1.1	0.9	0.8	0.7	0.5	0.3
2C1	2.3	2.2	1.8	1.7	1.6	1.5	1.4	1.3	1.3	1.3	1.2	1.2	1.2	1.2	1.2	1.2	1.2	1.1	1.1	1.0	0.8
2C2	2.3	2.2	1.9	1.7	1.6	1.5	1.4	1.4	1.3	1.3	1.3	1.3	1.3	1.3	1.3	1.3	1.3	1.3	1.2	1.2	0.9
2C3	1.9	1.8	1.6	1.4	1.3	1.2	1.1	1.1	1.0	1.0	1.0	1.0	—	—	—	—	—	—	—	—	—
2C4	2.3	2.2	2.0	1.9	1.7	1.6	1.5	1.5	1.4	1.4	1.4	1.4	1.4	1.4	1.3	1.3	1.3	1.3	1.3	1.2	0.9
2C5	2.3	2.2	2.0	1.9	1.8	1.7	1.6	1.6	1.5	1.5	1.5	1.5	1.5	1.5	1.5	1.5	1.5	1.5	1.4	1.2	0.9
12E0	2.2	2.1	2.0	1.8	1.7	1.6	1.5	1.4	—	1.4	—	1.4	1.3	1.3	—	—	—	—	1.3	—	1.0

Ⅰ.7.4 板式平焊钢制管法兰结构及尺寸按图Ⅰ-13和表Ⅰ-20的规定。

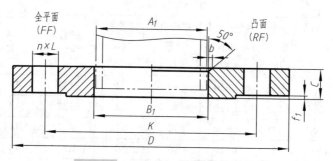

图Ⅰ-13 板式平焊钢制管法兰(PL)

表Ⅰ-20 *PN2.5* 板式平焊钢制管法兰 mm

公称通径 DN	管子外径 A_1		连 接 尺 寸					法兰厚度 C	法兰内径 B_1	
	A	B	法兰外径 D	螺栓孔中心圆直径 K	螺栓孔直径 L	螺栓孔数量 n/个	螺纹 Th		A	B
10	17.2	14	75	50	11	4	M10	12	18	15
15	21.3	18	80	55	11	4	M10	12	22.5	19
20	26.9	25	90	65	11	4	M10	14	27.5	26
25	33.7	32	100	75	11	4	M10	14	34.5	33
32	42.4	38	120	90	14	4	M12	16	43.5	39
40	48.3	45	130	100	14	4	M12	16	49.5	46
50	60.3	57	140	110	14	4	M12	16	61.5	59
65	76.1	76	160	130	14	4	M12	16	77.5	78
80	88.9	89	190	150	18	4	M16	18	90.5	91
100	114.3	108	210	170	18	4	M16	18	116	110
125	139.7	133	240	200	18	8	M16	20	143.5	135
150	168.3	159	265	225	18	8	M16	20	170.5	161
200	219.1	219	320	280	18	8	M16	22	221.5	222
250	273	273	375	335	18	12	M16	24	276.5	276
300	323.9	325	440	395	22	12	M20	24	328	328
350	355.6	377	490	445	22	12	M20	26	360	381
400	406.4	426	540	495	22	16	M20	28	411	430
450	457	480	595	550	22	16	M20	30	462	485
500	508	530	645	600	22	20	M20	30	513.5	535
600	610	630	755	705	26	20	M24	32	616.5	636
700	711	720	860	810	26	24	M24	36	715	724
800	813	820	975	920	30	24	M27	38	817	824

续表

公称通径 DN	管子外径 A_1		连接尺寸					法兰厚度 C	法兰内径 B_1	
	A	B	法兰外径 D	螺栓孔中心圆直径 K	螺栓孔直径 L	螺栓孔数量 n/个	螺纹 Th		A	B
900	914	920	1 075	1 020	30	24	M27	40	918	924
1 000	1 016	1 020	1 175	1 120	30	28	M27	42	1 020	1 024
1 200	1 219	1 220	1 375	1 320	30	32	M27	44	1 223	1 224
1 400	1 422	1 420	1 575	1 520	30	36	M27	48	1 426	1 424
1 600	1 626	1 620	1 790	1 730	30	40	M27	51	1 630	1 624
1 800	1 829	1 820	1 990	1 930	30	44	M27	54	1 833	1 824
2 000	2 032	2 020	2 190	2 130	30	48	M27	58	2 036	2 024

Ⅱ 剖面符号

为了区别被切割机件的材料,GB/T 4457.5—2013《机械制图 剖面区域的表示法》中规定了各种材料剖面符号的画法,参见表Ⅱ-1。在同一张图中,同一个金属机件在所有剖视图中的剖面符号(又称剖面线)应画成间隔相等、方向相同且与水平线成45°的细实线。若在剖视图中,机件的主要轮廓线与水平线的倾斜角成45°或接近于45°时,剖面线应画成与水平线成60°或30°、间隔相等的平行线。

表Ⅱ-1 各种材料的剖面符号

金属材料(已有规定剖面符号者除外)		转子、电枢、变压器、电抗器等的叠钢片	
线圈绕组元件		非金属材料(已有规定剖面符号者除外)	
型砂、填砂、粉末冶金、砂轮、陶瓷刀片、硬质合金刀片等		混凝土	
木质胶合板(不分层数)		钢筋混凝土	
基础周围的泥土		砖	
玻璃及供观察用的其他透明材料		格网(筛网、过滤网等)	
木材	纵剖面	液体	
	横剖面		

Ⅲ 几何作图

虽然机件的轮廓形状是多种多样的,但它们的图样基本上都由直线、圆弧和其他一些曲线所组成,因而在绘制图样时,经常要运用一些最基本的几何作图方法。

Ⅲ.1 正多边形的画法

正多边形的画法见表Ⅲ-1。

表Ⅲ-1 正多边形的画法

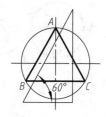	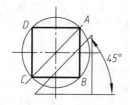	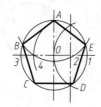
等边三角形:用60°三角板的斜边过顶点 A 画线,与外接圆交于点 B,过点 B 画水平线交外接圆于点 C,连接 A、B、C 三点即成	正方形:用45°三角板的斜边过圆心画线,与外接圆交于 A、C 两点,分别过点 A、C 作水平线交外接圆于 D、B 两点,连接 A、B、C、D 四点即成	正五边形:(1)找到外接圆半径 O1 的中点 2; (2)以点 2 为圆心,2A 为半径画弧交 O3 于 4; (3)以 A4 为边长,用它在外接圆上截取得到顶点 A、B、C、D、E,连接五点即完成作图

Ⅲ.2 圆弧连接

在绘制机件的图形时,常遇到用已知半径的圆弧光滑地连接两条已知线段(直线或圆弧)的情况,其作图方法称为圆弧连接,因此,圆弧与已知线段在连接处是相切的。为保证相切,作图的关键是准确地作出连接圆弧的圆心和切点。

圆弧连接的作图原理如下:

(1)与已知直线相切的半径为 R 的圆弧,其圆心轨迹是与已知直线平行且与已知直线相距 R 的两条直线。切点是由选定圆心向已知直线作垂线所得的垂足。

(2)与已知圆心为 O_1,半径为 R_1 的圆弧内切或外切时,半径为 R 的连接圆弧的圆心的轨迹是以 O_1 为圆心,以 $|R-R_1|$ 或 $R+R_1$ 为半径的已知圆弧的同心圆,切点是选定圆心 O 与 O_1 的连心线(或其延长线)与已知圆弧的交点。

表Ⅲ-2列出了圆弧连接的三种基本形式。

表Ⅲ-2　圆弧连接的基本方法

连接要求	作图方法与步骤		
	求圆心	求切点	画圆弧连接
连接相交两直线			
连接直线与圆弧			
外接两圆弧			
内接两圆弧			

Ⅲ.3　斜度和锥度

（1）斜度

斜度是指一条直线（或一个平面）对另一条直线（或另一个平面）的倾斜程度。其大小用其夹角的正切来表示，并把比值化作 $1:n$ 的形式。斜度的表示符号、作图及标注方法如表Ⅲ-3所示。

（2）锥度

锥度是指正圆锥体的底面直径与其高度之比。若为圆台则为两底面直径之差与圆台高之比，同样将比值化为 $1:n$ 的形式，如表Ⅲ-3所示。

表Ⅲ-3 斜度及锥度的表示符号、作图与标注

斜度	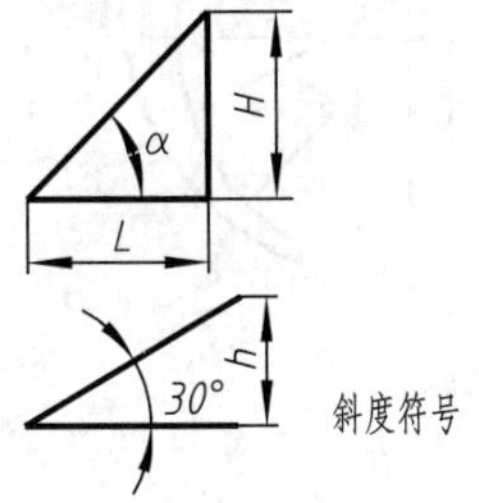	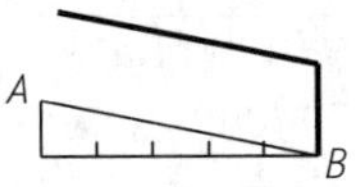	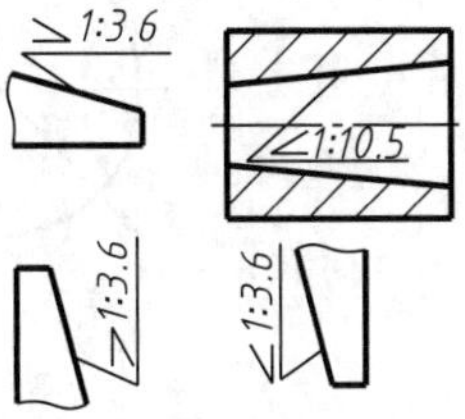
	斜度的表示： 斜度 $\tan\alpha = H/L = 1:L/H = 1:n$ 斜度符号的线宽为 $h/10$	斜度作图： （1）画基准线，从末端作垂线取一个单位长度。 （2）基准线上取 5 个相同单位长。 （3）连 *AB* 为 1∶5 的斜度，推平线到需要的位置	斜度的标注： 斜度符号方向应与所注的方向一致
锥度	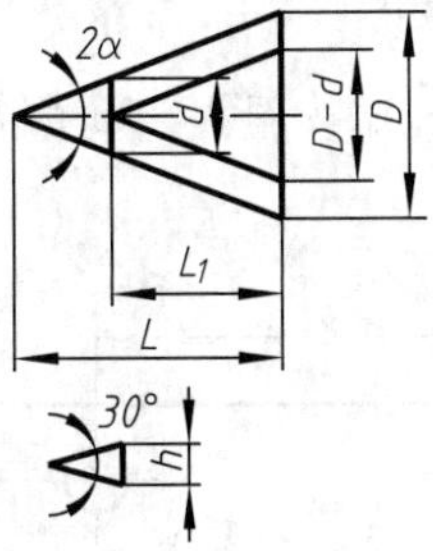	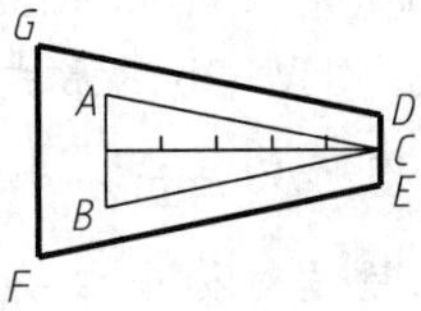	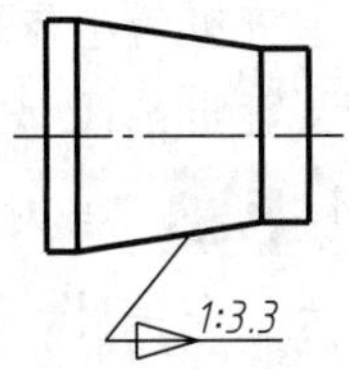
	锥度的表示 锥度 $= D/L = (D-d):L_1 = 2\tan\alpha = 1:n$ 锥度符号的线宽为 $h/10$	锥度作图： （1）作正圆台轴线，过轴上一点作轴线的垂线，截 *AB* 等于单位长（对称在轴两边）。 （2）基准线上取 5 个相同单位长得点 *C*，连 *AC*、*BC*，为 1∶5 的锥度。 （3）作 *EF*∥*BC*、*DG*∥*AC*	锥度的标注： 锥度符号方向应与所注的方向一致

Ⅳ 尺寸注法

本部分内容摘自 GB/T 4458.4—2003。

Ⅳ.1 常用标注方法

Ⅳ.1.1 圆的直径和圆弧半径尺寸线的终端应画成箭头，并按图Ⅳ-1 所示的方法标注。

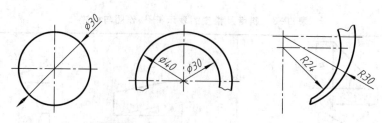

图Ⅳ-1　圆的直径和圆弧半径的注法

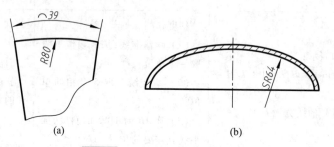

(a)　　　　　(b)

图Ⅳ-2　圆弧半径较大时的注法

　　当圆弧的半径过大或在图纸范围内无法标出其圆心时,可按图Ⅳ-2a 的形式标注。若不需要标出其圆心位置时,可按图Ⅳ-2b 的形式标注。

　　Ⅳ.1.2　当对称机件的图形只画出一半或略大于一半时,尺寸线应略超过对称中心线或断裂处的边界,此时仅在尺寸线的一端画出箭头,如图Ⅳ-3 所示。

　　Ⅳ.1.3　在没有足够的位置画箭头或注写数字时,可按图Ⅳ-4 的形式标注。此时,允许用圆点或斜线代替箭头。

　　Ⅳ.1.4　角度的数字一律写成水平方向,一般注写在尺寸线的中断处。必要时也可按图Ⅳ-5的形式标注。

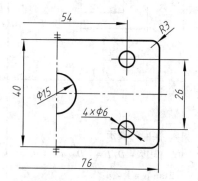

图Ⅳ-3　对称机件的尺寸线
只画一个箭头的注法

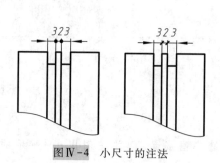

图Ⅳ-4　小尺寸的注法

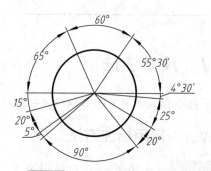

图Ⅳ-5　角度数字的注写位置

Ⅳ.2 尺寸标注的符号及缩写词

Ⅳ.2.1 尺寸标注的符号及缩写词应符合表Ⅳ-1中的规定。

Ⅳ.2.2 标注直径时,应在尺寸数字前加注"ϕ";标注半径时,应在尺寸数字前加注"R";标注球面的直径或半径时,应在符号"ϕ"或"R"前再加注符号"S",如图Ⅳ-6a、b所示。

对于轴、螺杆、铆钉以及手柄的端部,在不致引起误解的情况下可省略符号"S",如图Ⅳ-6c所示。

表Ⅳ-1 尺寸标注的符号及缩写词

序号	含义	符号或缩写词
1	直径	ϕ
2	半径	R
3	球直径	$S\phi$
4	球半径	SR
5	厚度	t
6	均布	EQS
7	45°倒角	C
8	正方形	□
9	深度	▼
10	沉孔或锪平	⊔
11	埋头孔	∨
12	弧长	⌒
13	斜度	∠
14	锥度	◁
15	展开长	◯↱
16	型材截面形状	(按 GB/T 4656.1—2000)

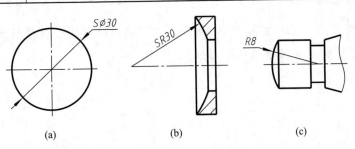

(a)　　　　　　(b)　　　　　　(c)

图Ⅳ-6 球面尺寸的注法

　　Ⅳ.2.3　标注弧长时,应在尺寸数字左方加注符号"⌒",如图Ⅳ-2a 所示。

　　Ⅳ.2.4　标注剖面为正方形结构的尺寸时,可在正方形边长尺寸数字前加注"□"或用
"$B×B$"(B 为正方形的对边距离)注出,如图Ⅳ-7 所示。

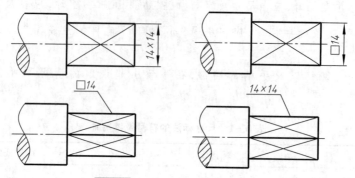

图Ⅳ-7　正方形结构尺寸的注法

　　Ⅳ.2.5　45°的倒角可按图Ⅳ-8 的形式标注,非 45°的倒角可按图Ⅳ-9 的形式标注。

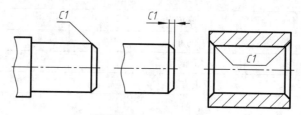

图Ⅳ-8　45°倒角的注法

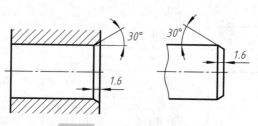

图Ⅳ-9　非 45°倒角的注法

　　Ⅳ.2.6　设备筒体内径与厚度的标注一般在同一直线上,如图Ⅳ-10 所示。

　　Ⅳ.2.7　接管尺寸标记为"φ 外径×厚度",如图Ⅳ-11 所示。接管伸出长度一般从筒
体的外表面到法兰的端面,如图Ⅳ-11 所示。

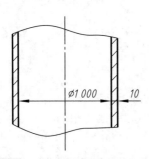

图Ⅳ-10 设备筒体内径与厚度的标注

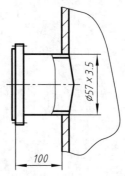

图Ⅳ-11 接管尺寸及伸出长度的标注

参考文献

[1] 郭慧,钱自强,林大钧.大学工程制图[M].3版.上海:华东理工大学出版社,2017.

[2] 林大钧.实验工程制图[M].北京:化学工业出版社,2009.

[3] 蒋丹,杨培中,赵新明.现代机械工程图学[M].3版.北京:高等教育出版社,2015.

[4] 朱辉,单鸿波,曹桃,等.画法几何及工程制图[M].7版.上海:上海科学技术出版社,2013.

[5] 姜勇.AutoCAD 2016从新手到高手[M].北京:人民邮电出版社,2018.

[6] 魏崇光,郑晓梅.化工工程制图[M].北京:化学工业出版社,1994.

[7] 张日晶,胡仁喜,刘昌丽.AutoCAD 2010中文版三维造型实例教程[M].北京:机械工业出版社,2009.

[8] 王颖.现代工程制图[M].北京:北京航空航天大学出版社,2000.

[9] 赵大兴,李天宝.现代工程图学教程[M].武汉:湖北科学技术出版社,2002.

[10] 郑国栋.AutoCAD 2016中文版标准教程[M].北京:清华大学出版社,2016.

[11] 周跃文.中文版AutoCAD 2016从入门到精通[M].北京:中国铁道出版社,2016.

[12] 何铭新,钱可强,徐祖茂.机械制图[M].7版.北京:高等教育出版社,2016.